图灵程序
设计丛书

U0177387

图解密码技术 第3版

[日] 结城浩 著　周自恒 译

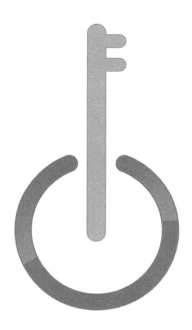

人民邮电出版社

北　京

图书在版编目（CIP）数据

图解密码技术：第3版 /（日）结城浩著；周自恒
译. --2版. -- 北京：人民邮电出版社，2016.6
（图灵程序设计丛书）
ISBN 978-7-115-42491-4

Ⅰ. ①图… Ⅱ. ①结… ②周… Ⅲ. ①密码术－图解
Ⅳ. ①TN918.3-64

中国版本图书馆CIP数据核字（2014）第129495号

内 容 提 要

　　本书以图配文的形式，详细讲解了6种最重要的密码技术：对称密码、公钥密码、单向散列函数、
消息认证码、数字签名和伪随机数生成器。

　　第1部分讲述了密码技术的历史沿革、对称密码、分组密码模式（包括ECB、CBC、CFB、
OFB、CTR）、公钥、混合密码系统。第2部分重点介绍了认证方面的内容，涉及单向散列函数、消
息认证码、数字签名、证书等。第3部分讲述了密钥、随机数、PGP、SSL/TLS以及密码技术在现实
生活中的应用。第3版对旧版内容进行了大幅更新，并新增了SHA-3、椭圆曲线密码等内容。

　　全书讲解通俗易懂，凡是对密码技术感兴趣的人，均可阅读此书。

◆ 著　　　　　[日] 结城浩
　 译　　　　　周自恒
　 责任编辑　　乐　馨
　 执行编辑　　杜晓静
　 责任印制　　彭志环

◆ 人民邮电出版社出版发行　　北京市丰台区成寿寺路 11 号
　 邮编　100164　　电子邮件　315@ptpress.com.cn
　 网址　https://www.ptpress.com.cn
　 固安县铭成印刷有限公司印刷

◆ 开本：800×1000　1/16
　 印张：26　　　　　　　　　　2016 年 6 月第 2 版
　 字数：580 千字　　　　　　　 2025 年 4 月河北第 43 次印刷
　 著作权合同登记号　图字：01-2015-8766 号

定价：89.00 元
读者服务热线：(010)84084456-6009　　印装质量热线：(010)81055316
反盗版热线：(010)81055315

译 者 序

中文里的"密码"是个有点难以捉摸的词汇,你认为它很简单,其实它却包含着几种看似差不多但本质上却完全不同的含义,还真的是不简单呢。

我们平时登录淘宝或者 QQ 时都需要输入用户名和密码,刷信用卡或者在 ATM 上取钱时也需要输入密码。一提到"密码",大多数人都会想到上面这些情形。然而很不巧的是,上面这种"密码"跟我们在这本书中要探讨的"密码"几乎是完全不同的两码事。无论是上淘宝还是刷卡时输入的密码,都只是一种身份验证的凭据,换句话说,也就是向系统证明你才是这个账号或银行卡的主人的一种证据——跟"天王盖地虎!""宝塔镇河妖!"差不多是一回事。严格来说,这种"密码"应该叫作"口令"(对应英文中的 password、passcode 或者 pin),在本书中我们也是这样叫的。

我们还习惯把 DNA 称作"遗传密码",这里的"密码"又代表什么意思呢?其实,DNA 的功能是将一种信息(主要是蛋白质的构成信息)转换成另一种信息(碱基的序列)并记录下来。这就像将人们说的话转换成文字,将歌曲转换成 MP3 文件一样,本质上是一种"编码"(encoding)的过程,只不过我们还没有完全搞清楚这种编码机制的所有细节,因此这里的"密码"实际上应该理解为"神秘的编码"吧!很遗憾,这也不是我们在这本书中要探讨的那个"密码"。

那么这本书里所说的"密码"到底是什么呢?简单来说,密码(对应英文中的 cryptography)是一个非常庞大而复杂的信息处理体系,涉及信息的机密性、完整性、认证等许多方面,由此衍生出的技术无时无刻不在保卫着我们生活中的各种信息的安全。密码技术如此重要,但它们又是那么的不起眼,我们很少注意到它们的存在,更鲜有人知道我们为什么需要它们,以及它们究竟是怎样工作的。对于密码技术,可以说大多数人都处于一种"既不知其然,亦不知其所以然"的状态。

在如今这个信息爆炸的时代,我们每个人都和信息安全脱不了干系,因此正确理解"密码能做到什么,不能做到什么"对于培养安全意识是非常重要的。况且密码技术其实并没有那么枯燥,密码攻守双方交锋的过程更可谓是步步惊心。当然,密码技术的背后存在着非常复杂的数学原理。不过别担心,本书的作者结城浩曾经出版过《数学女孩》《程序员的数学》等多本数学方面的读物,深谙如何将复杂的数学问题用通俗易懂的方式讲给读者,这本《图解密码技术》自然也不例外,比如其中用时钟来讲解数论中的模运算这一部分就十分形象,让人印象深刻。

最后留给大家一段密文权当消遣。这是一段用经典的恺撒密码加密的文字,大家读完这本书之后,要破译它应该是轻而易举,有兴趣的话来试试看吧!

```
ZW PFL NREK KF CVRIE DFIV RSFLK TIPGKFXIRGYP Z IVTFDDVEU RE FECZEV TFLIJV ZEJKILTKVU SP
GIFWVJJFI URE SFEVY WIFD JKREWFIU LEZMVIJZKP ALJK JVRITY TIPGKFXIRGYP RK TFLIJVIR.FIX
```

周自恒
2014 年 9 月于上海

写于第 3 版发行之际

这本《图解密码技术》的第 1 版是 2003 年在日本出版的，2008 年在日本发行了第 2 版，2015 年才正式引进发行中文版，其实已经算是姗姗来迟了。不过俗话说"好饭不怕晚"，中文版出版之后，在读者当中的评价还是非常不错的，而且我个人也从这本书的翻译过程中学到了非常多的东西，这本书可以说是我的译作中让我收获最多的一本了。

有些读者在评论中指出，这本书漏掉了一些重要的技术细节，比如对 CBC 模式的填充提示攻击。的确，这本书的中文版引进得有点晚了，其实里面的内容还是 2008 年的嘛。然而说好的福利还是来了，作者结城浩先生对这本书又做了修订并发行了第 3 版，于是我也抓紧时间把中文版修订了一遍，从修订的文字量来看大约占到了原书的 20%，应该说还是非常有料的，至于具体的修订内容，请大家看结城浩先生的前言吧。

最后说点题外话。我在上一版译者序的最后写的那段密文大家破译出来了吗？其实那段是跟大家推荐一个 Coursera 上的公开课，那门课叫"密码学 1"，是斯坦福大学的 Dan Boneh 教授主讲的，然而传说中的续集"密码学 2"一直在跳票，都跳了快两年了还没开课呢，只好在这里吐吐槽……

周自恒
2016 年 4 月于上海

前　言

我们每个人都有自己的秘密，所谓秘密就是不希望被别人知道的信息。例如，你肯定不想让别人知道你的银行卡口令。还有信用卡号、贷款金额、异性关系、犯罪履历、病历、电子邮箱口令等，这些敏感信息恐怕谁都不希望泄漏给他人。别说这些敏感信息了，有些人就连年龄、身高和体重都想保密，某些情况下甚至不希望对方知道自己的姓名。

在现代社会中，很多信息都存储在计算机里，这让信息的使用变得非常方便：不但可以快速复制，还可以很容易地修改其中的错误；你可以发邮件给位于世界上任何地方的人，也可以通过博客和社交网络将信息分享给世界上任何人。

不过，也正是因为如此，在现代社会中要保护好自己的秘密信息已经变得非常困难。

即便别人复制了你的秘密信息，你也不会有所察觉，因为你手上的信息并没有丢失；正是因为信息可以很容易地被修改，所以你的重要文件也存在被他人篡改的风险；此外，如果有人将你的秘密信息通过邮件发送给第三者或者公开发布在博客和社交网络上，也会给你带来大麻烦。

为了解决这些问题，人们开发出形形色色的**密码技术**。例如，"密码"可以让窃听者无法解读窃取的消息，"单向散列函数"可以检测出消息是否被篡改过，"数字签名"可以确认消息是否来自合法的发送者。本书中介绍的各种密码技术，其存在的意义正是帮助在生活和工作中经常使用计算机和网络的我们保守秘密，并确认信息的正确性。[①]

然而，无论多么高级的密码技术，都存在一个巨大的弱点，那就是"人"。如果用户无法正确运用密码技术，就无法真正确保信息安全。就算用再强大的加密手段对文件进行保护，如果用户设置的口令非常弱，也会让加密形同虚设。要正确运用密码技术，就需要理解这些密码技术的特点，特别是必须理解"我现在正在做什么"以及"这个技术到底有什么意义"。

本书是一本以通俗易懂的方式介绍密码技术的入门书，希望在尽量减少繁冗的数学公式的前提下，能够让各位读者理解各种密码技术的功能和意义。

密码已经不再仅仅属于专家和研究人员，而是我们每一个生活在现代社会的人都必须要掌握的一门技术。希望各位读者能够通过本书，学习到密码技术以及信息安全方面的基础知识。

---

① 在本书中，"密码"一词指的是安全传送消息的方法（即英文的 cryptography），通常包括密码算法和密钥等部分，并不是我们俗称的，在网站和 ATM 中输入的那种"密码"（即英文的 password、passphrase 或者 pin）。为了以示区别，本书中将后者统一翻译为"口令"。——译者注

本书的特点

本书的特点如下。

通俗易懂地讲解密码技术

密码技术分为很多种类，无论哪一种都是非常复杂而难以理解的。本书中精选了其中特别重要的几种，并通过大量的图示对它们进行通俗易懂的讲解。

讲解密码技术的相互关系

每一种密码技术都不是单独存在的，而是通过相互关联、相互补充，形成了一个巨大的框架，就如同一块巨大的拼图一样。本书中将为大家讲解组成这一巨大拼图的各种密码技术之间的相互关系。

讲解"密码的常识"

一般常识与密码界中的常识之间存在一定的差异。例如，一般人往往会认为"保密的密码算法比较安全"，然而，密码界中的常识却是"不要使用保密的密码算法"。本书中会关注一般常识与密码界中的常识存在差异的地方，以便引起读者的注意，不要做出错误的判断。

目标读者

本书的目标读者主要包括以下人群：

- 对密码相关知识感兴趣的人
- 希望理解公钥密码、数字签名等密码技术原理的人
- 对信息安全感兴趣的人

数学不好的人也能看懂

数学是密码技术得以成立的基础，因此难免会碰到复杂的数学公式。为了让数学不好的读者也能够理解，本书中尽力避免使用大量的数学公式，而是更多地采用示意图来进行讲解。

通过小测验确认理解的程度

本书正文中会提供一些帮助确认理解程度的小测验，其中的题目在阅读本书的过程中大多都能够很快回答出来。在每一章的最后可以找到本章小测验的答案，读者可以在阅读本书的过程中，随时确认自己的理解程度。此外，在本书的最后还有一篇"密码技术综合测验"，读者可以通过这些题目来确认自己对本书内容的整体理解程度。

本书的结构

第 1 部分：密码

第 1 章**"环游密码世界"**将对密码技术进行整体性的讲解。

第 2 章**"历史上的密码"**将讲解一些在历史上扮演了重要角色的密码，并对密码的破译进行思考。

第 3 章**"对称密码（共享密钥密码）"**将讲解加密所使用的基本技术——对称密码（共享密钥密码），包括长期以来被作为标准采用的 DES 算法以及最新的 AES 算法。

第 4 章**"分组密码的模式"**将讲解对称密码中描述加密具体实现步骤的模式，内容包括 ECB、CBC、CFB、OFB、CTR 等各种模式，以及分组密码和流密码的相关知识。

第 5 章**"公钥密码"**将讲解现代密码技术中最重要的部分——公钥密码。在讲解密钥配送的相关问题之后，还会对 RSA 公钥加密算法进行实际计算。

第 6 章**"混合密码系统"**将讲解通过将对称密码和公钥密码相结合来实现更安全的加密和解密的方法。

第 2 部分：认证

第 7 章**"单向散列函数"**将讲解能够产生消息指纹的单向散列函数。这一章将讲解单向散列函数所具备的性质，并介绍 MD5、SHA-1、RIPEMD 等具体的单向散列函数。

第 8 章**"消息认证码"**将讲解通过将对称密码与单向散列函数相结合来确认消息是否被正确传送的技术。此外，我们还将介绍近年来备受关注的认证加密技术。

第 9 章**"数字签名"**将讲解采用公钥密码技术来进行认证的技术，这些技术能够防止伪装和篡改。

第 10 章**"证书"**将讲解用来表示公钥合法性的证书以及颁发证书的认证机关的相关知识，同时还将讲解公钥基础架构（PKI）的机制。

第 3 部分：密钥、随机数与应用技术

第 11 章**"密钥"**将讲解管理密码中所使用的密钥的相关知识，并探讨我们日常使用的"口令"（password）。

第 12 章**"随机数"**将讲解用于在计算机上生成随机数的伪随机数生成器。伪随机数生成器在密钥的生成过程中发挥了重要的作用。这一章将讲解密码中所使用的随机数所具备的性质，并介绍使用对称密码和单向散列函数构建伪随机数生成器的方法，同时还会介绍在密码中使用线性同余法的危险性。

第 13 章 **"PGP"** 将讲解一种广泛使用的加密软件——Pretty Good Privacy（PGP）。PGP 集成了多种重要的密码技术，如对称密码、公钥密码、单向散列函数、数字签名、密钥管理、随机数生成等。通过学习 PGP 的结构，我们就可以理解密码技术的组合方法。

第 14 章 **"SSL/TLS"** 将讲解 Secure Socket Layer（SSL）和 Transport Layer Security（TLS）。SSL/TLS 是我们在 Web 上进行网上购物等操作时用来确保安全性的技术。

第 15 章 **"密码技术与现实社会"** 将对之前的章节中所讲解的密码技术进行梳理，并对密码技术在现实社会的安全方面所发挥的作用进行思考。

附录 A **"椭圆曲线密码"** 将简要介绍近年来日益重要的椭圆曲线密码。

附录 B **"密码技术综合测验"** 中为大家出了一些关于密码技术的简单题目，大家可据此来确认自己对密码技术的理解程度。

■ 谢辞

感谢《应用密码学》（*Applied Cryptography*）一书的作者布鲁斯·施奈尔（Bruce Schneier，1963— ）以及 PGP 的作者菲利普·季默曼（Philip Zimmermann，1954— ）。

感谢在本书执笔过程中提供宝贵信息并给予鼓励的山形浩生先生。

感谢我所著书籍、杂志连载和邮件杂志的各位读者、光临笔者网站的朋友们以及一直以来为我祈祷的天主教教友们。

本书成书过程中，我在撰稿的同时，还将书稿发布在互联网上接受了审阅。审阅者不分年龄、国籍、性别、住址和职业，全部都是在网上公开招募的，且所有的审阅工作都通过电子邮件以及网络来进行。在这里对参加本书审阅工作的各位朋友一并表示感谢。其中特别感谢提供宝贵意见、改进建议并给予我鼓励的以下各位朋友（按五十音图排序，敬称省略）：

青木久雄、新真千惠、天野胜、ANDO Yoko、池田大、石井胜、石川昭彦、石野幸夫、伊藤浩一、稻毛一行、井村 yuki 乃、岩泽正树、上原隆平、植松喜孝、植村光秀、江口加奈子、榎本直纪、大泽日出男、大竹宏志、大谷晋平、大谷祐史、奥田佳树、尾关善行、织田京子、小原刚、小柳津靖志、katokt、角田直行、加藤近之、角征典、金子统浩、上山誉晃、彼谷哲志、川合元洋、川崎昌博、川岛光博、川村正安、北川敦史、木村岳文、久保山哲二、久米川昌弘、小山毅、近藤晋也、后藤英雄、榊原知香子、贞池克己、佐藤正明、佐藤康二、佐藤勇纪、佐山秀晃、泽义和、重信和行、SHIBAMURA Shinobu、末石淳一郎、铃木隆介、平良公一、高岛修、高桥英一郎、高桥健、高桥立明、泷口幸子、竹内康二、武智仪明、竹中明夫、辰巳晋作、田中笃博士、津田昌树、富长裕久、鸟海喜代江、土居俊彦、中岛能和、中村圭辅、中森博久、野田知哉、野野垣一义、林孝彰、春冈德久、比嘉一朋、比嘉阳一、檜垣健太郎、平澤俊继、廣中利光、古屋智久、细川贤太郎、细野英朋、保户塚贵博、堀正人、volo、米田重治、前原正英、松浦正枝、松冈正恭、MATUSHIMA Hideki、松户正春、松本悠希、松森久也、丸下博宣、御簾纳一、美马孝行、三宅喜义、宫成敏裕、宫本信二、村上佳久、持尾聪史、盛寻树、森川浩司、森田大辅、矢野正谨、倭聪、山本耕司、山本哲也

感谢一直以来支持我的 SoftBank Publishing 株式会社书籍局第 6 编辑部的野泽喜美男总编。将本书献给我最挚爱的妻子，感谢她与我分享了数不清的秘密。

结城浩

2003 年 8 月于横滨

写于新版发行之际

在新版发行之际，除了按当前情况更新了正文内容之外，为帮助理解还添加了附录。本次改版的一部分内容得到了五十岚邦明先生的重要指导，在此表示感谢。

结城浩

2008 年 11 月于横滨

写于第 3 版发行之际

第 3 版对本书内容进行了全面修订，并基于 NIST、CRYPTREC、各种 RFC 等信息对内容进行了更新。此外，在这一版中还增加了一些新内容，例如对 SSL/TLS 的 POODLE 攻击、"心脏出血"漏洞、Superfish 事件、SHA-3 竞赛、Keccak 的结构、认证加密、椭圆曲线密码等。

结城浩

2015 年 8 月于横滨

目 录

第 2 部分　认证 **151**

第 3 部分　密钥、随机数与应用技术　255

第 11 章　密钥——秘密的精华···257

第 **1** 部分

密码

第 **1** 章

环游密码世界

1.1 本章学习的内容

与密码相关的技术种类繁多，而且它们之间有着紧密的关联。本章中，让我们暂且抛开那些繁琐的细节，先来从整体上了解一下密码世界究竟是个什么样子吧。

1.2 密码

1.2.1 Alice 与 Bob

要讲解密码，我们需要为参与信息交互的人和计算机起几个名字。如果光用 A、B 之类的符号未免显得无趣，因此在本书中我们用 Alice、Bob 等人名来指代这些信息交互的参与者（表 1-1）。

表 1-1　本书中的主要角色一览

名称	说明
Alice	一般角色
Bob	一般角色
Eve	窃听者，可窃听通信内容
Mallory	主动攻击者，可妨碍通信、伪造消息等
Trent	可信的第三方
Victor	验证者

1.2.2 发送者、接收者和窃听者

请想象一下 Alice 向 Bob 发送电子邮件的场景。在这个场景中，发出邮件的 Alice 称为**发送者**（sender），而收到邮件的 Bob 则称为**接收者**（receiver）。

在讲解发送者、接收者的概念时，用邮件这个例子会比较便于理解，但实际上发送者和接收者这两个术语的使用范围并不仅仅局限于邮件。当某个人向另一个人发送信息时，发出信息的人称为发送者，而收到信息的人称为接收者。另外，被发送的信息有时也统称为**消息**（message）（图 1-1）。

图 1-1　Alice 向 Bob 发送邮件（发送者、接收者）

　　邮件是通过互联网从 Alice 的计算机发送到 Bob 的计算机的。在发送邮件时，邮件会经过许多台计算机和通信设备进行中转，在这个过程中，就存在被恶意**窃听者**（eavesdropper）偷看到的可能性（图 1-2）。

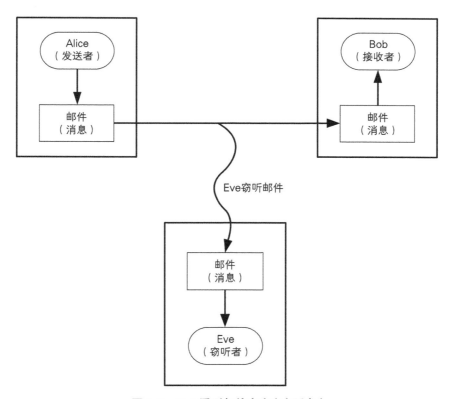

图 1-2　Eve 看到邮件内容（窃听者）

　　由于窃听者的英文叫作 eavesdropper，因此我们给他起了一个发音相近的名字叫作 Eve。

　　窃听者 Eve 并不一定是人类，有可能是安装在通信设备上的某种窃听器，也可能是安装在邮件软件和邮件服务器上的某些程序。

　　尽管邮件内容原本应该只有发送者和接收者两个人知道，但如果不采取相应的对策，就存在被第三方知道的风险。

1.2.3　加密与解密

　　Alice 不想让别人看到邮件的内容，于是她决定将邮件进行**加密**（encrypt）后再发送出去。加密之前的消息称为**明文**（plaintext），加密之后的消息称为**密文**（ciphertext）。我们看到明文可以理解其中的含义，而看到密文则无法理解其中的含义。

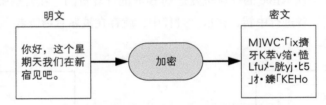

图 1-3　明文被加密之后，就会变成看不懂的密文

　　Bob 收到了来自 Alice 的加密邮件，但作为接收者的 Bob 也是无法直接阅读密文的，于是 Bob 需要对密文进行**解密**（decrypt）之后再阅读。解密就是将密文恢复成明文的过程。

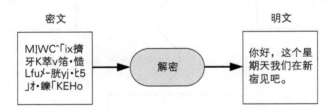

图 1-4　密文被解密之后，就变回原来的明文了

　　将消息加密后发送的话，即使消息被窃听，窃听者得到的也只是密文，而无法得知加密前的明文内容。

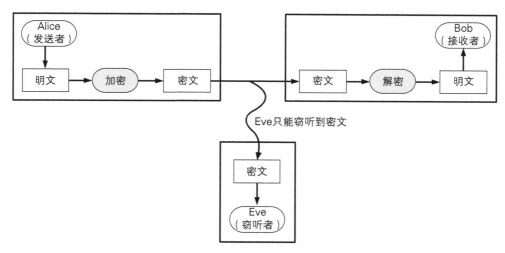

图 1-5　将消息加密后发送的话，窃听者只能得到密文

1.2.4　密码保证了消息的机密性

在上述场景中，Alice 将邮件进行加密，而 Bob 则进行解密，这样做的目的，是为了不让窃听者 Eve 读取邮件的内容。Alice 和 Bob 通过运用**密码**（cryptography）技术，保证了邮件的**机密性**（confidentiality）。

1.2.5　破译

进行加密之后，Eve 只能得到密文。如果 Eve 无论如何都想知道明文的内容，就需要采取某种手段将密文还原为明文。

正当的接收者将密文还原为明文称为"解密"，但接收者以外的其他人试图将密文还原为明文，则称为**密码破译**（cryptanalysis），简称为**破译**，有时也称为**密码分析**。

进行破译的人称为**破译者**（cryptanalyst）。破译者并不一定是坏人，密码学研究者为了研究密码强度（即破译密码的困难程度），也经常需要对密码进行破译，在这样的情况下，研究者也会成为破译者。

小测验 1　日记的密码　　　　　　　　　　　　　　　（答案见 1.9 节）

　　Alice 习惯用文字处理软件来写日记。为了不让别人看到，她在每次保存到磁盘时都会进行加密，而在阅读日记时，再进行解密。

　　在这个场景中，发送者和接收者分别是谁呢？

1.3 对称密码与公钥密码

1.3.1 密码算法

用于解决复杂问题的步骤，通常称为**算法**（algorithm）。从明文生成密文的步骤，也就是加密的步骤，称为"加密算法"，而解密的步骤则称为"解密算法"。加密、解密的算法合在一起统称为**密码算法**。

1.3.2 密钥

密码算法中需要**密钥**（key）。现实世界中的"钥"，是像 ⊶━ 这样的形状微妙而复杂的小金属片。然而，密码算法中的密钥，则是像 20355472856847765035467308068943076 这样的一串非常大的数字。

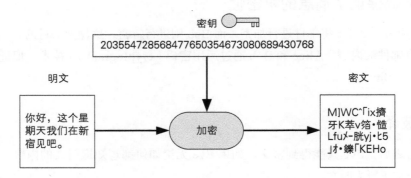

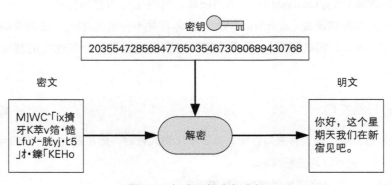

图 1-6 加密、解密与密钥

无论是在加密时还是在解密时，都需要知道密钥。

正如保险柜的钥匙可以保护保险柜中存放的贵重物品一样，密码中的密钥可以保护你的重要数据。即使保险箱再坚固，如果钥匙被盗，则里面的贵重物品也会被盗。同样地，我们也必须注意不要让密码的密钥被他人窃取。

关于密钥，我们将在第 3 章详细讲解。

1.3.3 对称密码与公钥密码

根据密钥的使用方法，可以将密码分为对称密码和公钥密码两种。

对称密码（symmetric cryptography）是指在加密和解密时使用同一密钥的方式[①]。

关于对称密码，我们将在第 3 章和第 4 章详细讲解。

而**公钥密码**（public-key cryptography）则是指在加密和解密时使用不同密钥的方式。因此，公钥密码又称为**非对称密码**（asymmetric cryptography）。

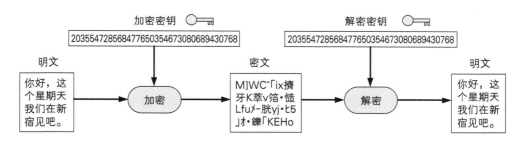

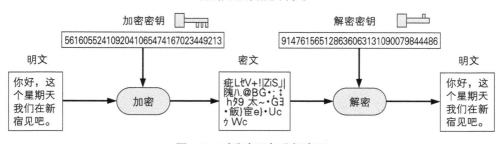

图 1-7　对称密码与公钥密码

---

① 对称密码有多种别名，如**公共密钥密码**（common-key cryptography）、**传统密码**（conventional cryptography）、**私钥密码**（secret-key cryptography）、**共享密钥密码**（shared-key cryptography）等。

公钥密码是在 20 世纪 70 年代出现的，这种方法在密码学界引发了一场重大变革。现代计算机和互联网中的安全体系，很大程度上都依赖于公钥密码。

关于公钥密码，我们将在第 5 章详细讲解。

1.3.4 混合密码系统

将对称密码和公钥密码结合起来的密码方式称为**混合密码系统**（hybrid cryptosystem），这种系统结合了对称密码和公钥密码两者的优势。

关于混合密码系统，我们将在第 6 章详细讲解。

1.4 其他密码技术

密码技术所提供的并不仅仅是基于密码的机密性，用于检验消息是否被篡改的完整性、以及用于确认对方是否是本人的认证等都是密码技术的重要部分。

1.4.1 单向散列函数

我们想象一下通过互联网下载免费软件的场景。我们所下载的软件，是否和软件的作者所制作的东西一模一样呢？会不会有坏人在软件里植入了一些恶意程序呢？

为了防止软件被篡改，有安全意识的软件发布者会在发布软件的同时发布该软件的**散列值** [1]。散列值就是用**单向散列函数**（one-way hash function）计算出来的数值。

下载该软件的人可以自行计算所下载文件的散列值，然后与软件发布者公布的散列值进行对比。如果两个散列值一致，就说明下载的文件与发布者所发布的文件是相同的。

单向散列函数所保证的并不是机密性，而是**完整性**（integrity）。完整性指的是"数据是正牌的而不是伪造的"这一性质。使用单向散列函数，就可以检测出数据是否被**篡改**过。

单向散列函数是一种保证完整性的密码技术。关于单向散列函数，我们将在第 7 章详细讲解。

1.4.2 消息认证码

为了确认消息是否来自所期望的通信对象，可以使用**消息认证码**（message authentication code）

---

[1] 散列值（hash）又称哈希值、密码校验和（cryptographic checksum）、**指纹**（fingerprint）、**消息摘要**（message digest）。

技术。

通过使用消息认证码，不但能够确认消息是否被篡改，而且能够确认消息是否来自所期待的通信对象。也就是说，消息认证码不仅能够保证完整性，还能够提供**认证**（authentication）机制。

消息认证码是一种能够保证完整性和提供认证的密码技术。关于消息认证码，我们将在第 8 章详细讲解。

1.4.3 数字签名

Bob 刚刚收到了一封来自 Alice 的邮件，内容是"以 100 万元的价格购买该商品"。

不过，这封邮件到底是不是 Alice 本人写的呢？ Bob 仅通过阅读邮件内容，是否能够判断该邮件确实来自 Alice 呢？邮件的发送者（From: 一栏的内容）很容易被伪造，因此确实存在别人**伪装**（spoofing）成 Alice 的风险。

假设 Alice 真的发出过邮件，但是 Alice 当初写的内容真的是"以 100 万元的价格购买该商品"吗？是否存在这样一种风险，即 Alice 原本写的是"1 万元"，而在邮件传输的过程中被某些别有用心的人进行了**篡改**，将 1 万元改成了 100 万元呢？

反过来说，还有这样一种风险，即 Alice 真的向 Bob 发送了内容为"以 100 万元的价格购买该商品"的邮件，但后来 Alice 又不想买了，于是便谎称"我当初根本没发过那封邮件"。像这样事后推翻自己先前主张的行为，称为**否认**（repudiation）。

能够防止上述伪装、篡改和否认等威胁的技术，就是**数字签名**（digital signature）。数字签名就是一种将现实世界中的签名和盖章移植到数字世界中的技术，它也是一种重要的密码技术。

用刚才的例子来说，Alice 可以对"以 100 万元的价格购买该商品"的内容加上数字签名后再通过邮件发送，而 Bob 则可以对该数字签名进行**验证**（verify）。通过这样的方式，不但可以检测出伪装和篡改，还能够防止事后否认。

数字签名是一种能够确保完整性、提供认证并防止否认的密码技术。关于数字签名，我们将在第 9 章详细讲解。

1.4.4 伪随机数生成器

伪随机数生成器（Pseudo Random Number Generator，PRNG）是一种能够模拟产生随机数列的算法。随机数和密码技术有关，这样说大家可能会感到意外，但实际上随机数确实承担着**密钥生成**的重要职责。例如在 Web 中进行 SSL/TLS 通信时，会生成一个仅用于当前通信的临时密钥（会话密钥），这个密钥就是基于伪随机数生成器生成的。如果生成随机数的算法不好，窃听者就能够推测出密钥，从而带来通信机密性下降的风险。

关于伪随机数生成器以及随机数的话题，我们将在第 12 章详细讲解。

■ 1.5 密码学家的工具箱

在以上内容中，已经出现了很多种类的密码技术，其中以下六种发挥着尤其重要的作用：

- 对称密码
- 公钥密码
- 单向散列函数
- 消息认证码
- 数字签名
- 伪随机数生成器

在本书中，我们将上述六种技术统称为**密码学家的工具箱**[①]。

为了梳理之前讲过的内容，我们将信息安全所面临的威胁与用来应对这些威胁的密码技术之间的关系用一张图表来表示出来（图 1-8）。

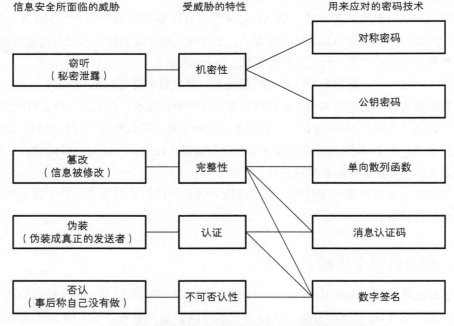

图 1-8　信息安全所面临的威胁与应对这些威胁的密码技术

---

① "密码学家的工具箱"这一说法出自《网络信息安全的真相》（*Secrets and Lies: Digital Security in a Networked World*），布鲁斯·施奈尔，2000。中文版由机械工业出版社 2001 年 9 月出版，吴世忠、马芳译。——译者注

1.6　隐写术与数字水印

　　上面我们已经讲过，密码是一种能够让消息内容变得无法解读的技术，英文叫作cryptography。

　　除此之外，其实还有另外一种技术，它不是让消息内容变得无法解读，而是能够隐藏消息本身，这种技术称为**隐写术**（steganography）。

　　我们来看一个简单的例子。

　　我们先准备一段话，
　　很容易看懂的就可以，
　　喜闻乐见的当然更好。
　　欢迎你尝试将另一句话嵌在这段话中，
　　你会发现这其实就是一种隐写术。

　　上面这段话其实就是隐写术的一个例子，我们将每一行的第一个字拿出来看一看。

　　我——我们先准备一段话，
　　很——很容易看懂的就可以，
　　喜——喜闻乐见的当然更好。
　　欢——欢迎你尝试将另一句话嵌在这段话中，
　　你——你会发现这其实就是一种隐写术。

　　这样我们就会发现，原来上面这段话中还隐藏着另一句话——"我很喜欢你"。

　　隐写术的目的是隐藏**消息本身**，但如果搞清楚了嵌入消息的方法，也就可以搞清楚**消息的内容**。因此，隐写术并不能代替密码。

　　隐写术在计算机中也有一定的应用，例如最近的**数字水印**技术就运用了隐写术的方法。数字水印是一种将著作权拥有者及购买者的信息嵌入文件中的技术。但是仅凭数字水印技术是无法对信息进行保密的，因此需要和其他技术配合使用。

　　例如，将密码和隐写术相结合的方法就很常用。首先，我们将要嵌入的文章进行加密并生成密文，然后再通过隐写术将密文隐藏到图片中。这样一来，即便有人发现了密文的存在，也无法读取出所嵌入的文章的内容。

　　密码隐藏的是内容，隐写术隐藏的是消息本身。通过将密码与隐写术相结合，就可以同时产生两者所各自具备的效果。

1.7 密码与信息安全常识

在继续下面的内容之前，我们先来介绍一些关于密码的常识。刚刚开始学习密码的人常常会对以下这几条感到不可思议，因为它们有悖于我们的一般性常识。

- 不要使用保密的密码算法
- 使用低强度的密码比不进行任何加密更危险
- 任何密码总有一天都会被破解
- 密码只是信息安全的一部分

1.7.1 不要使用保密的密码算法

很多企业都有下面这样的想法：

"由公司自己开发一种密码算法，并将这种算法保密，这样就能保证安全。"

然而，这样的想法却是大错特错，使用保密的密码算法是无法获得高安全性的。

我们不应该制作或使用任何保密的密码算法，而是应该使用那些已经公开的、被公认为强度较高的密码算法。

这样做的原因主要有以下两点。

密码算法的秘密早晚会公诸于世

从历史上看，密码算法的秘密最终无一例外地都会被暴露出来。1999 年，DVD 的密码算法被破解。2007 年，NXP 的非接触式 IC 卡 MIFARE Classic 的密码算法被破解。这些算法最初都是保密的，然而研究者可以通过逆向工程的手段对其进行分析，并找到漏洞进行破解。RSA 公司开发的 RC4 密码算法曾经也是保密的，但最终还是有一位匿名人士开发并公开了与其等效的程序。

一旦密码算法的详细信息被暴露，依靠对密码算法本身进行保密来确保机密性的密码系统也就土崩瓦解了。反之，那些公开的算法从一开始就没有设想过要保密，因此算法的暴露丝毫不会削弱它们的强度。

开发高强度的密码算法是非常困难的

要比较密码算法的强弱是极其困难的，因为密码算法的强度并不像数学那样可以进行严密的证明。密码算法的强度只能通过事实来证明，如果专业密码破译者经过数年的尝试仍然没有破解某个密码算法，则说明这种算法的强度较高。

稍微聪明一点的程序员很容易就能够编写出"自己的密码系统"。这样的密码在外行看来貌似牢不可破，但在专业密码破译者的眼里，要破解这样的密码几乎是手到擒来。

现在世界上公开的被认为强度较高的密码算法，几乎都是经过密码破译者长期尝试破解未果而存活下来的。因此，如果认为"公司自己开发的密码系统比那些公开的密码系统更强"，那只能说是过于高估自己公司的能力了。

试图通过对密码算法本身进行保密来确保安全性的行为，一般称为**隐蔽式安全性**（security by obscurity），这种行为是危险且愚蠢的。

反过来说，将密码算法的详细信息以及程序源代码全部交给专业密码破译者，并且为其提供大量的明文和密文样本，如果在这样的情况下破译一段新的密文依然需要花上相当长的时间，就说明这是高强度的密码。

1.7.2　使用低强度的密码比不进行任何加密更危险

一般人们会认为：就算密码的强度再低，也比完全不加密要强吧？其实这样的想法是非常危险的。

正确的想法应该是：与其使用低强度的密码，还不如从一开始就不使用任何密码[①]。

这主要是由于用户容易通过"密码"这个词获得一种"错误的安全感"。对于用户来说，安全感与密码的强度无关，而只是由"信息已经被加密了"这一事实产生的，而这通常会导致用户在处理一些机密信息的时候麻痹大意。

早在 16 世纪，当时的苏格兰女王玛丽就曾认为没有人能够破译自己使用的密码。正是由于对密码的盲信，她将刺杀伊丽莎白女王的计划明明白白地写在了密信中，结果密码遭到破译，玛丽也因此被送上了断头台。

1.7.3　任何密码总有一天都会被破解

如果某种密码产品宣称"本产品使用了绝对不会被破解的密码算法"，那么你就要对这个产品的安全性打个问号了，这是因为绝对不会被破解的密码是不存在的。

无论使用任何密码算法所生成的密文，只要将所有可能的密钥全部尝试一遍，就总有一天可以破译出来。因此，破译密文所需要花费的时间，与要保密的明文的价值之间的权衡就显得非常重要。

严格来说，绝对不会被破解的密码算法其实是存在的，这种算法称为**一次性密码本**（one-time pad），但它并不是一种现实可用的算法。关于这个话题，我们会在 3.4 节详细探讨。

[①] 出自《密码故事》（*The Code Book*: *The History and Exploration*），西蒙·辛格，1999，p.72。中文版由海南出版社 2001 年 10 月出版，朱小蓬等译。——译者注

此外，还有另外一种技术被认为有可能造就完美的密码技术，那就是**量子密码**。关于量子密码，我们会在 15.3.1 节进行介绍。

1.7.4 密码只是信息安全的一部分

我们还是回到 Alice 给 Bob 发送加密邮件的例子。即便不去破解密码算法，也依然有很多方法能够知道 Alice 所发送的邮件内容。

例如，攻击者可以不去试图破译经过加密的邮件，而是转而攻击 Alice 的电脑以获取加密之前的邮件明文。

最近，**社会工程学**（social engineering）攻击开始流行起来。例如，办公室的内线电话响起，电话里说："你好，我是 IT 部。由于需要对您的电脑进行安全检查，请您将密码临时改为 XR2315。"而实际上拨打电话的有可能就是一名攻击者。

上面提到的这些攻击手段，都与密码的强度毫无关系。

要保证良好的安全性，就需要理解"系统"这一概念本身的性质。复杂的系统就像一根由无数个环节相连组成的链条，如果用力拉，链条就会从其中最脆弱的环节处断开。因此，系统的强度取决于其中最脆弱的环节的强度。

最脆弱的环节并不是密码，而是人类自己。关于这个话题，我们会在最后一章进行深入的思考。

1.8 本章小结

本章我们浏览了密码世界中的一些主要技术，同时还接触了一些密码界中的"常识"。

在后面的章节中，我们会更深入地学习这些技术。在此之前，让我们先来回顾一下历史上曾经使用过的密码吧。

小测验 2　基础知识确认　　　　　　　　　　　　　（答案见 1.9 节）

下列说法中，请在正确的旁边画〇，错误的旁边画 ×。

(1) 将明文转换为密文的过程称为加密。

(2) 明文是供人类读取的数据，而密文则是供计算机读取的数据。

(3) 只要检查邮件发送者（From:）一栏的内容，就能够正确判断邮件是谁发出的。

(4) 在对称密码中，加密用的密钥和解密用的密钥是相同的。

(5) 公开的密码算法容易遭到坏人的攻击，因此使用自己公司开发的保密的密码算法更加安全。

■■■ 1.9 小测验的答案

小测验 1 的答案：日记的密码（1.2.5 节）

发送者和接收者都是 Alice。

准确地说，发送者是加密时的 Alice，而接收者是解密时的 Alice，也就是说，Alice 是将密文发送给了未来的自己。

小测验 2 的答案：基础知识确认（1.8 节）

○ (1) 将明文转换为密文的过程称为加密。

× (2) 明文是供人类读取的数据，而密文是供计算机读取的数据。

明文和密文并不是由谁来读取决定的，明文也有可能是供计算机读取的数据。

× (3) 只要检查邮件发送者（From:）一栏的内容，就能够正确判断邮件是谁发出的。

邮件的 "From:" 一栏很容易被伪造，因此并不能保证 "From:" 栏中所显示的人就是发送这封邮件的人。

○ (4) 在对称密码中，加密用的密钥和解密用的密钥是相同的。

正确。由于加密用的密钥和解密用的密钥是相同的，因此对称密码也称为公共密钥密码。

× (5) 公开的密码算法容易遭到坏人的攻击，因此使用自己公司开发的保密的密码算法更加安全。

不正确。密码算法的安全性不能依赖算法本身的秘密性，这一事实已经通过密码的历史得到证明了。

不过，密码算法是公开的并不代表它一定就是安全的，这一点需要大家注意。

第2章

历史上的密码
——写一篇别人看不懂的文章

```
53‡‡†305))6*;4826)4‡.)4‡);806*;48†8¶60))85;1‡(;:‡*8
†83(88)5*†;46(;88*96*?;8)*‡(;485);5*†2:*‡(;4956*2(5*-4)
8¶8*;4069285);)6†8)4‡‡;1(‡9;48081;8:8‡1;48†85;4)485†
528806*81(‡9;48;(88;4(‡?34;48)4‡;161;:188;‡?;
```

我在看完这些内容之后，一脸茫然，只好对勒格朗说："这些都是什么意思啊？我是一点儿都看不懂这上面的内容是什么啊！假如只有破解这封密码信才能得到金银财宝，那我只能说，自己根本没有得到金银财宝的命了！"

——爱伦·坡《金甲虫》

2.1　本章学习的内容

本章我们将介绍历史上几种著名的密码。

- 恺撒密码
- 简单替换密码
- Enigma

此外，我们还将介绍两种破译密码的方法（即合法接收者以外的人试图由密文还原出明文的方法）。

- 暴力攻击
- 频率分析

在本章最后我们还将思考密码算法与密钥之间的关系。

本章所介绍的密码在现代都已经不再使用了，但在寻找密码弱点的方法、破译密码的思路以及密码算法与密钥的关系等方面，这些密码与现代的密码技术依然是相通的。

2.2　恺撒密码

首先，我们来介绍一种最简单的密码——恺撒密码。

2.2.1 什么是恺撒密码

恺撒密码（Caesar cipher）是一种相传尤利乌斯·恺撒曾使用过的密码。恺撒于公元前 100 年左右诞生于古罗马，是一位著名的军事统帅。

恺撒密码是通过将明文中所使用的字母表按照一定的字数"平移"来进行加密的。在日语（例如平假名）或者汉语（例如汉语拼音）中也可以用同样的思路来实现恺撒密码，但为了简化内容，在这里我们只使用英文字母。

本章中，为了讲解方便，我们用小写字母（a, b, c, ...）来表示明文，用大写字母（A, B, C, ...）来表示密文。

现在我们将字母表平移 3 个字母，于是，明文中的 a 在加密后就变成了与其相隔 3 个字母的 D，以此类推，b 变成 E，c 变成 F，d 变成 G……v 变成 Y，w 变成 Z，而 x 则会回到字母表的开头而变成 A，相应地，y 变成 B，z 变成 C。通过图 2-1 我们可以很容易地理解"平移"的具体工作方式。

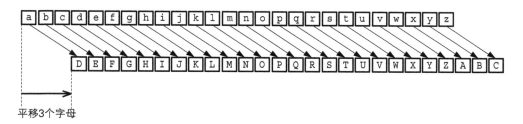

平移3个字母

图 2-1　恺撒密码中将字母表"平移"

2.2.2 恺撒密码的加密

这里，我们假设要保密的信息为 yoshiko 这个女性的名字。我们暂且不管这个名字到底代表一位真实的女性，还是只是一种暗号，只考虑将它在保密的状态下发送给接收者。

此时，明文包含下列 7 个字母。

```
yoshiko
```

接下来我们将明文中的字母逐一进行加密。

```
y→B
o→R
s→V
h→K
i→L
```

k→N
o→R

这样，明文 yoshiko 就被转换成了密文 BRVKLNR，yoshiko 这个词我们能够看懂，但 BRVKLNR 就看不懂了。

恺撒密码中，将字母表中的字母平移这个操作就是密码的算法，而平移的字母数量则相当于密钥。在上面的例子中，密钥为 3（图 2-2）。

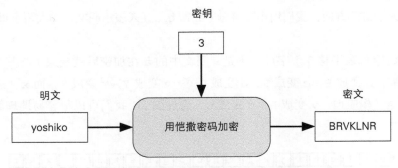

图 2-2　用恺撒密码进行加密（密钥为 3）

2.2.3　恺撒密码的解密

现在，假设接收者已经收到了密文 BRVKLNR，由于密文本身是看不懂的，因此必须将它解密成明文。

恺撒密码的解密过程是使用与加密时相同的密钥进行反向的平移操作。用刚才的例子来说，只要反向平移 3 个字母就可以解密了。

B→y
R→o
V→s
K→h
L→i
N→k
R→o

这样我们就得到了明文 yoshiko。

在这个场景中，密钥 3 必须由发送者和接收者事先约定好。

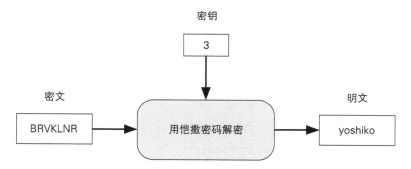

图 2-3　用恺撒密码进行解密（密钥为 3）

2.2.4　用暴力破解来破译密码

通过上面的讲解，我们知道对于发送者用恺撒密码加密过的密文，接收者是能够进行解密的，因此发送者可以向接收者成功发送 yoshiko 这条消息。

那么，接收者以外的人（即不知道密钥 3 的人）在看到密文 BRVKLNR 后，是否能够猜测到明文 yoshiko 呢？也就是说，恺撒密码能够被破译吗？

在恺撒密码中，密钥就是字母表平移的字数。由于字母表只有 26 个字母，因此加密用的密钥只有 0 到 25 共 26 种（平移 0 个字母实际上相当于没有加密，但在这里我们也将这种情况考虑进去）。

下面我们按顺序将这 26 种密钥都尝试一遍。

```
BRVKLNR  →  用密钥 0 解密  →  brvklnr
BRVKLNR  →  用密钥 1 解密  →  aqujkmq
BRVKLNR  →  用密钥 2 解密  →  zptijlp
BRVKLNR  →  用密钥 3 解密  →  yoshiko
BRVKLNR  →  用密钥 4 解密  →  xnrghjn
BRVKLNR  →  用密钥 5 解密  →  wmqfgim
BRVKLNR  →  用密钥 6 解密  →  vlpefhl
BRVKLNR  →  用密钥 7 解密  →  ukodegk
BRVKLNR  →  用密钥 8 解密  →  tjncdfj
BRVKLNR  →  用密钥 9 解密  →  simbcei
BRVKLNR  →  用密钥 10 解密  →  rhlabdh
BRVKLNR  →  用密钥 11 解密  →  qgkzacg
BRVKLNR  →  用密钥 12 解密  →  pfjyzbf
```

BRVKLNR → 用密钥 13 解密 → oeixyae

BRVKLNR → 用密钥 14 解密 → ndhwxzd

BRVKLNR → 用密钥 15 解密 → mcgvwyc

BRVKLNR → 用密钥 16 解密 → lbfuvxb

BRVKLNR → 用密钥 17 解密 → kaetuwa

BRVKLNR → 用密钥 18 解密 → jzdstvz

BRVKLNR → 用密钥 19 解密 → iycrsuy

BRVKLNR → 用密钥 20 解密 → hxbqrtx

BRVKLNR → 用密钥 21 解密 → gwapqsw

BRVKLNR → 用密钥 22 解密 → fvzoprv

BRVKLNR → 用密钥 23 解密 → euynoqu

BRVKLNR → 用密钥 24 解密 → dtxmnpt

BRVKLNR → 用密钥 25 解密 → cswlmos

　　尝试一遍之后，我们就会发现当密钥为 3 时，可以解密出有意义的字符串 yoshiko。这就意味着我们仅仅根据密文就推测出了密钥和明文，这样的密码有什么用呢？恺撒密码实在是太脆弱了，无法保护重要的秘密。

　　上面介绍的这种密码破译方法，就是将所有可能的密钥全部尝试一遍，这种方法称为**暴力破解**（brute-force attack）。由于这种方法的本质是从所有的密钥中找出正确的密钥，因此又称为**穷举搜索**（exhaustive search）。

小测验 1　破译恺撒密码　　　　　　　　　　　　　　　　　　　　（答案见 2.7 节）

　　假设你收到了以下用恺撒密码加密过的密文，但你不知道密钥（平移的字母数），请破译这段密文。

PELCGBTENCUL

■ **2.3　简单替换密码**

▎ **2.3.1　什么是简单替换密码**

　　恺撒密码是通过将明文中所使用的字母表平移来生成密文的。但是，如果我们将字母表中的 26 个字母，分别与这 26 个字母本身建立一对一的对应关系，那么无论哪一种对应关系就都可以作为密码来使用。这种将明文中所使用的字母表替换为另一套字母表的密码称为**简单替换密码**（simple substitution cipher）。恺撒密码也可以说是简单替换密码的一种。

例如，图 2-4 就是一个简单替换密码的对应表（替换表）。

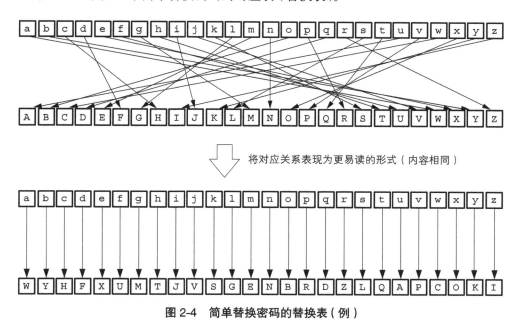

图 2-4　简单替换密码的替换表（例）

2.3.2　简单替换密码的加密

简单替换密码的加密过程是依次将明文中的每一个字母按照替换表替换成另一个字母。

例如，我们可以用图 2-4 中的替换表，对刚才恺撒密码例子中的明文 yoshiko 进行加密。参照图 2-4，依次对每个字母进行替换。

y → K
o → B
s → L
h → T
i → J
k → S
o → B

就可以得到密文 KBLTJSB。

2.3.3 简单替换密码的解密

只要使用加密时所使用的替换表进行反向替换，就可以对简单替换密码进行解密了。

由于在简单替换密码的解密中，需要用到加密时所使用的替换表，因此发送者和接收者必须事先同时拥有该替换表，而这份替换表也就相当于简单替换密码的密钥。

2.3.4 简单替换密码的密钥空间

yoshiko 用恺撒密码（密钥为 3）加密后的密文是 BRVKLNR，而用简单替换密码（密钥为图 2-4）加密后的密文则是 KBLTJSB。无论是 BRVKLNR 还是 KBLTJSB 都是无法看懂的字符串，在这一点上它们是相似的。单从密文上来看，我们无法判断出恺撒密码和简单替换密码到底哪一种更难破解。

恺撒密码可以通过暴力破解来破译，但**简单替换密码很难通过暴力破解来破译**。这是因为简单替换密码中可以使用的密钥数量，比恺撒密码要多得多。

为了确认这一点，我们来计算一下简单替换密码中可以使用的密钥总数吧。一种密码能够使用的"所有密钥的集合"称为**密钥空间**（keyspace），所有可用密钥的总数就是密钥空间的大小。密钥空间越大，暴力破解就越困难。

简单替换密码中，明文字母表中的 a 可以对应 A, B, C, ..., Z 这 26 个字母中的任意一个（26 种），b 可以对应除了 a 所对应的字母以外的剩余 25 个字母中的任意一个（25 种）。以此类推，我们可以计算出简单替换密码的密钥总数为：

$$26 \times 25 \times 24 \times 23 \times \cdots \times 1 = 403291461126605635584000000$$

这个数字相当于 4 兆的约 100 兆倍[①]，密钥的数量如此巨大，用暴力破解进行穷举就会非常困难。因为即便每秒能够遍历 10 亿个密钥，要遍历完所有的密钥也需要花费超过 120 亿年的时间。

如果密码破译者的运气足够好，也许在第一次尝试时就能够找到正确的密钥，但反过来说，如果运气特别差，也许尝试到最后一次才能找到正确的密钥。因此平均来说，要找到正确的密钥也需要花费约 60 亿年的时间。

2.3.5 用频率分析来破译密码

虽然用暴力破解很难破译简单替换密码，但**使用被称为频率分析的密码破译方法，就能够破译简单替换密码**。

---

① 1 兆等于 1 万亿，即 10^{12}，这里所计算的简单替换密码的密钥总数约为 4×10^{26}，或者约为 2^{88}。

——译者注

频率分析利用了明文中的字母的出现频率与密文中的字母的出现频率一致这一特性。尽管篇幅较长，但为了让大家体会到破译密码的感觉，我们还是来实际尝试破译一段密文吧。

假设你得到了下面一段密文，已知明文是用英语写的，并且是通过简单替换密码进行的加密，但是你不知道作为密钥的替换表。下面就让我们来破译这段密文。

```
MEYLGVIWAMEYOPINYZGWYEGMZRUUYPZAIXILGVSIZZMPGKKDWOMEPGROEIWGPCEIPAMDKKEYCIUYMGIF
RWCEGLOPINYZHRZMPDNYWDWOGWITDWYSEDCEEIAFYYWMPIDWYAGTYPIKGLMXFPIWCEHRZMMEYMEDWOMG
QRYWCEUXMEDPZMQRGMEEYAPISDWOFICJILYSNICYZEYMGGJIPRWIWAIHRUNIWAHRZMUDZZYAMEYFRWCE
MRPWDWOPGRWAIOIDWSDMEIGWYMSGMEPYYEYHRUNYARNFRMSDMEWGOPYIMYPZRCCYZZIOIDWIWAIOIDWE
YMPDYAILMYPMEYMYUNMDWOUGPZYKFRMIMKIZMEIAMGODTYDMRNIWASIKJYAISIXSDMEEDZWGZYDWMEYI
DPZIXDWODIUZRPYMEYXIPYZGRPDMDZYIZXMGAYZNDZYSEIMXGRCIWWGMOYM
```

首先，我们来统计一下这段密文中**每个字母出现的频率**。也就是说，我们要数一下每个字母各出现了多少次。结果如表 2-1 所示。

表 2-1　密文中各字母出现的频率表

字母	个数	字母	个数	字母	个数	字母	个数	字母	个数
I	47 个	G	27 个	C	12 个	F	7 个	V	2 个
Y	47 个	Z	27 个	S	11 个	L	6 个	B	0 个
M	45 个	P	26 个	N	10 个	H	5 个		
W	35 个	R	22 个	U	10 个	J	3 个		
E	33 个	A	17 个	K	8 个	T	3 个		
D	30 个	O	16 个	X	8 个	Q	2 个		

为了找到破译的线索，我们再来看一看英语文章中所使用的字母的频率。例如，将爱伦·坡的《金甲虫》中出现的英文字母按照出现频率排序的结果是：e, t, a, o, i, n, s, h, r, d, l, u, c, m, f, w, g, y, p, b, v, k, j, q, z。这个顺序根据所统计的文章的不同会有所变化，但一般的英语文章中出现频率最高的字母是 e，这一点基本上是不会错的。

表 2-1 中出现频率最高的两个字母是 I 和 Y，我们假设它们中的其中一个是 e。当假设 Y → e 时，我们将密文中的 Y 全部替换成 e，替换后的密文如下。

```
MEeLGVIWAMEeOPINeZGWeEGMZRUUePZAIXILGVSIZZMPGKKDWOMEPGROEIWGPCEIPAMDKKEeCIUeMGIF
RWCEGLOPINeZHRZMPDNeWDWOGWITDWeSEDCEEIAFeeWMPIDWeAGTePIKGLMXFPIWCEHRZMMEeMEDWOMG
QReWCEUXMEDPZMQRGMEEeAPISDWOFICJILeSNICeZEeMGGJIPRWIWAIHRUNIWAHRZMUDZZeAMEeFRWCE
MRPWDWOPGRWAIOIDWSDMEIGWeMSGMEPeeEeHRUNeARNFRMSDMEWGOPeIMePZRCCeZZIOIDWIWAIOIDWE
eMPDeAILMePMEeMeUNMDWOUGPZeKFRMIMKIZMEIAMGODTeDMRNIWASIKJeAISIXSDMEEDZWGZeDWMEeI
DPZIXDWODIUZRPeMEeXIPeZGRPDMDZeIZXMGAeZNDZeSEIMXGRCIWWGMOeM
```

英语中出现最多的单词是 the，因此我们可以寻找一下以 e 结尾的 3 个字母的组合，结果我们发现 MEe 这 3 个字母的组合是最常出现的，而且 MEe 出现在密文的开头，因此 MEe 很有可能就是 the。

于是，我们再假设 M → t，E → h。

```
theLGVIWAtheOPINeZGWehGtZRUUePZAIXILGVSIZZtPGKKDWOthPGROhIWGPChIPAtDKKheCIUetGIF
RWChGLOPINeZHRZtPDNeWDWOGWITDWeShDChhIAFeeWtPIDWeAGTePIKGLtXFPIWChHRZtthethDWOtG
QReWChUXthDPZtQRGthheAPISDWOFICJILeSNICeZhetGGJIPRWIWAIHRUNIWAHRZtUDZZeAtheFRWCh
tRPWDWOPGRWAIOIDWSDthIGWetSGthPeeheHRUNeARNFRtSDthWGOPeItePZRCCeZZIOIDWIWAIOIDWh
etPDeAILtePtheteUNtDWOUGPZeKFRtItKIZthIAtGODTeDtRNIWASIKJeAISIXSDthhDZWGZeDWtheI
DPZIXDWODIUZRPetheXIPeZGRPDtDZeIZXtGAeZNDZeShItXGRCIWWGtOet
```

让我们动员自己所有的英语词汇，在上面的文字中继续寻找可能的组合。我们发现中间有一个词 **thPee** 比较可疑，这个词不会就是 three 吧（P → r）？

```
theLGVIWAtheOrINeZGWehGtZRUUerZAIXILGVSIZZtrGKKDWOthrGROhIWGrChIrAtDKKheCIUetGIF
RWChGLOrINeZHRZtrDNeWDWOGWITDWeShDChhIAFeeWtrIDWeAGTerIKGLtXFrIWChHRZtthethDWOtG
QReWChUXthDrZtQRGthheArISDWOFICJILeSNICeZhetGGJIrRWIWAIHRUNIWAHRZtUDZZeAtheFRWCh
tRrWDWOrGRWAIOIDWSDthIGWetSGthreeheHRUNeARNFRtSDthWGOreIterZRCCeZZIOIDWIWAIOIDWh
etrDeAILtertheteUNtDWOUGrZeKFRtItKIZthIAtGODTeDtRNIWASIKJeAISIXSDthhDZWGZeDWtheI
DrZIXDWODIUZRretheXIreZGRrDtDZeIZXtGAeZNDZeShItXGRCIWWGtOet
```

通观上面的文字，我们可以发现很多类似 he、re、re、ter 这样的很像是英语的拼写，通过这些碎片信息，我们可以断定 P → r 的对应关系应该是正确的。

接下来我们来看密文的末尾，末尾出现的单词 Oet 到底是 bet、get、let、set、... 这些组合中的哪一种呢？我们先假设它是最常见的单词 get（O → g）。

下面我们逐一列出所找到的组合以及假设的对应关系。

thethDWg 这个组合，有可能是 the thing（D → i，W → n）。

grINe 这个组合，翻一下字典可以找到很多可能的单词，如 grace、grade、grape、grate、grave、gripe、grofe、...，这可有点为难。我们先假设 I → a，然后我们可以找到 greater 这样的组合，因此 I → a 应该是正确的。但如果假设 N → c，则会出现 tricening 这样的组合，这个单词怎么看也不像是英语，看来 N → c 是错误的。

英语中出现频率较高的字母中，只有 o 还没有出现在我们的假设中。相对地，密文中出现频率较高的字母中，还没有找到对应关系的有 G 和 Z。我们先假设 G → o。

使用上面所有的假设重新替换一下密文。

```
theLoVanAthegraceZonehotZRUUerZAaXaLoVSaZZtroKKingthroRghanorCharAtiKKheCaUetoaF
RnChoLgraceZHRZtriceningonaTineShiChhaAFeentraineAoTeraKoLtXFranChHRZtthethingto
QRenChUXthirZtQRothheAraSingFaCJaLeScaCeZhetooJarRnanAaHRUcanAHRZtUiZZeAtheFRnCh
tRrningroRnAagainSithaonetSothreeheHRUceARcFRtSithnogreaterZRCCeZZagainanAagainh
etrieAaLtertheteUctingUorZeKFRtatKaZthaAtogiTeitRcanASaKJeAaSaXSithhiZnoZeinthea
irZaXingiaUZRretheXareZoRritiZeaZXtoAeZciZeShatXoRCannotget
```

噢噢，这回在末尾出现了 Cannotget 这样的组合，那么 C → c 应该是没错了。既然 C → c，那么刚才我们的假设 N → c 就是错误的了。

Shich 这个组合，大概是 which 吧（S → w）。

除了高频字母以外，密文中的低频字母 Q 也可以找到一些相关的组合。

例如 thethingtoQRench 这个组合，应该是 the thing to QRench。查字典发现有 quench 这样一个单词（Q → q，R → u）。quench 是"解渴"的意思，大概文章讲的是关于喝水的话题吧。

接下来会发现 hotZuUUer 这个组合，大概是 hot summer 吧（Z → s，U → m）。U 连续出现了两次，这是一个关键性的线索，而且和"解渴"的上下文也比较符合。

successagainanAagain 很明显应该是 success again and again（A → d）。

triedaLter 应该是 tried after（L → f）。

whatXoucannotget 应该是 what you cannot get（X → y）。

thefoVandthegraNesonehotsummersday 应该是 the fox and the grapes one hot summers day（V → x，N → p）。

用上面的假设重新替换密文后，我们发现小写字母的比例大幅增加，这说明我们已经基本上完成了破译工作。

thefoxandthegrapesonehotsummersdayafoxwasstroKKingthroughanorchardtiKKhecametoaF
unchofgrapesHustripeningonaTinewhichhadFeentrainedoTeraKoftyFranchHustthethingto
quenchmythirstquothhedrawingFacJafewpaceshetooJarunandaHumpandHustmissedtheFunch
turningroundagainwithaonetwothreeheHumpedupFutwithnogreatersuccessagainandagainh
etriedafterthetemptingmorseKFutatKasthadtogiTeitupandwaKJedawaywithhisnoseinthea
irsayingiamsuretheyaresouritiseasytodespisewhatyoucannotget

接下来我们再列举一些线索。

foxwasstroKKing
fox was strolling
（K → l）

hetooJarunandaHumpandHustmissed
he took a run and a jump and just missed
（H → j）
（J → k）

hejumpedupFutwithnogreatersuccess
he jumped up but with no greater success
（F → b）

butatlasthadtogiTeitup
but at last had to give it up
（T → v）

没有使用到的最后一个字母

（B → z）

这样我们就全部破译出来了！密钥（替换表）如下。

```
a b c d e f g h i j k l m
↕ ↕ ↕ ↕ ↓ ↕ ↕ ↕ ↕ ↕ ↕ ↓ ↕
I F C A Y L O E D H J K U

n o p q r s t u v w x y z
↕ ↕ ↕ ↓ ↕ ↓ ↕ ↕ ↕ ↕ ↕ ↓ ↕
W G N Q P Z M R T S V X B
```

明文如下。

thefoxandthegrapesonehotsummersdayafoxwasstrollingthroughanorchardtillhecametoab
unchofgrapesjustripeningonavinewhichhadbeentrainedoveraloftybranchjustthethingto
quenchmythirstquothhedrawingbackafewpacesshetookarunandajumpandjustmissedthebunch
turningroundagainwithaonetwothreehejumpedupbutwithnogreatersuccessagainandagainh
etriedafterthetemptingmorselbutatlasthadtogiveitupandwalkedawaywithhisnoseinthea
irsayingiamsuretheyaresouritiseasytodespisewhatyoucannotget

补上空格和标点符号之后，文章就变得非常易读了。

```
"The Fox and the Grapes"
One hot summer's day, a Fox was strolling through an orchard till he came to
a bunch of grapes just ripening on a vine which had been trained over a lofty
branch.  "Just the thing to quench my thirst," quoth he.  Drawing back a few
paces, he took a run and a jump, and just missed the bunch.  Turning round
again with a one, two, three, he jumped up, but with no greater success.  Again
and again he tried after the tempting morsel, but at last had to give it up,
and walked away with his nose in the air, saying: "I am sure they are sour."
It is easy to despise what you cannot get.
```

原来这段文章就是《伊索寓言》中《狐狸和葡萄》的故事 [①]。

通过上面的破解过程，我们可以总结出下列结论。

- 除了高频字母以外，低频字母也能够成为线索
- 搞清开头和结尾能够成为线索，搞清单词之间的分隔也能够成为线索
- 密文越长越容易破译
- 同一个字母连续出现能够成为线索（这是因为在简单替换密码中，某个字母在替换表中所对应的另一个字母是固定的）

---

① 这里引用的是互联网上的免费文本。

● 破译的速度会越来越快。

我们仅仅尝试了一次破译，就获得了这么多的知识，可想而知如果是专业破译者，他们的知识和经验一定是相当丰富的。

实际尝试一次就可以看出，用频率分析来破译简单替换密码对于新手来说也并不是很困难。

从公元前开始，简单替换密码在几百年的时间里一直被用于秘密通信。然而在阿拉伯学者发明频率分析法之后，这种密码很容易就被破译了。

在本章开头，我们引用了爱伦·坡的小说《金甲虫》中出现的一段密文，这也是一种简单替换密码。小说中还描写了使用频率分析进行破译的情景。

小测验 2　简单替换密码的"改良"　　　　　　　　　　　　（答案见 2.7 节）

在上面的例子中，我们发现存在如 c → C，q → Q 这样，明文中的字母被替换成了相同字母的密文的情况。于是 Alice 就想：如果替换表中不出现这种被替换为相同字母的情况，那么密文应该会更难被破译吧？请问 Alice 的想法正确吗？

2.4　Enigma

下面我们来讲解一下第二次世界大战中德国使用的一种名为"Enigma"的密码机。

2.4.1　什么是 Enigma

Enigma 是由德国人阿瑟·谢尔比乌斯（Arthur Sherbius）于 20 世纪初发明的一种能够进行加密和解密操作的机器。Enigma 这个名字在德语里是"谜"的意思。谢尔比乌斯使用能够转动的圆盘和电路，创造出了人类手工所无法实现的高强度密码。在刚刚发明之际，Enigma 被用在了商业领域，后来到了纳粹时期，德国国防军采用了 Enigma，并将其改良后用于军事用途。

2.4.2　用 Enigma 进行加密通信

Enigma 是一种由键盘、齿轮、电池和灯泡所组成的机器，通过这一台机器就可以完成加密和解密两种操作。

发送者和接收者各自拥有一台 Enigma。发送者用 Enigma 将明文加密，将生成的密文通过无线电发送给接收者。接收者将接收到的密文用自己的 Enigma 解密，从而得到明文。

　　由于发送者和接收者必须使用相同的密钥才能够完成加密通信,因此发送者和接收者会事先收到一份叫作**国防军密码本**的册子。国防军密码本中记载了发送者和接收者所使用的**每日密码**,发送者和接收者需要分别按照册子的指示来设置 Enigma。

　　用 Enigma 进行加密通信的过程如图 2-5 所示。

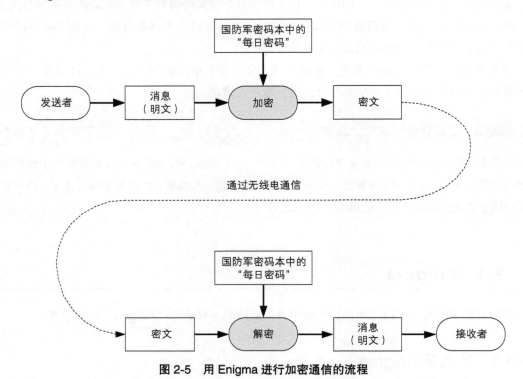

图 2-5　用 Enigma 进行加密通信的流程

2.4.3　Enigma 的构造

　　Enigma 的构造如图 2-6 所示。Enigma 能够对字母表中的 26 个字母进行加密和解密操作,但由于图示复杂,这里将字母的数量简化为 4 个。

　　按下输入键盘上的一个**键**后,电信号就会通过复杂的电路,最终点亮输出用的**灯泡**。图 2-6 中描绘了按下回键点亮◎灯泡的情形。

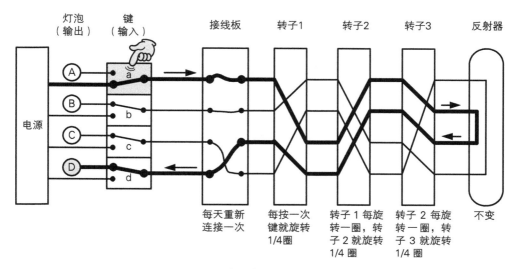

图 2-6　Enigma 的构造（只有 4 个字母的情况）

　　每当按下 Enigma 上的一个键，就会点亮一个灯泡。操作 Enigma 的人可以在按键的同时读出灯泡所对应的字母，然后将这个字母写在纸上。这个操作在发送者一侧是加密，在接收者一侧则是解密。只要将键和灯泡的读法互换一下，在 Enigma 上就可以用完全相同的方法来完成加密和解密两种操作了。大家在图 2-6 中沿着粗线反向走一遍就可以理解这个原理了。

　　接线板（plugboard）是一种通过改变接线方式来改变字母对应关系的部件。接线板上的接线方式是根据国防军密码本的每日密码来决定的，在一天之中不会改变。

　　在电路中，我们还看到有 3 个称为**转子**（rotor）的部件。转子是一个圆盘状的装置，其两侧的接触点之间通过电线相连。尽管每个转子内部的接线方式是无法改变的，但转子可以在每输入一个字母时自动旋转。当输入一个字母时，转子 1 就旋转 1/4 圈（当字母表中只有 4 个字母时）。转子 1 每旋转 1 圈，转子 2 就旋转 1/4 圈，而转子 2 每旋转 1 圈，转子 3 就旋转 1/4 圈。这 3 个转子都是可以拆卸的，在对 Enigma 进行设置时可以选择转子的顺序以及它们的初始位置。

　　图 2-7 显示了一个转子的放大示意图。

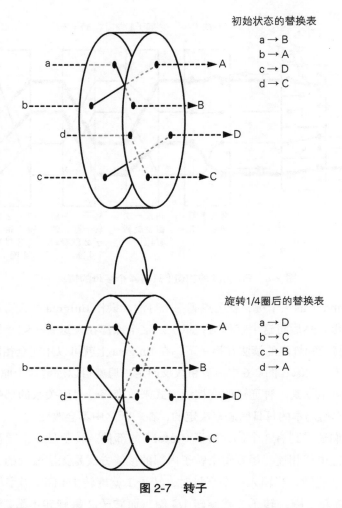

图 2-7 转子

这些装置组合起来使得 Enigma 看起来很像是一个能够动态变化的"鬼脚图"[①]。

2.4.4 Enigma 的加密

下面我们来详细讲解一下 Enigma 的加密步骤。图 2-8 展示了发送者将一个包含 5 个字母的德语单词 nacht（夜晚）进行加密并发送的过程。

---

① 鬼脚图（ghost leg），日本称"阿弥陀签"，是一种基于数学原理的简易决策游戏，其基本原理是将一个序列映射到元素相同但顺序不同的另一个序列，具体请参见维基百科。——译者注

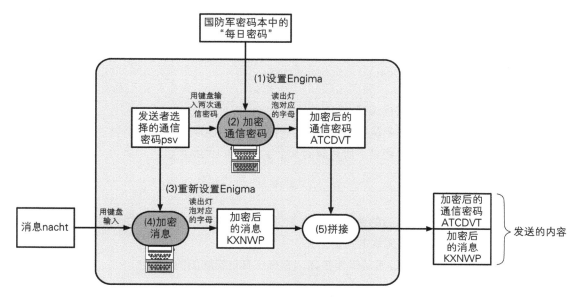

图 2-8 用 Enigma 加密 nacht

在进行通信之前，发送者和接收者双方都需要持有国防军密码本，国防军密码本中记载了发送者和接收者需要使用的每日密码。

■■■ (1) 设置 Enigma

发送者查阅国防军密码本，找到当天的**每日密码**，并按照该密码来设置 Enigma。具体来说，就是在接线板上接线，并将 3 个转子进行排列。

■■■ (2) 加密通信密码

接下来，发送者需要想出 3 个字母，并将其加密。这 3 个字母称为**通信密码**。

通信密码的加密也是通过 Enigma 完成的。假设发送者选择的通信密码为 psv，则发送者需要在 Enigma 的键盘上输入两次该通信密码，也就是说需要输入 psvpsv 这 6 个字母。

发送者每输入一个字母，转子就会旋转，同时灯泡亮起，发送者记下亮起的灯泡所对应的字母。输入全部 6 个字母之后，发送者就记下了它们所对应的密文，在这里我们假设密文是 ATCDVT（密文用大写字母来表示）。

■■■ (3) 重新设置 Enigma

接下来，发送者根据通信密码重新设置 Enigma。

通信密码中的 3 个字母实际上代表了 3 个转子的初始位置。每一个转子的上面都印有字母，

可以根据字母来设置转子的初始位置。通信密码 p s v 就表示需要将转子 1、2、3 分别转到
p、s、v 所对应的位置。

■■□□ (4) 加密消息

接下来，发送者对消息进行加密。

发送者将消息（明文）逐字从键盘输入，然后从灯泡中读取所对应的字母并记录下来。这
里是输入 nacht5 个字母，并记录下所对应的 5 个字母（如 KXNWP）。

■■□□ (5) 拼接

接下来，发送者将 "加密后的通信密码" ATCDVT 与 "加密后的消息" KXNWP 进行拼接，将
ATCDVTKXNWP 作为电文通过无线电发送出去。

上面就是用 Enigma 进行加密的操作步骤，看来还真是挺麻烦的。

2.4.5 每日密码与通信密码

大家应该注意到了，在 Enigma 中出现了 "每日密码" 和 "通信密码" 这两种不同的密钥。

每日密码不是用来加密消息的，而是用来加密通信密码的。也就是说，每日密码是一种用
来加密密钥的密钥。这样的密钥，一般称为**密钥加密密钥**（Key Encrypting Key，KEK）。KEK
在现代依然很常用，在第 6 章的混合密码系统中也会出现这一概念。

之所以要采用两重加密，即用通信密码来加密消息，用每日密码来加密通信密码，是因为
用同一个密钥所加密的密文越多，破译的线索也会越多，被破译的危险性也会相应增加。

2.4.6 避免通信错误

在通信密码的加密中，我们需要将通信密码 p s v 连续输入两次，即 psvpsv。这是因为在
使用 Enigma 的时代，无线电的质量很差，可能会发生通信错误。如果通信密码没有被正确传
送，接收者也就无法解密通信内容。而通过连续输入两次通信密码（psvpsv），接收者就可
以对通信密码进行校验，也就是检查一下解密后得到的通信密码是不是 3 个字母重复两次这样
的形式。

2.4.7 Enigma 的解密

下面我们来看看 Enigma 是如何解密的（图 2-9）。

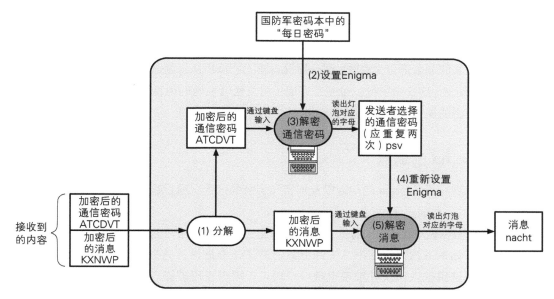

图 2-9　用 Enigma 解密

解密的操作步骤如下。

■■■ (1) 分解

接收者将接收到的电文分解成两个部分，即开头的 6 个字母 ATCDVT 和剩下的字母 KXNWP。

■■■ (2) 设置 Enigma

接收者查阅国防军密码本中的每日密码，并按照该密码设置 Enigma，这一步和发送者进行的操作是相同的。

■■■ (3) 解密通信密码

接下来，接收者将加密后的通信密码 ATCDVT 进行解密。接收者在 Enigma 的键盘上输入 ATCDVT 这 6 个字母，然后将亮起的灯泡对应的字母 psvpsv 记下来。因为 psvpsv 是 psv 重复两次的形式，所以接收者可以判断在通信过程中没有发生错误。

■■■ (4) 重新设置 Enigma

接下来，接收者根据通信密码 psv 重新设置 Enigma。

■■■ (5) 解密消息

接下来，接收者对消息进行解密。

接收者将电文的剩余部分 KXNWP 逐一用键盘输入，然后从灯泡读取结果并记下来，这样接收者就得到了 nacht 这 5 个字母，也就是完成了对发送者发送的消息进行解密的过程。

上面就是解密的操作步骤。

2.4.8 Enigma 的弱点

上文中我们讲解了 Enigma 的构造以及加密和解密的过程。通过这些信息，我们应该已经可以找到 Enigma 的一些弱点了。

Enigma 可以在每次输入时，通过 3 个转子的旋转来改变电路。然而，在加密通信密码这一重要步骤（最开始的 6 次输入）中，实际上只有转子 1 会旋转，这就是 Enigma 的弱点之一。

将通信密码连续输入两次并加密也是一个弱点，因为密码破译者可以知道，密文开头的 6 个字母被解密之后的明文一定是 3 个字母重复两次的形式。

通信密码是人为选定的也是一个弱点，因为通信密码必须不能被密码破译者推测出来。然而现实中的发送者却有可能使用 aaa、bbb 这样简单的密码，也经常有人用自己女朋友的名字当作密码，不知道是因为怕麻烦，还是因为过于相信 Enigma 的安全性，或者是没有充分理解通信密码的重要性。密码系统中使用的密钥不能是人为选定的，而应该使用无法预测的随机数来生成。关于随机数，我们将在第 12 章详细探讨。

必须派发国防军密码本也可以说是一个弱点。如果没有国防军密码本，就无法使用 Enigma 进行通信，但如果国防军密码本落到敌人手里，就会带来大麻烦。如果现在所使用的国防军密码本被敌人得到，哪怕只泄露了一本，也必须重新制作新的密码本并发放到全军。"必须配送密钥"这个问题，在广泛使用计算机进行的现代密码通信中也是非常重要的。关于这个话题，我们将在第 5 章的**密钥配送问题**中详细探讨。

2.4.9 Enigma 的破译

当时，Enigma 被认为是一种无法破译的密码机，为了破译 Enigma，欧洲各国的密码破译者们付出了巨大的努力。

首先，法国和英国的密码破译者通过间谍活动得到了德军使用的 Enigma 的构造。然而，即便知道了 Enigma 的构造，也还是无法破解 Enigma 的密码，这是因为 **Enigma 的设计并不依赖于"隐蔽式安全性"**（security by obscurity）。即使密码破译者得到了 Enigma 密码机（相当于密码算法），只要不知道 Enigma 的设置（相当于密钥），就无法破译密码。

为 Enigma 破译打开新局面的是波兰的密码破译专家雷耶夫斯基（Marian Rejewski）。雷耶夫斯基得到了法国提供的信息支援，并在此基础上提出了通过密文找到每日密码的方法。

由于每日密码在一天之中是不会改变的，因此密码破译者一天内所截获的所有通信，都是用同一个密码进行加密的。而且，这些密文都有一个共同的特点，那就是通信密码都会重复两次。以 ATCDVT 为例，我们可以知道第 1 个字母和第 4 个字母（A 和 D），第 2 个字母和第 5 个字母（T 和 V），第 3 个字母和第 6 个字母（C 和 T）都是由相同的明文字母加密得到的。此外，我们还知道，在第 1 个字母和第 4 个字母的加密过程中，转子 1 旋转了 3/26 圈。通过上述事实以及大量的密文，雷耶夫斯基对密文字母的排列组合进行了深入的研究。

3 个转子的顺序共有 $3 \times 2 \times 1=6$ 种可能，3 个转子的旋转位置共有 $26 \times 26 \times 26=17576$ 种组合。雷耶夫斯基制作了 6 台机器，分别对这 17576 种组合进行检查。通过使用这些机器，他在大约两小时内通过大量的密文找到了每日密码。

由于担心希特勒进攻波兰导致 Enigma 破译的线索付之一炬，波兰决定将这些情报提供给英国和法国。于是，Enigma 破译的接力棒，就从波兰传给了英法。此后不久，第二次世界大战就全面爆发了。

英国的密码专家们在布莱切利园集中进行了 Enigma 的破译工作，其中，现代计算机之父阿兰·图灵（Alan Turing）也是破译团队的一员。图灵根据之前所获得的情报继续研究，终于在 1940 年研制出了用于破译 Enigma 的机器。Enigma 这一机器创造出了难以破译的密码，但最终战胜 Enigma 的却是另一台机器。

Enigma 的破译过程十分冗长和复杂，在这里无法详细介绍。对此感兴趣的读者请参阅《密码故事：人类智力的另类较量》（*The Code Book: The Science of Secrecy from Ancient Egypt to Quantum Cryptography*）[Singh] 以及《艾伦·图灵传：如谜的解谜者》（*Alan Turing: The Enigma*）[Hodges]。

小测验 3　没有 L 的密文　　　　　　　　　　　　　　　　　　　（答案见 2.7 节）

第二次世界大战中，英军的密码破译者截获了一段 Enigma 的密文，他们发现在密文中字母 L 一次都没有出现。据说密码破译者根据没有 L 这一事实推测出了明文，那么明文到底是什么呢？

（本小测验是根据 Rudolf Kippenhahn 所著的 *Code Breaking: A History and Exploration* 一书中的记载改编而来的）

2.5 思考

为什么要将密码算法和密钥分开呢

我们在介绍密码系统时，经常会说"密码算法是○○，密钥是△△"，也就是说，我们有意识地对密码算法和密钥进行了区分。下面我们来思考一下，将密码算法和密钥分开到底有什么意义呢？

我们来列举一下本章介绍过的密码系统的"密码算法"和"密钥"。

恺撒密码

密码算法：将明文中的各个字母按照指定的字母数平移

密钥：平移的字母数量

简单替换密码

密码算法：按照替换表对字母表进行替换

密钥：替换表

Enigma（通信密码的加密）

密码算法：使用 Enigma 密码机，通过接线板的接线方式、3 个转子的顺序、每个转子的旋转位置对字母进行替换

密钥（每日密码）：接线板的接线方式、3 个转子的顺序、每个转子的旋转位置

Enigma（通信电文的加密）

密码算法：使用接线板的接线方式和 3 个转子的顺序固定的 Enigma 密码机，按照每个转子的旋转位置对字母进行替换

密钥（通信密码）：每个转子的旋转位置

仔细研究一下每一对密码算法和密钥的组合就会发现，在密码算法中必然存在可变部分，而这些可变部分就相当于密钥。当密码算法和密钥都确定时，加密的方法也就确定了。

如果每次加密都必须产生一个新的密码算法，那真是太诡异了。对于已经开发出的一种密码算法，我们总是希望能够重复使用。

将密码算法和密钥分开的意义正在于此。密码算法是需要重复使用的，但在重复使用同一

种算法的过程中，该算法被破译的可能性也在逐渐增大。因此，我们就在密码算法中准备了一些可变部分，并在每次通信时都对这部分内容进行改变，而这一可变部分就是密钥。

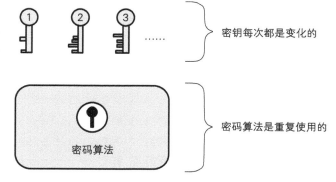

密钥每次都是变化的

密码算法是重复使用的

图 2-10　将密码算法和密钥分开考虑

将密码算法和密钥分开考虑，就**解决了希望重复使用，但重复使用会增加风险**这个难题。

本章中，我们介绍了历史上一些有名的密码技术。虽然这些密码技术现在都已经不再使用了，但是"希望重复使用，但重复使用会增加风险"这个难题却依然存在。

现在的密码算法中都有一部分标准化的技术。你也许会想，密码这种需要机密性的领域怎么可能会标准化呢？其实这并不奇怪，请大家回想一下我们之前讲过的那条常识——不要使用保密的密码算法（1.7.1 节）。标准化的推进，使得密码算法能够作为公有财产被开发、研究和利用。即便经过标准化，密文的机密性也丝毫没有降低，这是因为密码算法和密钥是分开的。

密钥才是秘密的精华。因此，在密码技术中，如何管理密钥是一个重要的课题。关于密钥管理，我们将在第 11 章详细讲解。

> 每个人都可以拥有相同品牌的锁，但每个人都有不同的钥匙。锁的设计是公开的——锁匠都有带有详细图的书，而且绝大多数好的设计方案都在公开专利中进行了描述——但是钥匙是秘密的。
>
> ——布鲁斯·施奈尔：《网络信息安全的真相》（Schneier, 2000，p.117）[1]

2.6　本章小结

本章中我们介绍了历史上一些著名的密码系统：恺撒密码、简单替换密码以及 Enigma。关于密码破译技术，我们也尝试了暴力破解和字母频率分析两种方法。此外，我们还对密码算法与密钥的关系进行了思考。

为了破译 Enigma，密码专家们制造出了能够高速进行复杂运算的机器，而这一努力为现代计算机的诞生做出了巨大的贡献。

从下一章起，我们将开始介绍使用计算机来实现的密码技术。

---

[1] 本段引文摘自《网络信息安全的真相》简体中文版第 51 页，吴世忠、马芳译，机械工业出版社出版。

——译者注

2.7 小测验的答案

小测验 1 的答案：恺撒密码的破译　　　　　　　　　　　　　　　　（2.2.4 节）

可以用暴力破解法来破译，从密钥 0 到 25 逐一进行尝试。

PELCGBTENCUL → 用密钥 0 解密 → pelcgbtencul
PELCGBTENCUL → 用密钥 1 解密 → odkbfasdmbtk
PELCGBTENCUL → 用密钥 2 解密 → ncjaezrclasj
PELCGBTENCUL → 用密钥 3 解密 → mbizdyqbkzri
PELCGBTENCUL → 用密钥 4 解密 → lahycxpajyqh
PELCGBTENCUL → 用密钥 5 解密 → kzgxbwozixpg
PELCGBTENCUL → 用密钥 6 解密 → jyfwavnyhwof
PELCGBTENCUL → 用密钥 7 解密 → ixevzumxgvne
PELCGBTENCUL → 用密钥 8 解密 → hwduytlwfumd
PELCGBTENCUL → 用密钥 9 解密 → gvctxskvetlc
PELCGBTENCUL → 用密钥 10 解密 → fubswrjudskb
PELCGBTENCUL → 用密钥 11 解密 → etarvqitcrja
PELCGBTENCUL → 用密钥 12 解密 → dszquphsbqiz
PELCGBTENCUL → 用密钥 13 解密 → cryptography
PELCGBTENCUL → 用密钥 14 解密 → bqxosnfqzogx
PELCGBTENCUL → 用密钥 15 解密 → apwnrmepynfw
PELCGBTENCUL → 用密钥 16 解密 → zovmqldoxmev
PELCGBTENCUL → 用密钥 17 解密 → ynulpkcnwldu
PELCGBTENCUL → 用密钥 18 解密 → xmtkojbmvkct
PELCGBTENCUL → 用密钥 19 解密 → wlsjnialujbs
PELCGBTENCUL → 用密钥 20 解密 → vkrimhzktiar
PELCGBTENCUL → 用密钥 21 解密 → ujqhlgyjshzq
PELCGBTENCUL → 用密钥 22 解密 → tipgkfxirgyp
PELCGBTENCUL → 用密钥 23 解密 → shofjewhqfxo
PELCGBTENCUL → 用密钥 24 解密 → rgneidvgpewn
PELCGBTENCUL → 用密钥 25 解密 → qfmdhcufodvm

密钥为 13，明文（加密前的消息）如下：

cryptography

也就是"密码"这个词。

小测验 2 的答案：简单替换密码的"改良"   （2.3.5 节）

不正确。相反，Alice 的"改良"让密码变得更容易破译了。

密码破译者需要推测密文中的某个字母（如 A）应该解密为哪个字母。这时，如果没有 Alice 的"改良"，其可能性应该有 26 种。然而，经过 Alice 的"改良"后，由于 A 是不可能对应 a 的，因此破译者从一开始就可以将 a 排除掉，而只要考虑剩下的 25 种可能性就可以了。这等于是给了破译者一条用于破译的线索。

像这个例子一样，对密码进行"少许改良"，很可能反而会让安全性变得更差。

小测验 3 的答案：没有 L 的密文   （2.4.9 节）

明文是一段只有字母 l 的文字，即 llllll……。发送者的目的是将毫无意义的明文加密发送以干扰密码破译者。

然而密码破译者知道 Enigma 的构造，即无论接线板如何接线，3 个转子的顺序和每个转子的旋转位置如何改变，输入的字母都绝对不可能被替换成该字母本身。通过密文中没有 L 这一事实，密码破译者就能够推测出其明文可能是一串 l。

此外，密码破译者还能够根据密文的排列组合继续进行破译，从而得到推测 Enigma 的接线板和转子状态的线索。

发送者本想干扰密码破译者，却反而为破译者提供了线索。顺便提一下，破解这一谜题的破译者名叫 Mavis Lever，是一位女性。

第 **3** 章

对称密码（共享密钥密码）
——用相同的密钥进行加密和解密

3.1 炒鸡蛋与对称密码

你做过炒鸡蛋吗？炒鸡蛋是将鸡蛋打到平底锅里，然后将蛋液炒匀。鸡蛋炒好之后就完全分不清原来的蛋黄和蛋白了，也不再是原有的形状了，而是变成了一团混合物。

使用对称密码进行加密，和炒鸡蛋有着异曲同工之妙。为了使原来的明文无法被推测出来，就要尽可能地打乱密文，这样才能达到加密的目的。

炒鸡蛋搅拌的是鸡蛋，而密文打乱的则是比特序列。无论是文本、图像还是音乐，只要能够将数据转换成比特序列，也就能够对其进行加密了。

然而，炒鸡蛋与对称密码有一个很大的不同，那就是炒鸡蛋无法还原成原来的鸡蛋，但密文却必须能够让接收者正确解密才行。因此，如果只是随意地搅拌和混合，则不能称之为加密，而必须仔细设计出一种能够还原的混合方式。

3.2 本章学习的内容

本章我们将学习比特序列运算和 XOR 运算。这两种运算在计算机数据处理中经常出现，因此大家应该在本章中熟悉它们。然后，我们将介绍一种称为一次性密码本的密码系统。一次性密码本是一种绝对无法被破译的密码，这一点已经得到了证明。

之后，我们将具体介绍几种对称密码算法，包括 DES、三重 DES、AES 以及其他一些密码算法。最后，我们将谈一谈在众多对称密码算法中到底应该使用哪一种。

需要注意的是，密码算法有时候会涉及开发者的专利和授权等问题，因此在使用本书中介绍的密码算法时，一定要先调查一下该算法的专利和授权信息。

3.3 从文字密码到比特序列密码

3.3.1 编码

现代的密码都是建立在计算机的基础之上的，这是因为现代的密码所处理的数据量非常大，而且密码算法也非常复杂，不借助计算机的力量就无法完成加密和解密的操作。

计算机的操作对象并不是文字，而是由 0 和 1 排列而成的**比特序列**。无论是文字、图像、声音、视频还是程序，在计算机中都是用比特序列来表示的。执行加密操作的程序，就是将表示明文的比特序列转换为表示密文的比特序列。

将现实世界中的东西映射为比特序列的操作称为**编码**（encoding）。例如 midnight（深夜）这个词，我们可以对其中的每个字母逐一进行编码，这种编码规则叫作 ASCII。

```
m → 01101101
i → 01101001
d → 01100100
n → 01101110
i → 01101001
g → 01100111
h → 01101000
t → 01110100
```

注意这里的 m → 01101101 这一转换并不是加密而是编码。尽管在人类看来 0 和 1 的序列跟密码没什么两样，但计算机却可以"看懂"这些比特序列，并很快地反应出其所对应的字符串是 midnight。

小测验 1　字母→数字的映射和恺撒密码　　　　　　　　　　　（答案见 3.10 节）

恺撒密码中所使用的字母表包含 A 到 Z 共 26 个字母。如果我们将 A 映射为 0、B 映射为 1、……Z 映射为 25，那么恺撒密码中平移 3 个字母的加密操作，在这个字母→数字的映射中相当于怎样的运算呢？

3.3.2　XOR

为了让大家理解比特序列运算的概念，我们来介绍一下 XOR 运算。XOR 的全称是 exclusive or，在中文里叫作**异或**。尽管名字看起来很复杂，但这种运算本身一点都不难。

1 个比特的 XOR

1 个比特的 XOR 运算的规则如下。

```
0 XOR 0 = 0              （0 与 0 的 XOR 结果为 0）
0 XOR 1 = 1              （0 与 1 的 XOR 结果为 1）
1 XOR 0 = 1              （1 与 0 的 XOR 结果为 1）
1 XOR 1 = 0              （1 与 1 的 XOR 结果为 0）
```

如果将 0 理解为偶数，将 1 理解为奇数，就可以将 XOR 和一般的加法运算等同起来。

偶数（0）+ 偶数（0）= 偶数（0）

偶数（0）+ 奇数（1）= 奇数（1）

奇数（1）+ 偶数（0）= 奇数（1）

奇数（1）+ 奇数（1）= 偶数（0）

由于 XOR 和加法运算很相似，因此一般用 + 和〇组合而成的符号 ⊕ 来表示 XOR。

0 ⊕ 0 = 0   （0 与 0 的 XOR 结果为 0）

0 ⊕ 1 = 1   （0 与 1 的 XOR 结果为 1）

1 ⊕ 0 = 1   （1 与 0 的 XOR 结果为 1）

1 ⊕ 1 = 0   （1 与 1 的 XOR 结果为 0）

为了更加直观地理解 XOR，大家可以想象一下黑白棋（奥赛罗棋）中的棋子。

我们将一个棋子保持原状（不翻转）看作 0，将一个棋子翻转到另一面看作 1，那么 XOR 运算就相当于将黑白棋的一个棋子进行翻转的操作。

不翻转（0）⊕ 不翻转（0）= 不翻转（0）　——**没有翻转**

不翻转（0）⊕ 翻转（1）　= 翻转（1）　——**翻转了一次**

翻转（1）　⊕ 不翻转（0）= 翻转（1）　——**翻转了一次**

翻转（1）　⊕ 翻转（1）　= 不翻转（0）——**翻转了两次，就等于没有翻转**

通过上述场景，大家应该能够理解这样一个规律，即**两个相同的数进行 XOR 运算的结果一定为 0**，因为棋子翻转两次和一次都没有翻转的结果是一样的。

0 ⊕ 0 = 0

1 ⊕ 1 = 0

▉▉▉ 比特序列的 XOR

上面我们介绍了 1 个比特之间的 XOR 运算，而如果是长比特序列之间的 XOR 运算，则只要对其中每个相对应的比特进行 XOR 运算就可以了。假设我们将 01001100 这个比特序列称为 A，将 10101010 这个比特序列称为 B，那么 A 与 B 的 XOR 运算就可以像下面这样逐一对各个比特进行计算。和加法运算不同的是，XOR 中不需要进位。

```
    0 1 0 0 1 1 0 0    ··· A
⊕   1 0 1 0 1 0 1 0    ···        B
    1 1 1 0 0 1 1 0    ··· A ⊕ B
```

由于两个相同的数进行 XOR 运算的结果一定为 0，因此如果将 A ⊕ B 的结果再与 B 进行 XOR 运算，则结果会变回 A。也就是说，两个公式中的 B 会相互抵消。

```
   1 1 1 0 0 1 1 0   … A ⊕ B
⊕ 1 0 1 0 1 0 1 0   …     B
   0 1 0 0 1 1 0 0   … A        （变回了 A）
```

可能大家已经发现了，上面的计算和加密、解密的步骤非常相似。

- 将明文 A 用密钥 B 进行加密，得到密文 A ⊕ B
- 将密文 A ⊕ B 用密钥 B 进行解密，得到明文 A

实际上，只要选择一个合适的 B，仅仅使用 XOR 就可以实现一个高强度的密码。

对同一个比特序列进行两次 XOR 之后就会回到最初的状态。我们不妨来看一幅由很多个点组成的图像。如果将白色的点作为 0，黑色的点作为 1，那么一幅黑白图像就可以表示为 0 和 1 的比特序列。我们准备两幅图像，一幅画的是英文字母 D，另一幅是用 0 和 1 交替排列形成的图像（蒙版），这两张图像用 XOR 合并之后的样子如图 3-1 所示。从图中可以看出，执行一次蒙版操作后，原来的图像被隐藏（掩盖）了，而执行两次蒙版操作后，就又可以得到原来的图像了。

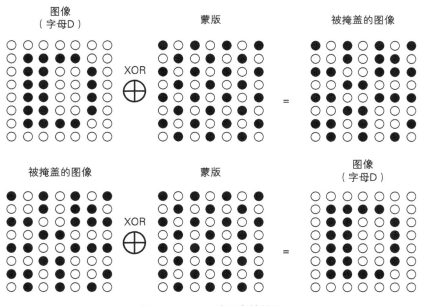

图 3-1　XOR 对图像的掩盖

如果所使用的蒙版是完全随机的比特序列，则使用 XOR 就可以将原来的图像掩盖起来。但如果蒙版中的比特序列的排列是可以被推测出来的，那么实质上图像就没有被真正掩盖。对于密码技术来说，"是否可以预测" 是非常重要的一点。能够产生不可预测的比特序列，对于密码技术的贡献是巨大的。这种不可预测的比特序列就称为**随机数**。关于随机数我们将在第 12 章详细探讨。

3.4 一次性密码本——绝对不会被破译的密码

下面我们来介绍一次性密码本，顺便练习一下 XOR 运算。

3.4.1 什么是一次性密码本

只要通过暴力破解法对密钥空间进行遍历，无论什么密文总有一天也都能够被破译。然而，本节中将要介绍的**一次性密码本**（one-time pad）却是一个例外。即便用暴力破解法遍历整个密钥空间，一次性密码本也绝对无法被破译。

3.4.2 一次性密码本的加密

一次性密码本是一种非常简单的密码，它的原理是"将明文与一串随机的比特序列进行 XOR 运算"。如果将硬币的正面设为 0，反面设为 1，则通过不断掷硬币就能够产生这样一串随机的比特序列。

下面我们将明文 midnight 这个字符串通过 ASCII 进行编码并产生一串比特序列。

```
 m        i        d        n        i        g        h        t
01101101 01101001 01100100 01101110 01101001 01100111 01101000 01110100      midnight
```

在这里，明文被编码为一串长 64 比特的比特序列。

然后我们再来产生一个和明文长度相同的 64 比特的随机比特序列，这个序列就是 XOR 加密的密钥。下面这个比特序列，就是我刚刚掷了 64 次硬币所产生的。

```
01101011 11111010 01001000 11011000 01100101 11010101 10101111 00011100      密钥
```

下面我们将明文与密钥的比特序列进行 XOR 运算，并得到一串新的比特序列，这次运算的结果也就是一次性密码本的密文。

```
  01101101 01101001 01100100 01101110 01101001 01100111 01101000 01110100    明文"midnight"
⊕ 01101011 11111010 01001000 11011000 01100101 11010101 10101111 00011100    密钥
  00000110 10010011 00101100 10110110 00001100 10110010 11000111 01101000    密文
```

这样产生的比特序列如果硬要显示在计算机上，那么显示结果看上去就像是乱码一样，因此密文通常不会被还原为字符，而是被作为二进制数据来处理。

3.4.3 一次性密码本的解密

解密就是加密的反向运算。也就是说，用密文和密钥进行 XOR 运算，就可以得到明文。

```
  00000110 10010011 00101100 10110110 00001100 10110010 11000111 01101000    密文
⊕ 01101011 11111010 01001000 11011000 01100101 11010101 10101111 00011100    密钥
  01101101 01101001 01100100 01101110 01101001 01100111 01101000 01110100    解密后得到明文
                                                                             midnight
```

将这样计算得到的比特序列在计算机上显示成文本，我们就可以看到 midnight 这个字符串了。

3.4.4 一次性密码本是无法破译的

正如上面所讲到的那样，一次性密码本是一种非常简单的密码。如此简单的密码居然无法破译，这真是让人匪夷所思。这里说的无法破译，并不是指在现实的时间内难以破译，而是指即便拥有一种运算能力无穷大的计算机，可以在一瞬间遍历任意大小的密钥空间，也依然无法破译。

为什么一次性密码本是绝对无法破译的呢？我们假设对一次性密码本的密文尝试进行暴力破解，那么总有一天我们会尝试到和加密时相同的密钥，也就能解密出明文 midnight，这是毋庸置疑的事实。然而——下面这一点非常重要——即便我们能够解密出 midnight 这个字符串，我们也**无法判断它是否是正确的明文**。

这是因为在对一次性密码本尝试解密的过程中，所有的 64 比特的排列组合都会出现，这其中既会包含像 aaaaaaaa、abcdefgh、ZZZZZZZZ 这样的规则字符串，也会包含 midnight、onenight、mistress 等英文单词，还会包含 %Ta_AjvX、HY(&JY!z、5)、ER#f6 等看不懂的组合。由于明文中所有可能的排列组合都会出现，因此我们无法判断其中哪一个才是正确的明文（也就是用哪个密钥才能够正确解密）。

所谓暴力破解，就是按顺序将所有的密钥都尝试一遍，并判断所得到的是不是正确的明文的方法。然而，在一次性密码本中，由于我们无法判断得到的是不是正确的明文，因此一次性密码本是无法破译的。

一次性密码本是由维纳（G.S.Vernam）于 1917 年提出的，并获得了专利，因此又称为**维纳密码**（Vernam cipher）（该专利已过有效期）。一次性密码本无法破译这一特性是由香农（C. E.Shannon）于 1949 年通过数学方法加以证明的。一次性密码本是**无条件安全的**（unconditionally secure），**在理论上是无法破译的**（theoretically unbreakable）。

3.4.5　一次性密码本为什么没有被使用

上面我们只谈了一次性密码本好的方面（对密码破译者来说是不好的方面），然而在现实中，几乎没有人应用一次性密码本，因为它是一种非常不实用的密码，原因如下。

■■■ 密钥的配送

最大的问题在于密钥的配送。

我们来设想一下使用一次性密码本进行通信的场景。发送者 Alice 使用一次性密码本生成密文并发送出去。发送的密文即便被窃听者 Eve 截获也没关系，因为一次性密码本是绝对无法破译的。

接收者 Bob 收到了 Alice 发来的密文。Bob 要想进行解密，就必须使用和 Alice 进行加密时相同的密钥，因此 Alice 必须将密钥也发送给 Bob，且该密钥的长度和密文是相等的。但这样就产生了一个矛盾——如果能够有一种方法将密钥安全地发送出去，那么岂不是也可以用同样的方法来安全地发送明文了吗？

■■■ 密钥的保存

在一次性密码本中，密钥的长度必须和明文的长度相等，而且由于密钥保护着明文的机密性，因此必须妥善保存，不能被窃听者窃取。不过，如果能够有办法安全保存与明文一样长的密钥，那不也就有办法安全保存明文本身了吗？也就是说，从一开始我们根本就不需要密码。

通过一次性密码本加密之后，仅凭密文是绝对无法破译出明文的，因此没必要对密文进行保护。然而，为了保护明文，就需要保护和明文一样长的密钥。密钥不能删除或者丢弃，因为没有密钥就无法解密，丢弃密钥就等同于丢弃明文。也就是说，我们只是将"保护明文"这一命题替换成了"保护和明文一样长的密钥"而已，问题并没有得到实质性的解决。

■■■ 密钥的重用

此外，在一次性密码本中绝对不能重用过去用过的随机比特序列，一次性密码本中的"一次性"也正是由此而来。这是因为作为密钥的比特序列一旦泄露，过去所有的机密通信内容将全部被解密（假设窃听者 Eve 保存了过去所有的通信内容）。

■■■ 密钥的同步

一次性密码本中还会产生发送者与接收者之间密钥同步的问题。当明文很长时，一次性密码本的密钥也会跟着变长。如果明文是一个大小为 100MB 的文件，则密钥的大小也一定是

100MB。而且在通信过程中，发送者和接收者的密钥的比特序列不允许有任何错位，否则错位的比特后的所有信息都将无法解密。

密钥的生成

在一次性密码本中，需要生成大量的随机数。这里的随机数并不是通过计算机程序生成的伪随机数，而必须是无重现性的真正随机数。

出于上述原因，能够使用一次性密码本的，只有那些机密性重过一切，且可以花费大量财力和人力来生成并配送密钥的场合。例如，据说大国之间的热线就使用了一次性密码本，这种情况下估计会有专门的特工来承担配送密钥的任务，也就是说，特工需要将随机比特序列直接交到对方手中。

综上所述，一次性密码本是一种几乎没有实用性的密码。但是，一次性密码本的思路却孕育出了**流密码**（stream cipher）。流密码使用的不是真正的随机比特序列，而是伪随机数生成器产生的比特序列。流密码虽然不是无法破译的，但只要使用高性能的伪随机数生成器，就能够构建出强度较高的密码系统。关于流密码我们将在第 4 章详细探讨，关于伪随机数生成器我们将在第 12 章详细探讨。

小测验 2　一次性密码本与压缩　　　　　　　　　　　（答案见 3.10 节）

听了一次性密码本的讲解之后，Alice 产生了下面的想法：

虽然一次性密码本的密钥需要与明文等长，但是我手上有数据压缩程序，只要用这个程序对一次性密码本的密钥进行压缩，不就可以把密钥变短了吗？

请问 Alice 的想法正确吗？

3.5　DES

3.5.1　什么是 DES

DES（Data Encryption Standard）是 1977 年美国联邦信息处理标准（FIPS）中所采用的一种对称密码（FIPS 46-3）。DES 一直以来被美国以及其他国家的政府和银行等广泛使用。

然而，随着计算机的进步，现在 DES 已经能够被暴力破解，强度大不如前了。20 世纪末，RSA 公司举办过破译 DES 密钥的比赛（DES Challenge），我们可以看一看 RSA 公司官方公布的比赛结果：1997 年的 DES Challenge I 中用了 96 天破译密钥，1998 年的 DES Challenge II-1 中用了 41 天，1998 年的 DES Challenge II-2 中用了 56 小时，1999 年的 DES Challenge III 中只用了 22 小时 15 分钟。

由于 DES 的密文可以在短时间内被破译，因此除了用它来解密以前的密文以外，现在我们不应该再使用 DES 了。

3.5.2 加密和解密

DES 是一种将 64 比特的明文加密成 64 比特的密文的对称密码算法，它的密钥长度是 56 比特。尽管从规格上来说，DES 的密钥长度是 64 比特，但由于每隔 7 比特会设置一个用于错误检查的比特，因此实质上其密钥长度是 56 比特。

DES 是以 64 比特的明文（比特序列）为一个单位来进行加密的，这个 64 比特的单位称为**分组**。一般来说，以分组为单位进行处理的密码算法称为**分组密码**（block cipher），DES 就是分组密码的一种。

DES 每次只能加密 64 比特的数据，如果要加密的明文比较长，就需要对 DES 加密进行迭代（反复），而迭代的具体方式就称为**模式**（mode）。关于模式我们会在第 4 章详细探讨。

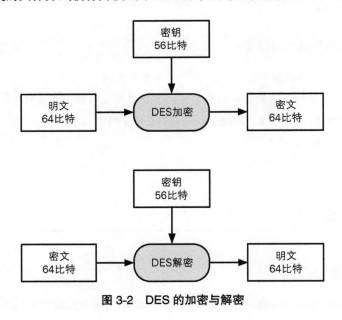

图 3-2　DES 的加密与解密

3.5.3 DES 的结构（Feistel 网络）

DES 的基本结构是由 Horst Feistel 设计的，因此也称为 **Feistel 网络**（Feistel network）、**Feistel 结构**（Feistel structure）或者 **Feistel 密码**（Feistel cipher）。这一结构不仅被用于 DES，

在其他很多密码算法中也有应用。

在 Feistel 网络中，加密的各个步骤称为**轮**（round），整个加密过程就是进行若干次轮的循环。图 3-3 展现的是 Feistel 网络中一轮的计算流程。DES 是一种 16 轮循环的 Feistel 网络。

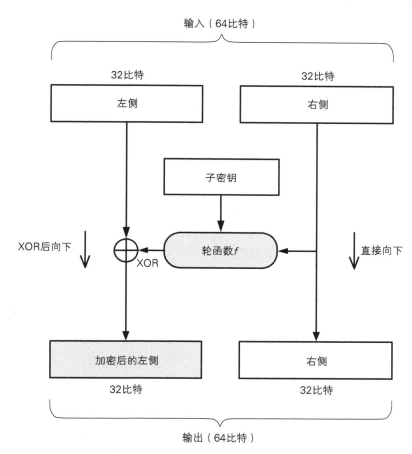

图 3-3　Feistel 网络中的一轮

下面我们参照图 3-3 来讲解一下 Feistel 网络的具体结构。

上面的两个方框表示 Feistel 网络中一轮的输入（明文）。输入的数据被等分为左右两半分别进行处理。在图中，左半部分写作"左侧"，右半部分写作"右侧"。

下面的两个方框表示本轮的输出（密文）。输出的左半部分写作"加密后的左侧"，右半部分写作"右侧"。

中间的"子密钥"指的是本轮加密所使用的密钥。在 Feistel 网络中，每一轮都需要使用一个不同的子密钥。由于子密钥只在一轮中使用，它只是一个局部密钥，因此才称为**子密钥**（subkey）。

轮函数的作用是根据"右侧"和子密钥生成对"左侧"进行加密的比特序列，它是密码系统的核心。将轮函数的输出与"左侧"进行 XOR 运算，其结果就是"加密后的左侧"。也就是说，我们用 XOR 将轮函数的输出与"左侧"进行了合并。而输入的"右侧"则会直接成为输出的"右侧"。

总结一下，一轮的具体计算步骤如下。

(1) 将输入的数据等分为左右两部分。

(2) 将输入的右侧直接发送到输出的右侧。

(3) 将输入的右侧发送到轮函数。

(4) 轮函数根据右侧数据和子密钥，计算出一串看上去是随机的比特序列。

(5) 将上一步得到的比特序列与左侧数据进行 XOR 运算，并将结果作为加密后的左侧。

但是，这样一来"右侧"根本就没有被加密，因此我们需要用不同的子密钥对一轮的处理重复若干次，并在每两轮处理之间将左侧和右侧的数据对调。

图 3-4 展现了一个 3 轮的 Feistel 网络，3 轮加密计算需要进行两次左右对调。对调只在两轮之间进行，最后一轮结束之后不需要对调。

Feistel 网络这个名字的由来，也许就是因为其结构图看起来酷似一张网吧。

那么，Feistel 网络应该如何解密呢？例如，我们尝试一下将一轮加密的输出结果用相同的子密钥重新运行一次，这时 Feistel 网络会怎么样呢？结果可能非常令人意外，无论轮函数的具体算法是什么，通过上述操作都能够将密文正确地还原为明文（图 3-5）。关于这一点，大家可以从 XOR 的性质（两个相同的数进行 XOR 的结果一定为 0）进行思考。

有多个轮的情况下也是一样的。也就是说，Feistel 网络的解密操作只要按照相反的顺序来使用子密钥就可以完成了，而 Feistel 网络本身的结构，在加密和解密时都是完全相同的（图 3-6）。

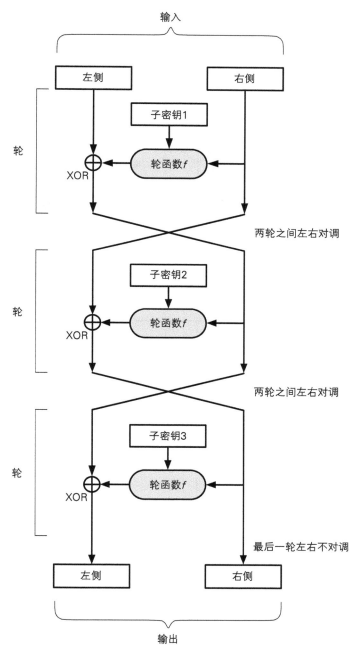

图 3-4　Feistel 网络的加密（3 轮）

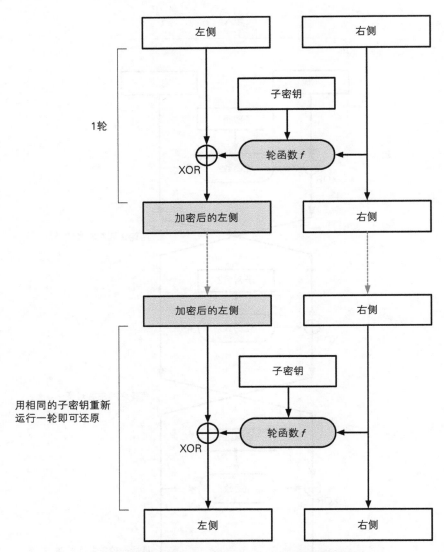

图 3-5 用相同的子密钥运行两次 Feistel 网络就能够将数据还原

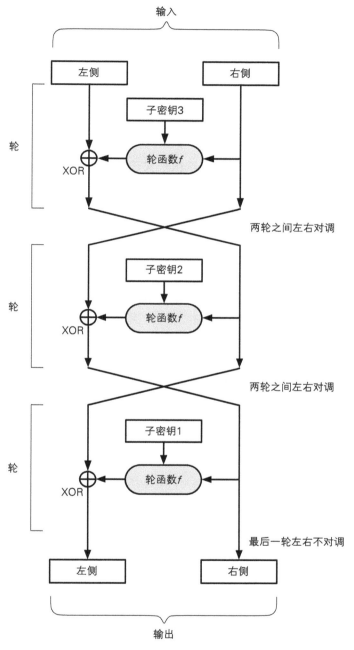

图 3-6 Feistel 网络的解密（3 轮）

下面我们来总结一下 Feistel 网络的性质。

最容易发现的一点就是，Feistel 网络的**轮数可以任意增加**。无论运行多少轮的加密计算，都不会发生无法解密的情况。

其次，我们还可以发现，**加密时无论使用任何函数作为轮函数都可以正确解密**。也就是说，即便用轮函数的输出结果无法逆向计算出输入的值（即该函数不存在反函数）也没有问题。轮函数可以无需考虑解密的问题，可以被设计得任意复杂。

Feistel 网络实际上就是从加密算法中抽取出"密码的本质部分"并将其封装成一个轮函数。只要使用 Feistel 网络，就能够保证一定可以解密。因此，设计密码算法的人只要努力设计出足够复杂的就可以了。

另外，**加密和解密可以用完全相同的结构来实现**，这也是 Feistel 网络的一个特点。在 Feistel 网络的一轮中，右半部分实际上没有进行任何处理，这在加密算法中看起来是一种浪费，但却保证了可解密性，因为完全没有进行任何处理的右半部分，是解密过程中所必需的信息。由于加密和解密可以用完全相同的结构来实现，因此用于实现 DES 算法的硬件设备的设计也变得容易了。

综上所述，无论是任何轮数、任何轮函数，Feistel 网络都可以用相同的结构实现加密和解密，且加密的结果必定能够正确解密。

正是由于 Feistel 网络具备如此方便的特性，它才能够被许多分组密码算法使用。在后面即将介绍的 AES 最终候选算法的 5 个算法之中，有 3 个算法（MARS、RC6、Twofish）都是使用了 Feistel 网络。然而，AES 最终选择的 Rijndael 算法却没有使用 Feistel 网络。Rijndael 所使用的结构称为 SPN 结构，我们将在 3.8.2 节详细介绍。

3.5.4 差分分析与线性分析

差分分析是一种针对分组密码的分析方法，这种方法由 Biham 和 Shamir 提出，其思路是"改变一部分明文并分析密文如何随之改变"。理论上说，即便明文只改变一个比特，密文的比特排列也应该发生彻底的改变。于是通过分析密文改变中所产生的偏差，可以获得破译密码的线索。

此外，还有一种叫作**线性分析**的密码分析方法，这种方法由松井充提出，其思路是"将明文和密文的一些对应比特进行 XOR 并计算其结果为零的概率"[1]。如果密文具备足够的随机性，则任选一些明文和密文的对应比特进行 XOR 结果为零的概率应该为 $\frac{1}{2}$。如果能够找到大幅偏离 $\frac{1}{2}$ 的部分，则可以借此获得一些与密钥有关的信息。使用线性分析法，对于 DES 只需要 2^{47} 组明文和密文就能够完成破解，相比需要尝试 2^{56} 个密钥的暴力破解来说，所需的计算量得到了大幅减少。

差分分析和线性分析都有一个前提，那就是假设密码破译者可以选择任意明文并得到其加密的结果，这种攻击方式称为**选择明文攻击**（Chosen Plaintext Attack，CPA）。

以 AES 为代表的现代分组密码算法，在设计上已经考虑了针对差分分析和线性分析的安全性。

---

[1] Mitsuru Matsui, *Linear Cryptanalysis Method for DES Cipher*, EUROCRYPT '93 Lecture Notes in Computer Science Volume 765, 1994, pp 386-397.

3.6 三重 DES

现在 DES 已经可以在现实的时间内被暴力破解，因此我们需要一种用来替代 DES 的分组密码，三重 DES 就是出于这个目的被开发出来的。

3.6.1 什么是三重 DES

三重 DES（triple-DES）是为了增加 DES 的强度，将 DES 重复 3 次所得到的一种密码算法，也称为 TDEA（Triple Data Encryption Algorithm），通常缩写为 3DES。

3.6.2 三重 DES 的加密

三重 DES 的加密机制如图 3-7 所示。

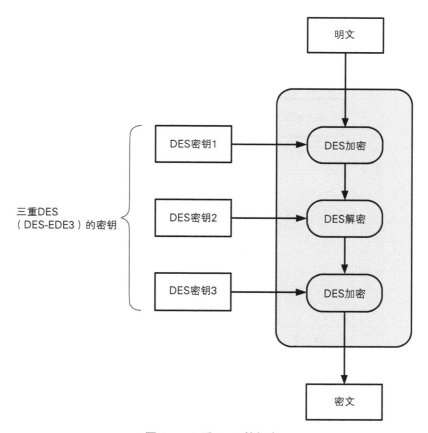

图 3-7　三重 DES 的加密

明文经过三次 DES 处理才能变成最后的密文，由于 DES 密钥的长度实质上是 56 比特，因此三重 DES 的密钥长度就是 56 × 3=168 比特。

从图 3-7 中我们可以发现，三重 DES 并不是进行三次 DES 加密（加密→加密→加密），而是加密→**解密**→加密的过程。在加密算法中加入解密操作让人感觉很不可思议，实际上这个方法是 IBM 公司设计出来的，目的是为了让三重 DES 能够兼容普通的 DES。

当三重 DES 中所有的密钥都相同时，三重 DES 也就等同于普通的 DES 了。这是因为在前两步加密→解密之后，得到的就是最初的明文。因此，以前用 DES 加密的密文，就可以通过这种方式用三重 DES 来进行解密。也就是说，三重 DES 对 DES 具备向下兼容性（图 3-8）。

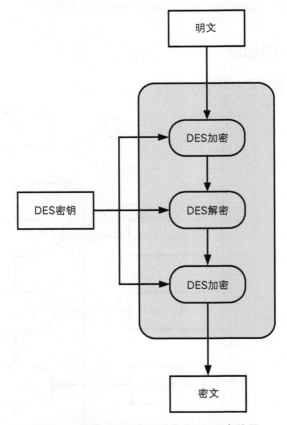

图 3-8 三重 DES 也可以作为 DES 来使用

在 DES 的部分我们已经提到过，DES 的加密和解密过程只是改变了子密钥的顺序，而实际进行的处理是相同的。

如果所有密钥都使用相同的比特序列，则其结果与普通的 DES 是等价的。

如果密钥 1 和密钥 3 使用相同的密钥，而密钥 2 使用不同的密钥（也就是只使用两个 DES

密钥），这种三重 DES 就称为 **DES-EDE2**（图 3-9）。EDE 表示的是加密（Encryption）→解密（Decryption）→加密（Encryption）这个流程。

　　密钥 1、密钥 2、密钥 3 全部使用不同的比特序列的三重 DES 称为 **DES-EDE3**。

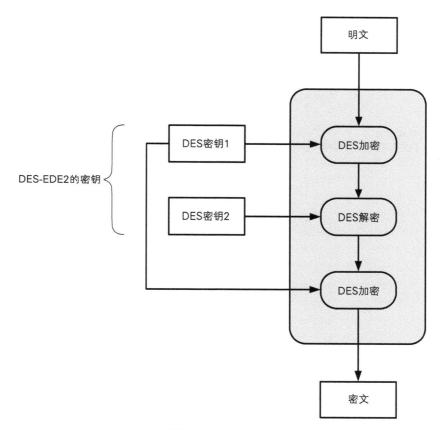

图 3-9　DES-EDE2

3.6.3　三重 DES 的解密

　　三重 DES 的解密过程和加密正好相反，是以密钥 3、密钥 2、密钥 1 的顺序执行解密→加密→解密的操作。

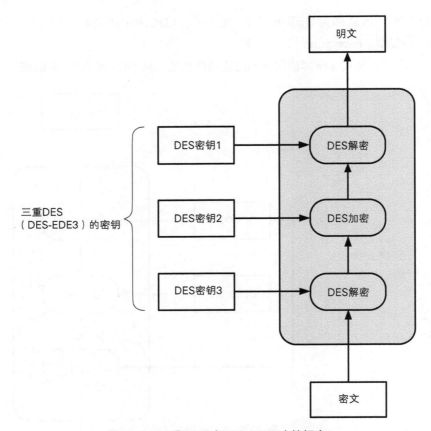

图 3-10　三重 DES（DES-EDE3）的解密

3.6.4　三重 DES 的现状

尽管三重 DES 目前还被银行等机构使用，但其处理速度不高，除了特别重视向下兼容性的情况以外，很少被用于新的用途。

在日本总务省和经济产业省 2013 年发布的《电子政府相关技术采购中参考的密码清单》[1] 中，"电子政府推荐使用的密码清单"一项中将 3-key Triple DES 作为 64 比特分组密码列了出来。但考虑到 NIST SP 800-67 的规定，以及其事实性标准的地位，又在脚注中给出了"目前暂且允许使用"的描述。

---

[1]　即 The list of ciphers that should be referred to in the procurement for the e-Goverment system(CRYPTREC Ciphers List)。

3.7　AES 的选定过程

本节我们将讲解对称密码的新标准——AES。

本节的内容参考了 Rijndael 开发者的著作《高级加密标准（AES）算法：Rijndael 的设计》（ *The Design of Rijndael* ）[①]，以及 NIST 发布的《关于开发高级加密标准（AES）的报告》（ *Report on Development of the Advanced Encryption Standard* ）。

3.7.1　什么是 AES

AES（Advanced Encryption Standard）是取代其前任标准（DES）而成为新标准的一种对称密码算法。全世界的企业和密码学家提交了多个对称密码算法作为 AES 的候选，最终在 2000 年从这些候选算法中选出了一种名为 Rijndael 的对称密码算法，并将其确定为了 AES。

3.7.2　AES 的选拔过程

组织 AES 公开竞选活动的，是美国的一个标准化机构——NIST（National Institute of Standards and Technology，国家标准技术研究所），该机构所选拔的密码算法，将成为美国的国家标准，即联邦信息处理标准（FIPS）（FIPS-197）。虽然 AES 是美国的标准，但和 DES 一样，它必将成为一个世界性的标准。

参加 AES 竞选是有条件的，这个条件就是：被选为 AES 的密码算法必须无条件地免费供全世界使用。

此外，参加者还必须提交密码算法的详细规格书、以 ANSI C 和 Java 编写的实现代码以及抗密码破译强度的评估等材料。因此，参加者所提交的密码算法，必须在详细设计和程序代码完全公开的情况下，依然保证较高的强度，这就彻底杜绝了隐蔽式安全性（security by obscurity）。

AES 的选拔过程是对全世界公开的。实际上，对密码算法的评审不是由 NIST 来完成的，而是由全世界的企业和密码学家共同完成的，这其中也包括 AES 竞选的参加者。换句话说，参加竞选的密码算法是由包括参加者在内的整个密码学社区共同进行评审的。一旦被找到弱点就意味着该密码算法落选，因此参加者会努力从各个角度寻找其他密码算法的弱点，并向其他参与评审的人进行证明。

像这样**通过竞争来实现标准化**（standardization by competition）的方式，正是密码算法选拔的正确方式。由世界最高水平的密码学家共同尝试破译，依然未能找到弱点，只有这样的事实

[①]　Jone Daemen、Vincent Rijmen 著。中文版由清华大学出版社 2003 年 3 月出版，谷大武译。——译者注

才能够证明一种密码算法的强度。

3.7.3 AES 最终候选算法的确定与 AES 的最终确定

1997 年，NIST 开始公开募集 AES。1998 年，满足 NIST 募集条件，即能够进入评审对象范围的密码算法共有 15 个（CAST-256、Crypton、DEAL、DFC、E2、Frog、HPC、LOK197、Magenta、MARS、RC6、Rijndael、SAFER+、Serpent、Twofish），其中 E2 密码算法是由日本提交的。

AES 的选拔并不仅仅考虑一种算法是否存在弱点，算法的速度、实现的容易性等也都在考虑范围内。不仅加密本身的速度要快，密钥准备的速度也很重要。此外，这种算法还必须能够在各种平台上有效工作，包括智能卡、8 位 CPU 等低性能平台以及工作站等高性能平台。

1999 年，在募集到的 15 个算法中，有 5 个算法入围了**AES 最终候选算法**名单（AES finalist）。AES 最终候选算法名单如表 3-1 所示。

2000 年 10 月 2 日，Rijndael 力压群雄，被 NIST 选定为 AES 标准。也就是说，比利时密码学家 Joan Daemen 与 Vincent Rijmen 所开发的密码算法，成为了美国的国家标准。正是有了NIST 当初所设置的参选条件，我们现在才得以自由、免费地使用 AES（Rijndael）。

表 3-1　AES 最终候选算法名单（按英文字母排序）

名称	提交者
MARS	IBM 公司
RC6	RSA 公司
Rijndael	Daemen, Rijmen
Serpent	Anderson, Biham, Knudsen
Twofish	Counterpane 公司

3.8　Rijndael

3.8.1　什么是 Rijndael

Rijndael 是由比利时密码学家 Joan Daemen 和 Vincent Rijmen 设计的分组密码算法，于2000 年被选为新一代的标准密码算法——AES。今后会有越来越多的密码软件支持这种算法。

Rijndael 的分组长度和密钥长度可以分别以 32 比特为单位在 128 比特到 256 比特的范围内进行选择。不过在 AES 的规格中，分组长度固定为 128 比特，密钥长度只有 128、192 和 256比特三种。

3.8.2　Rijndael 的加密和解密

和 DES 一样，Rijndael 算法也是由多个**轮**构成的，其中每一轮分为 SubBytes、ShiftRows、MixColumns 和 AddRoundKey 共 4 个步骤。DES 使用 Feistel 网络作为其基本结构，而 Rijndael 没有使用 Feistel 网络，而是使用了 **SPN 结构**。

Rijndael 的输入分组为 128 比特，也就是 16 字节。首先，需要逐个字节地对 16 字节的输入数据进行 **SubBytes** 处理。所谓 SubBytes，就是以每个字节的值（0 ~ 255 的任意值）为索引，从一张拥有 256 个值的替换表（S-Box）中查找出对应值的处理。也就是说，要将一个 1 字节的值替换成另一个 1 字节的值。这个步骤用语言来描述比较麻烦，大家可以将它想象成是第 2 章中介绍过的简单替换密码的 256 个字母的版本。图 3-11 所示为 4×4=16 字节的数据中通过 S-Box 替换 1 字节的情形 [①]。

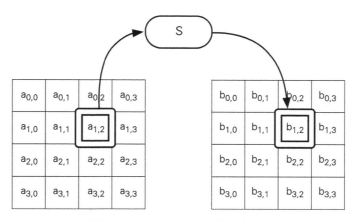

图 3-11　SubBytes（逐字节替换）

SubBytes 之后需要进行 **ShiftRows** 处理。这一步是将以 4 字节为单位的行（row）按照一定的规则向左平移，且每一行平移的字节数是不同的。图 3-12 所示为 ShiftRows 中对其中一行进行处理的情形。

---

① 图 3-11 ~ 图 3-17 是根据 *The Design of Rijndael* [RINJDAEL] 中的图制作而成的。

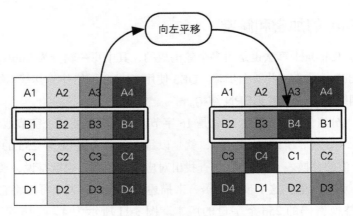

图 3-12　ShiftRows（平移行）

　　ShiftRows 之后需要进行 MixColumns 处理。这一步是对一个 4 字节的值进行比特运算，将其变为另外一个 4 字节值。图 3-13 所示为 MixColumns 中对其中一列（column）进行处理的情形。

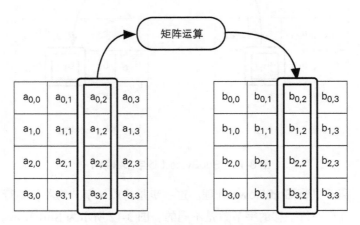

图 3-13　MixColumns（混合列）

　　最后，需要将 MixColumns 的输出与轮密钥进行 XOR，即进行 AddRoundKey 处理。图 3-14 所示为 AddRoundKey 中对其中 1 个字节进行处理的情形。到这里，Rijndael 的一轮就结束了。实际上，在 Rijndael 中需要重复进行 10～14 轮计算。

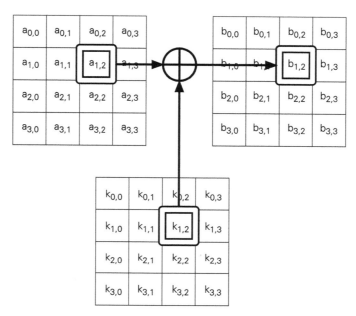

图 3-14　AddRoundKey（与轮密钥进行 XOR）

　　通过上面的结构我们可以发现输入的所有比特在一轮中都会被加密。和每一轮都只加密一半输入的比特的 Feistel 网络相比，这种方式的优势在于加密所需要的轮数更少。此外，这种方式还有一个优势，即 SubBytes、ShiftRows 和 MixColumns 可以分别以字节、行和列为单位进行并行计算。

　　在 Rijndael 的加密过程中，每一轮所进行的处理为：

SubBytes → ShiftRows → MixColumns → AddRoundKey

而在解密时，则是按照相反的顺序来进行的，即：

AddRoundKey → InvMixColumns → InvShiftRows → InvSubBytes

其中，AddRoundKey 是与轮密钥进行 XOR 运算，因此这一步在加密和解密时是完全相同的，剩下的步骤中名字前面都带有 Inv，这表示与原始步骤相对应的逆运算。图 3-15 ~ 图 3-17 所示为解密处理的情形。

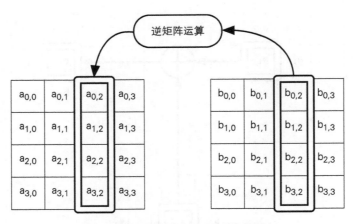

图 3-15　InvMixColumns（混合列）

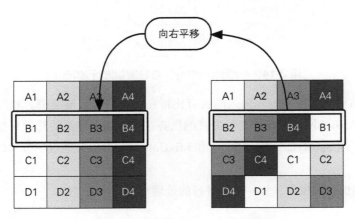

图 3-16　InvShiftRows（平移行）

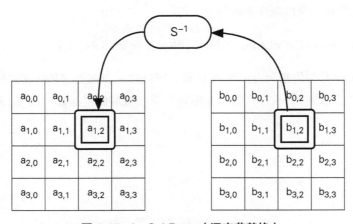

图 3-17　InvSubBytes（逐字节替换）

3.8.3 Rijndael 的破译

对于 Rijndael 来说，可能会出现以前并不存在的新的攻击方式。尽管本书中没有涉及，但 Rijndael 的算法背后有着严谨的数学结构，也就是说从明文到密文的计算过程可以全部用公式来表达，这是以前任何密码算法都不具备的性质。如果 Rijndael 的公式能够通过数学运算来求解，那也就意味着 Rijndael 能够通过数学方法进行破译，而这也就为新的攻击方式的产生提供了可能。

不过，这也只是一种假设而已，实际上到现在为止还没有出现针对 Rijndael 的有效攻击。

3.8.4 应该使用哪种对称密码呢

前面我们介绍了 DES、三重 DES 和 AES 等对称密码，那么我们到底应该使用哪一种对称密码算法呢？

首先，DES 不应再用于任何新的用途，因为随着计算机技术的进步，现在用暴力破解法已经能够在现实的时间内完成对 DES 的破译。但是，在某些情况下也需要保持与旧版本软件的兼容性。

其次，我们也没有理由将**三重 DES** 用于任何新的用途，尽管在一些重视兼容性的环境中还会继续使用，但它会逐渐被 AES 所取代。

现在大家应该使用的算法是 AES（Rijndael），因为它安全、快速，而且能够在各种平台上工作。此外，由于全世界的密码学家都在对 AES 进行不断的验证，因此即便万一发现它有什么缺陷，也会立刻告知全世界并修复这些缺陷。

AES 最终候选算法应该可以作为 AES 的备份。和 Rijndael 一样，这些密码算法也都经过了严格的测试，且没有发现任何弱点。但 NIST 最终选择的标准只有 Rijndael，并没有官方认可将其他最终候选算法作为备份来使用。

在日本，**密码技术研究与评估委员会**（Cryptography Research and Evaluation Committees，CRYPTREC）负责对各种密码技术进行评估。2013 年发布的《CRYPTREC 密码清单》中，将 3-key Triple DES（64 比特分组密码算法）以及 AES、Camellia（128 比特分组密码算法）列入了"电子政府推荐使用的密码清单"。

一般来说，我们不应该使用任何**自制的密码算法**，而是应该使用 AES。因为 AES 在其选定过程中，经过了全世界密码学家所进行的高品质的验证工作，而对于自制的密码算法则很难进行这样的验证。

小测验 3　对称密码的密钥需要多长？　　　　　　　　　　（答案见 3.10 节）

假设你能够使用的计算能力如下。

- 每台计算机每秒可尝试 10^{20} 个密钥；
- 一共有 10^{100} 台计算机；
- 所有的计算机可运转 10^{20} 年。

在拥有如此强大计算能力的前提下，如果依然要保证无法通过暴力破解遍历整个密钥空间，那么密钥的长度到底需要达到多少比特呢？请从下列选项中选出正确的答案。

(A) 只要 512 比特就够了。

(B) 至少需要 1024 比特。

(C) 至少需要 4096 比特。

(D) 至少需要 1 万比特。

(E) 100 万比特也不够。

备注：这里我们估算的计算能力是远远超过实际情况的。相比之下，超级计算机"京"每秒可执行 10^{16} 次浮点运算，宇宙中所有粒子的总数为 10^{87} 个左右，宇宙的年龄为 10^{11} 年左右。

3.9　本章小结

本章中我们介绍了对称密码，以及 DES、三重 DES、AES 和其他一些密码算法。

使用一种密钥空间巨大，且在算法上没有弱点的对称密码，就可以通过密文来确保明文的机密性。巨大的密钥空间能够抵御暴力破解，算法上没有弱点可以抵御其他类型的攻击。

然而，用对称密码进行通信时，还会出现密钥的配送问题，即如何将密钥安全地发送给接收者。为了解决密钥配送问题，我们需要公钥密码技术。关于密钥配送问题和公钥密码，我们将在第 5 章进行讲解。此外，尽管使用对称密码可以确保机密性，但仅凭这一点还并不能完全放心。例如，当接收到的密文无法正确解密时，如果仅仅向发送者返回一个"出错了"的消息，在某些情况下是非常危险的。因为发送者有可能发送伪造的密文，并利用解密时返回的错误来盗取信息。关于这一点，我们将在 8.5 节中详细讲解。

本章所介绍的几乎所有的密码算法，都只能将一个固定长度的分组进行加密。当需要加密的明文长度超过分组长度时，就需要对密码算法进行迭代。下一章我们将探讨对分组密码进行迭代的方法。

小测验 4　对称密码的基础知识　　　　　　　　　　（答案见 3.10 节）

下列说法中，请在正确的旁边画〇，错误的旁边画 ×。

(1) 对称密码中，加密的密钥和解密的密钥是相等的。

(2) 将来，当计算机的计算能力足够高时，就可以在现实的时间内破译一次性密码本的密文。

(3) 如果密钥长度为 56 比特，那么用暴力破解找到正确密钥需要平均尝试约 2^{28} 次。

(4) 虽然 AES 是一种强度很高的对称密码算法，但在商用情况下需要向 NIST 支付授权费用。

(5) 现在 DES 可以在现实的时间内被破译。

(6) AES 标准所选定的密码算法叫作 Rijndael。

3.10　小测验的答案

小测验 1 的答案：字母→数字的映射和恺撒密码　　　　　　　　（3.3.1 节）

密钥为 3 的恺撒密码相当于"加 3 后除以 26 求余数"的运算。之所以要求余数，是因为当遇到 23、24、25 所对应的字母时能够重新返回字母表的开头。

我们将明文中一个字母所对应的数字设为 plain，将加密后的字母所对应的数字设为 cipher，则已知 plain 求 cipher 的公式为：

cipher =（plain + 3）mod 26

其中，mod 是表示求余数的运算符。

小测验 2 的答案：一次性密码本与压缩　　　　　　　　　　　　（3.4.5 节）

不正确。因为一次性密码本的密钥无论使用任何压缩软件都无法进行压缩。

压缩软件的压缩原理，是找出输入数据中出现的冗余的重复序列，并将它们替换成较短的数据。然而一次性密码本所使用的密钥是随机的，其中不包含任何冗余的重复序列。反过来说，如果一个比特序列能够被压缩，就说明它不是一个随机的比特序列。

小测验 3 的答案：对称密码的密钥需要多长？　　　　　　　　　（3.8.4 节）

正确答案是"(A) 只要 512 比特就够了。"

首先，我们来计算一年有多少秒。我们多算一点，设一年有 366 天，则：

366 × 24 × 60 × 60 = 31622400

然后，根据已知条件可以计算出能够尝试的密钥总数。

$$10^{20} \times 10^{100} \times 10^{20} \times 31622400 = 10^{140} \times 31622400$$
$$= 3.16224 \times 10^{147}$$

然后我们再计算一下长度为 512 比特的密钥总数。

$$2^{512} \fallingdotseq 1.340780 \times 10^{154}$$

可以看出，512 比特的密钥总数就已经超过了我们根据已知条件所求出的能够尝试的密钥数量了，因此选项 (A) 是正确答案。

当对称密码的密钥长度达到 512 比特时，再继续增加密钥长度对于提高机密性来说已经没有什么实际作用了，反而只会让算法的速度变慢。

小测验 4 的答案：对称密码的基础知识 （3.9 节）

○ (1) 对称密码中，加密的密钥和解密的密钥是相等的。

× (2) 将来，当计算机的计算能力足够高时，就可以在现实的时间内破译一次性密码本的密文。

> 计算机的能力再高，也无法破译一次性密码本生成的密文。

× (3) 如果密钥长度为 56 比特，那么用暴力破解找到正确密钥需要平均尝试约 2^{28} 次。

> 平均尝试次数是密钥总数的大约一半。当密钥长度为 56 比特时，密钥总数为 2^{56} 个，它的一半是 2^{55}（注意，不是指数 56 变成一半得 28，而是减 1 得 55）。
> 因此，当密钥长度为 56 比特时，平均尝试次数为 2^{55} 次，大约相当于 3.6×10^{16} 次。

× (4) 虽然 AES 是一种强度很高的对称密码算法，但在商用情况下需要向 NIST 支付授权费用。

> AES 算法无需支付任何授权费，可以自由免费使用。

○ (5) 现在 DES 可以在现实的时间内被破译。

○ (6) AES 标准所选定的密码算法叫作 Rijndael。

第 **4** 章

分组密码的模式
——分组密码是如何迭代的

骡子: "好奇怪呀。"

兔子: "骡子同学, 哪里奇怪呀?"

骡子: "那个, 我编写了一个用 128 比特的 AES 加密文件的程序, 但当我尝试对一个内容全是空格的大文件进行加密时……"

兔子: "怎么样了呢?"

骡子: "我本以为密文看起来应该是随机的, 但实际上却是完全相同的 16 字节数据的不断循环, 像这样的。"

```
65 27 28 03 55 C0 BA 7A 8C CF C6 99 95 FB 12 5B
65 27 28 03 55 C0 BA 7A 8C CF C6 99 95 FB 12 5B
65 27 28 03 55 C0 BA 7A 8C CF C6 99 95 FB 12 5B
65 27 28 03 55 C0 BA 7A 8C CF C6 99 95 FB 12 5B
65 27 28 03 55 C0 BA 7A 8C CF C6 99 95 FB 12 5B
                    ⋮
```

兔子: "那是因为你用了 ECB 模式吧。"

骡子: "啥叫 ECB 模式啊?"

4.1　本章学习的内容

本章中我们将探讨一下分组密码的模式[①]。

我们在第 3 章中介绍的 DES 和 AES 都属于分组密码, 它们只能加密固定长度的明文。如果需要加密任意长度的明文, 就需要对分组密码进行迭代, 而分组密码的迭代方法就称为分组密码的 "模式"。

分组密码有很多种模式, 如果模式的选择不恰当, 就无法充分保证机密性。例如, 如果使用上面骡子的故事中所提到的 ECB 模式, 明文中的一些规律就可以通过密文被识别出来。

本章中, 我们将首先讲解分组密码与流密码, 然后按顺序讲解分组密码的主要模式(ECB、CBC、CFB、OFB、CTR), 最后再来考察一下到底应该使用哪一种模式。

希望尽快读完本书的读者, 也可以跳过本章的内容。

---

① 本章中图示的制作参考了马场达也所著的《精通 IPsec》一书。原书名为《マスタリング IPsec》, 目前(2016 年 6 月)还没有出现中文译本。——译者注

4.2 分组密码的模式

4.2.1 分组密码与流密码

密码算法可以分为分组密码和流密码两种。

分组密码（block cipher）是每次只能处理特定长度的一块数据的一类密码算法，这里的"一块"就称为**分组**（block）。此外，一个分组的比特数就称为**分组长度**（block length）。

例如，DES 和三重 DES 的分组长度都是 64 比特。这些密码算法一次只能加密 64 比特的明文，并生成 64 比特的密文。

AES 的分组长度为 128 比特，因此 AES 一次可加密 128 比特的明文，并生成 128 比特的密文。

流密码（stream cipher）是对数据流进行连续处理的一类密码算法。流密码中一般以 1 比特、8 比特或 32 比特等为单位进行加密和解密。

分组密码处理完一个分组就结束了，因此不需要通过内部状态来记录加密的进度；相对地，流密码是对一串数据流进行连续处理，因此需要保持内部状态。

在第 3 章"对称密码"中所介绍的算法中，只有一次性密码本属于流密码，而 DES、三重 DES、AES（Rijndael）等大多数对称密码算法都属于分组密码。

小测验 1　比特与字节　　　　　　　　　　　　　　　　　　　　（答案见 4.10 节）

8 比特等于 1 字节，那么 128 比特等于多少字节呢？

4.2.2 什么是模式

分组密码算法只能加密固定长度的分组，但是我们需要加密的明文长度可能会超过分组密码的分组长度，这时就需要对分组密码算法进行迭代，以便将一段很长的明文全部加密。而迭代的方法就称为分组密码的**模式**（mode）。

话说到这里，很多读者可能会说："如果明文很长的话，将明文分割成若干个分组再逐个加密不就好了吗？"事实上可没有那么简单。将明文分割成多个分组并逐个加密的方法称为 ECB 模式，这种模式具有很大的弱点（稍后讲解）。对密码不是很了解的程序员在编写加密软件时经常会使用 ECB 模式，但这样做会在不经意间产生安全漏洞，因此大家要记住千万不能使用 ECB 模式。

模式有很多种类，分组密码的主要模式有以下 5 种。

- ECB 模式：Electronic CodeBook mode（电子密码本模式）
- CBC 模式：Cipher Block Chaining mode（密码分组链接模式）
- CFB 模式：Cipher FeedBack mode（密文反馈模式）
- OFB 模式：Output FeedBack mode（输出反馈模式）
- CTR 模式：CounTeR mode（计数器模式）

4.2.3　明文分组与密文分组

在介绍模式之前，我们先来学习两个术语。

明文分组是指分组密码算法中作为加密对象的明文。明文分组的长度与分组密码算法的分组长度是相等的。

密文分组是指使用分组密码算法将明文分组加密之后所生成的密文。

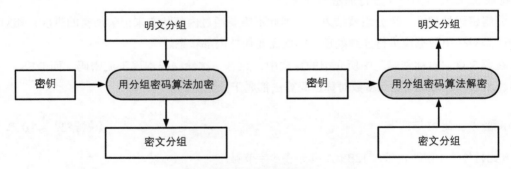

图 4-1　明文分组与密文分组

为了避免图示变得复杂，以后我们将"用分组密码算法加密"简写为"加密"，并省略对密钥的描述。

4.2.4　主动攻击者 Mallory

本章中会出现一个新的概念——主动攻击者。窃听者 Eve 只能被动地进行窃听，而主动攻击者则可以主动介入发送者和接收者之间的通信过程，进行阻碍通信或者是篡改密文等活动。这样的攻击者一般称为 **Mallory**，这个名字可能是来自"恶意的"（malicious）一词。本书中我们也使用 Mallory 这个名字。

4.3 ECB 模式

将明文分组直接加密的方式就是 ECB 模式，这种模式非常简单，但由于存在弱点因此通常不会被使用。

4.3.1 什么是 ECB 模式

ECB 模式的全称是 Electronic CodeBook 模式。**在 ECB 模式中，将明文分组加密之后的结果将直接成为密文分组**（图 4-2）。

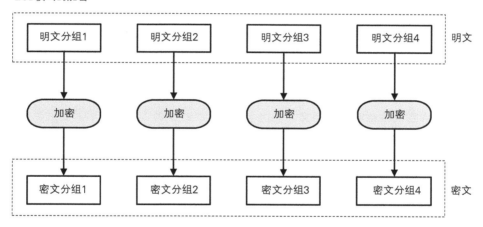

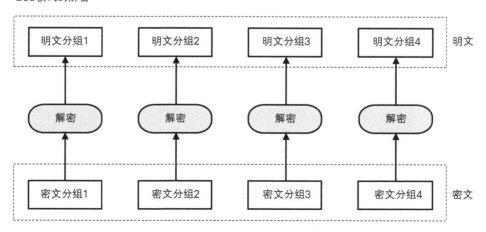

图 4-2 ECB 模式（电子密码本模式）

使用 ECB 模式加密时，相同的明文分组会被转换为相同的密文分组，也就是说，我们可以将其理解为是一个巨大的"明文分组→密文分组"的对应表，因此 ECB 模式也称为**电子密码本模式**。

当最后一个明文分组的内容小于分组长度时，需要用一些特定的数据进行**填充**（padding）。

4.3.2 ECB 模式的特点

ECB 模式是所有模式中最简单的一种。ECB 模式中，明文分组与密文分组是一一对应的关系，因此，如果明文中存在多个相同的明文分组，则这些明文分组最终都将被转换为相同的密文分组。这样一来，只要观察一下密文，就可以知道明文中存在怎样的重复组合，并可以以此为线索来破译密码，因此 ECB 模式是存在一定风险的。

4.3.3 对 ECB 模式的攻击

ECB 模式中，每个明文分组都各自独立地进行加密和解密，但这其实是一个很大的弱点。

假如存在主动攻击者 Mallory，他能够改变密文分组的顺序。当接收者对密文进行解密时，由于密文分组的顺序被改变了，因此相应的明文分组的顺序也会被改变。也就是说，**攻击者 Mallory 无需破译密码就能够操纵明文**。在这个场景中，攻击者 Mallory 不需要破译密码，也不需要知道分组密码算法，他只要知道哪个分组记录了什么样的数据（即电文的格式）就可以了。

我们来看一个简单的例子。假设分组长度为 128 比特（16 字节），某银行的转账请求数据由以下 3 个分组构成。

分组 1 = 付款人的银行账号
分组 2 = 收款人的银行账号
分组 3 = 转账金额

银行在收到转账请求数据后，就会将数据中指定的金额从付款人的账户转移到收款人的账户中。具体来说，我们可以实际制作一个"从 A-5374 账户向 B-6671 账户转账 1 亿元"的转账请求数据，用 16 进制数据表示如下。

明文分组 1 = 41 2D 35 33 37 34 20 20 20 20 20 20 20 20 20 20（付款人：A-5374）
明文分组 2 = 42 2D 36 36 37 31 20 20 20 20 20 20 20 20 20 20（收款人：B-6671）
明文分组 3 = 31 30 30 30 30 30 30 30 30 30 20 20 20 20 20 20（转账金额：100000000）

下面我们将上述数据用 ECB 模式进行加密，从加密后的数据是看不出明文分组的内容的。

密文分组 1 = 59 7D DE CC EF EC BA 9B BF 83 99 CF 60 D2 59 B9（付款人：????）
密文分组 2 = DF 49 2A 1C 14 8E 18 B6 53 1F 38 BD 5A A9 D7 D7（收款人：????）
密文分组 3 = CD AF D5 9E 39 FE FD 6D 64 8B CC CB 52 56 8D 79（转账金额：????）

接下来，攻击者 Mallory 将密文分组 1 和 2 的内容进行对调。

密文分组 1 = DF 49 2A 1C 14 8E 18 B6 53 1F 38 BD 5A A9 D7 D7（付款人：????）
密文分组 2 = 59 7D DE CC EF EC BA 9B BF 83 99 CF 60 D2 59 B9（收款人：????）
密文分组 3 = CD AF D5 9E 39 FE FD 6D 64 8B CC CB 52 56 8D 79（转账金额：????）

Mallory 只是对调了密文分组 1 和 2 的顺序，并没有试图破译密码。而银行对上述信息解密后，就会变成下面这样。

明文分组 1 = 42 2D 36 36 37 31 20 20 20 20 20 20 20 20 20 20（付款人：B-6671）
明文分组 2 = 41 2D 35 33 37 34 20 20 20 20 20 20 20 20 20 20（收款人：A-5374）
明文分组 3 = 31 30 30 30 30 30 30 30 30 20 20 20 20 20 20 20（转账金额：100000000）

原本请求的内容是从 A-5374 账户向 B-6671 账户转账 1 亿元，现在却变成了从 B-6671 账户向 A-5374 账户转账 1 亿元，完全相反！通过这个例子我们可以看出，ECB 模式的一大弱点，就是可以在不破译密文的情况下操纵明文。

刚才我们看了一个将 3 个分组中的 2 个进行对调的例子，而无论有多少个分组，这样的手法都是可以通用的。在 ECB 模式中，只要对任意密文分组进行替换，相应的明文分组也会被替换。此外，Mallory 所能做的还不仅限于替换，例如，如果将密文分组删除，则相应的明文分组也会被删除，如果对密文分组进行复制，则相应的明文分组也会被复制。

Mallory 对密文所进行的篡改，可以通过第 8 章介绍的消息认证码检测出来。不过，如果使用除 ECB 之外的其他模式，那么上述攻击从一开始就是不可能实现的。

小测验 2　对 ECB 模式的攻击　　　　　　　　　　（答案见 4.10 节）

现在假设你就是主动攻击者 Mallory，而且你知道某个计算机系统的口令文件是用 ECB 模式进行加密的，密文如下。

密文分组 1 = 1D C1 6A 10 8D 52 2E 04 01 D4 B5 53 47 D6 E0 37（用户 1 的名称）
密文分组 2 = AA DE F1 DF 96 79 8D 22 4F 65 B8 49 9E 11 3E 0D（用户 1 的口令）
密文分组 3 = 8E D0 E3 40 91 6C E7 75 E2 8E 83 BE 29 E8 3D 56（用户 2 的名称）
密文分组 4 = 1E 96 43 46 C0 71 91 74 F4 97 D9 5E 1B 02 68 F7（用户 2 的口令）
密文分组 5 = 4A 35 8D D8 A2 CF 86 99 5B B1 A1 26 9C A7 59 06（用户 3 的名称）
密文分组 6 = 65 27 28 03 55 C0 BA 7A 8C CF C6 99 95 FB 12 5B（用户 3 的口令）

如果要对这个计算机系统进行攻击，应该如何改写这个加密的口令文件呢？

4.4 CBC 模式

接下来我们要介绍的分组密码模式叫作 CBC 模式。CBC 模式是将前一个密文分组与当前明文分组的内容混合起来进行加密的，这样就可以避免 ECB 模式的弱点。

4.4.1 什么是 CBC 模式

CBC 模式的全称是 Cipher Block Chaining 模式（密文分组链接模式），之所以叫这个名字，是因为密文分组是像链条一样相互连接在一起的。

在 CBC 模式中，首先将明文分组与前一个密文分组进行 XOR 运算，然后再进行加密（图 4-3）。

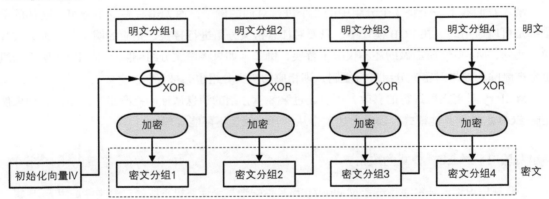

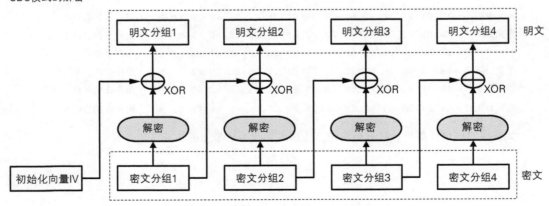

图 4-3　CBC 模式（密文分组链接模式）

如果将一个分组的加密过程分离出来，我们就可以很容易地比较出 ECB 模式和 CBC 模式的区别（图 4-4）。ECB 模式只进行了加密，而 CBC 模式则在加密之前进行了一次 XOR。

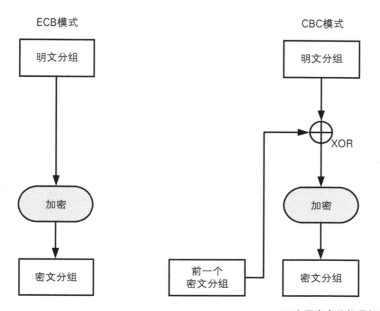

图 4-4　ECB 模式与 CBC 模式的比较

4.4.2　初始化向量

当加密第一个明文分组时，由于不存在"前一个密文分组"，因此需要事先准备一个长度为一个分组的比特序列来代替"前一个密文分组"，这个比特序列称为**初始化向量**（Initialization Vector），通常缩写为 IV。一般来说，每次加密时都会随机产生一个不同的比特序列来作为初始化向量。

小测验 3　CBC 模式的初始化向量	（答案见 4.10 节）
在 CBC 模式中，我们假设每次加密都使用同一个初始化向量，在这样的情况下，密码破译者能够从中得到怎样的线索呢？	

4.4.3 CBC 模式的特点

明文分组在加密之前一定会与"前一个密文分组"进行 XOR 运算，因此即便明文分组 1 和 2 的值是相等的，密文分组 1 和 2 的值也不一定是相等的。这样一来，ECB 模式的缺陷在 CBC 模式中就不存在了。

下面让我们详细看一看 CBC 模式的加密过程。在 CBC 模式中，我们无法单独对一个中间的明文分组进行加密。例如，如果要生成密文分组 3，则至少需要凑齐明文分组 1、2、3 才行。

我们再来看看 CBC 模式的解密过程。现在假设 CBC 模式加密的密文分组中有一个分组**损坏**了（例如由于硬盘故障导致密文分组的值发生了改变等）。在这种情况下，只要密文分组的长度没有发生变化，则解密时最多只会有 2 个分组受到数据损坏的影响（图 4-5）。

对存在损坏的分组的密文进行解密时的情形（CBC模式）

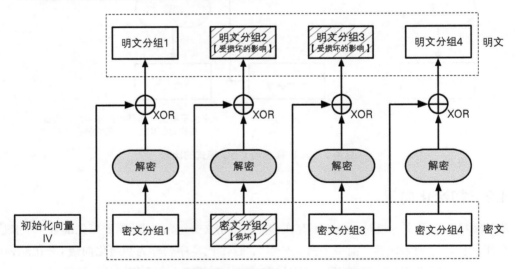

图 4-5　CBC 模式加密的密文分组损坏时，会影响 2 个明文分组

假设 CBC 模式的密文分组中有一些比特**缺失**了（例如由于通信错误导致没有收到某些比特等），那么此时即便只缺失了 1 比特，也会导致密文分组的长度发生变化，此后的分组发生错位，这样一来，缺失比特的位置之后的密文分组也就全部无法解密了（图 4-6）。

4.4.4 对 CBC 模式的攻击

假设主动攻击者 Mallory 的目的是通过修改密文来操纵解密后的明文。如果 Mallory 能够对初始化向量中的任意比特进行反转（即将 1 变为 0，将 0 变为 1），则明文分组（解密后得到的明文分组）中相应的比特也会被反转。这是因为在 CBC 模式的解密过程中，第一个明文分组会和初始化向量进行 XOR 运算（图 4-7）。

对其中1个密文分组中存在比特缺失的密文进行解密时的情形（CBC模式）

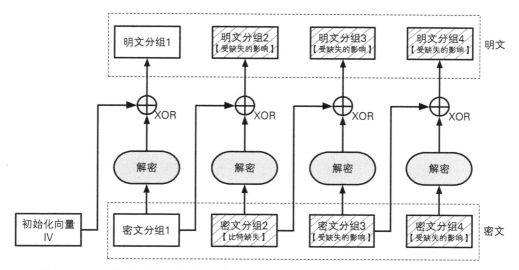

图 4-6　CBC 模式中密文分组存在缺失的比特时，之后的所有明文分组都会受到影响

通过对初始化向量进行比特反转来对明文分组进行比特反转攻击（CBC模式）

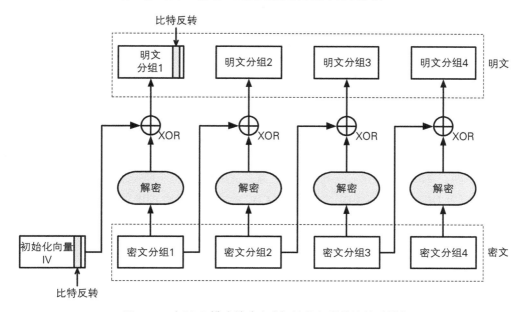

图 4-7　对 CBC 模式的攻击（初始化向量的比特反转）

这样，Mallory 就可以对初始化向量进行攻击，但是想要对密文分组也进行同样的攻击就非常困难了。例如，如果 Mallory 将密文分组 1 中的某个比特进行了反转，则明文分组 2 中相应的比特也会被反转，然而这 1 比特的变化却会对解密后的明文分组 1 中的多个比特造成影响。也就是说，只让明文分组 1 中 Mallory 所期望的特定比特发生变化是很困难的。

另外，通过使用第 8 章中介绍的消息认证码，还能够判断出数据有没有被篡改。

4.4.5 填充提示攻击

填充提示攻击（Padding Oracle Attack）是一种利用分组密码中的填充部分来进行攻击的方法。在分组密码中，当明文长度不为分组长度的整数倍时，需要在最后一个分组中填充一些数据使其凑满一个分组长度。在填充提示攻击中，攻击者会反复发送一段密文，每次发送时都对填充的数据进行少许改变。由于接收者（服务器）在无法正确解密时会返回一个错误消息，攻击者通过这一错误消息就可以获得一部分与明文相关的信息。这一攻击方式并不仅限于 CBC 模式，而是适用于所有需要进行分组填充的模式。2014 年对 SSL 3.0 造成重大影响的 POODLE 攻击实际上就是一种填充提示攻击（14.4.3 节）。要防御这种攻击，需要对密文进行认证，确保这段密文的确是由合法的发送者在知道明文内容的前提下生成的。

4.4.6 对初始化向量（IV）进行攻击

初始化向量（IV）必须使用不可预测的随机数。然而在 SSL/TLS 的 TLS 1.0 版本协议中，IV 并没有使用不可预测的随机数，而是使用了上一次 CBC 模式加密时的最后一个分组。为了防御攻击者对此进行攻击[①]，TLS 1.1 以上的版本中改为了必须显式地传送 IV（RFC5246 6.2.3.2）。关于随机数的相关内容，我们将在第 12 章中进行讲解。

4.4.7 CBC 模式的应用实例

确保互联网安全的通信协议之一 SSL/TLS，就是使用 CBC 模式来确保通信的机密性的，如使用 CBC 模式三重 DES 的 3DES_EDE_CBC 以及 CBC 模式 256 比特 AES 的 AES_256_CBC 等。

小测验 4　仿 CBC 模式	（答案见 4.10 节）
听了 CBC 模式的讲解，Alice 想出了一种和 CBC 模式很相似的模式，如图 4-8。这种模式具有怎样的性质呢？	

---

① Moeller, B., *Security of CBC Ciphersuites in SSL/TLS: Problems and Countermeasures*

Alice所设想的仿CBC模式具有怎样的性质呢?

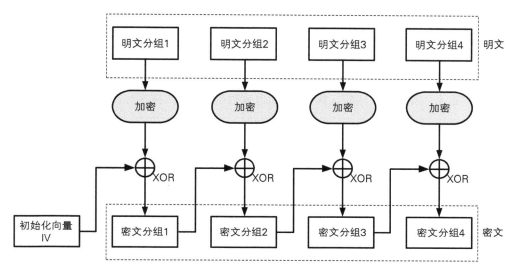

图 4-8　Alice 设想的仿 CBC 模式

专栏：CTS 模式

　　分组密码中还有一种模式叫作 **CTS 模式**（Cipher Text Stealing 模式）。在分组密码中，当明文长度不能被分组长度整除时，最后一个分组就需要进行填充。CTS 模式是使用最后一个分组的前一个密文分组数据来进行填充的，它通常和 ECB 模式以及 CBC 模式配合使用。根据最后一个分组的发送顺序不同，CTS 模式有几种不同的变体（CBC-CS1、CBC-CS2、CBC-CS3），图 4-C1 和图 4-C2 表示的都是 CBC-CS3。

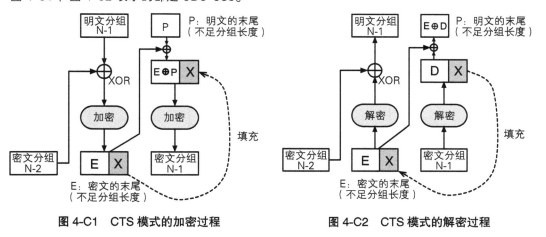

图 4-C1　CTS 模式的加密过程　　　　图 4-C2　CTS 模式的解密过程

图 4-C1 表示 CTS 模式的加密过程。其中，最后两个密文分组被调换了一下位置，这是因为我们需要将"明文分组 N-1"加密后的一部分（图 4-C1 中的 X 部分）用作"明文分组 N"的填充内容，但 X 部分并不出现在最终的密文中。

可能有人会担心这样还能不能正确解密。其实只要按照图 4-C2 的步骤就可以解密了。因为我们只要解密了"密文分组 N-1"，就可以得到加密时所使用的比特序列 X 了。

▪ 4.5 CFB 模式

4.5.1 什么是 CFB 模式

CFB 模式的全称是 Cipher FeedBack 模式（**密文反馈模式**）。在 CFB 模式中，前一个密文分组会被送回到密码算法的输入端。所谓反馈，这里指的就是返回输入端的意思。

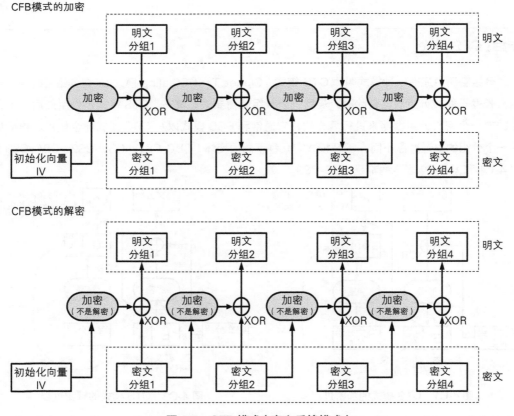

图 4-9　CFB 模式（密文反馈模式）

在 ECB 模式和 CBC 模式中，明文分组都是通过密码算法进行加密的，然而，在 CFB 模式中，明文分组并没有通过密码算法来直接进行加密。

从图 4-9 可以看出，明文分组和密文分组之间并没有经过"加密"这一步骤。在 CFB 模式中，明文分组和密文分组之间只有一个 XOR。

我们将 CBC 模式与 CFB 模式对比一下，就可以看出其中的差异了（图 4-10）。在 CBC 模式中，明文分组和密文分组之间有 XOR 和密码算法两个步骤，而在 CFB 模式中，明文分组和密文分组之间则只有 XOR。

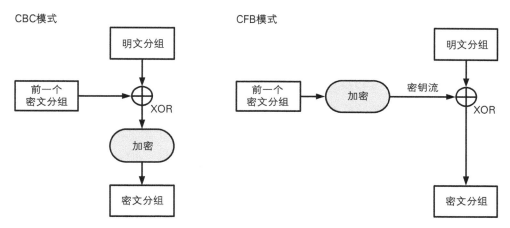

图 4-10　CBC 模式与 CFB 模式的对比

4.5.2　初始化向量

在生成第一个密文分组时，由于不存在前一个输出的数据，因此需要使用**初始化向量**（IV）来代替，这一点和 CBC 模式是相同的。一般来说，我们需要在每次加密时生成一个不同的随机比特序列用作初始化向量。

4.5.3　CFB 模式与流密码

仅通过图 4-9 也许还不太容易理解，其实 CFB 模式的结构与我们在 3.4 节介绍的一次性密码本是非常相似的。一次性密码本是通过将"明文"与"随机比特序列"进行 XOR 运算来生成"密文"的。而 CFB 模式则是通过将"明文分组"与"密码算法的输出"进行 XOR 运算来生成"密文分组"的。在通过 XOR 来进行加密这一点上，两者是非常相似的。

在 CFB 模式中，密码算法的输出相当于一次性密码本中的随机比特序列。由于密码算法的输出是通过计算得到的，并不是真正的随机数（详见第 12 章），因此 CFB 模式不可能像一次性密码本那样具备理论上不可破译的性质。

CFB 模式中由密码算法所生成的比特序列称为**密钥流**（key stream）。在 CFB 模式中，密码算法就相当于用来生成密钥流的伪随机数生成器，而初始化向量就相当于伪随机数生成器的"种子"。关于伪随机数生成器和种子，我们将在第 12 章详细探讨。

在 CFB 模式中，明文数据可以被逐比特加密，因此我们可以将 CFB 模式看作是一种**使用分组密码来实现流密码**的方式。

4.5.4 CFB 模式的解密

CFB 模式的解密过程请参见图 4-9。CFB 模式解密时，需要注意的是分组密码算法依然执行加密操作，因为密钥流是通过加密操作来生成的。

4.5.5 对 CFB 模式的攻击

对 CFB 模式可以实施**重放攻击**（replay attack）。

有一天，Alice 向 Bob 发送了一条消息，这条消息由 4 个密文分组组成。主动攻击者 Mallory 将该消息中的后 3 个密文分组保存了下来。转天，Alice 又向 Bob 发送了内容不同的 4 个密文分组（我们假设 Alice 使用了相同的密钥）。Mallory 用昨天保存下来的 3 个密文分组将今天发送的后 3 个密文分组进行了替换。

于是，当 Bob 解密时，4 个分组中就只有第 1 个可以解密成正确的明文分组，第 2 个会出错，而第 3 个和第 4 个则变成了被 Mallory 替换的内容（也就是昨天发送的明文内容）（图 4-11）。Mallory 没有破解密码，就成功地将以前的电文混入了新电文中。而第 2 个分组出错到底是通信错误呢，还是被人攻击所造成的呢？Bob 是无法做出判断的。要做出这样的判断，需要使用第 8 章将要介绍的消息认证码。

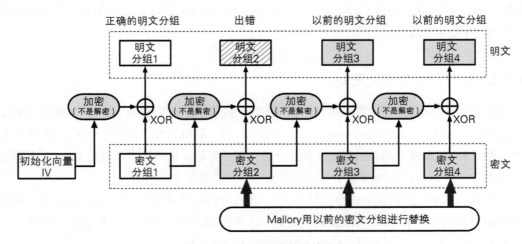

图 4-11　对 CFB 进行重放攻击

4.6 OFB 模式

4.6.1　什么是 OFB 模式

OFB **模式**的全称是 Output-Feedback 模式（**输出反馈模式**）。在 OFB 模式中，密码算法的输出会反馈到密码算法的输入中（图 4-12）。

OFB 模式并不是通过密码算法对明文直接进行加密的，而是通过将 "明文分组" 和 "密码算法的输出" 进行 XOR 来产生 "密文分组" 的，在这一点上 OFB 模式和 CFB 模式非常相似。

OFB模式的加密

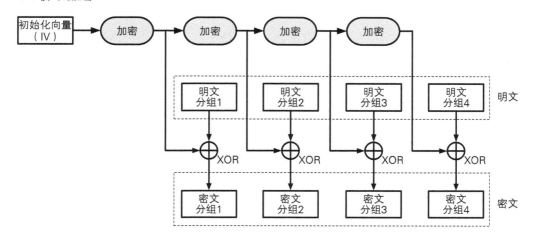

图 4-12　OFB 模式（输出反馈模式）

OFB模式的解密

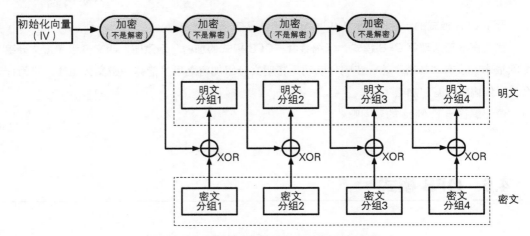

图 4-12 OFB 模式（输出反馈模式）（续）

4.6.2 初始化向量

和 CBC 模式、CFB 模式一样，OFB 模式中也需要使用**初始化向量**（IV）。一般来说，我们需要在每次加密时生成一个不同的随机比特序列用作初始化向量。

4.6.3 CFB 模式与 OFB 模式的对比

OFB 模式和 CFB 模式的区别仅仅在于密码算法的输入。

CFB 模式中，密码算法的输入是前一个密文分组，也就是将密文分组反馈到密码算法中，因此就有了"密文反馈模式"这个名字。

相对地，OFB 模式中，密码算法的输入则是密码算法的前一个输出，也就是将输出反馈给密码算法，因此就有了"输出反馈模式"这个名字。

如果将一个分组抽出来对 CFB 模式和 OFB 模式进行一个对比，就可以很容易看出它们之间的差异（图 4-13）。

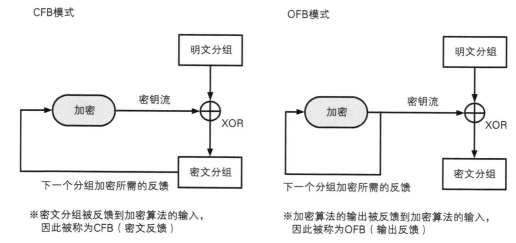

图 4-13　CFB 模式与 OFB 模式的对比

由于 CFB 模式中是对密文分组进行反馈的，因此必须从第一个明文分组开始按顺序进行加密，也就是说无法跳过明文分组 1 而先对明文分组 2 进行加密。

相对地，在 OFB 模式中，XOR 所需要的比特序列（密钥流）可以事先通过密码算法生成，和明文分组无关。只要提前准备好所需的密钥流，则在实际从明文生成密文的过程中，就完全不需要动用密码算法了，只要将明文与密钥流进行 XOR 就可以了。和 AES 等密码算法相比，XOR 运算的速度是非常快的。这就意味着只要提前准备好密钥流就可以快速完成加密。换个角度来看，生成密钥流的操作和进行 XOR 运算的操作是可以并行的。

4.7　CTR 模式

CTR 模式的全称是 CounTeR 模式（计数器模式）。**CTR 模式是一种通过将逐次累加的计数器进行加密来生成密钥流的流密码**（图 4-14）。

CTR 模式中，每个分组对应一个逐次累加的计数器，并通过对计数器进行加密来生成密钥流。也就是说，最终的密文分组是通过将计数器加密得到的比特序列，与明文分组进行 XOR 而得到的。

CTR模式的加密

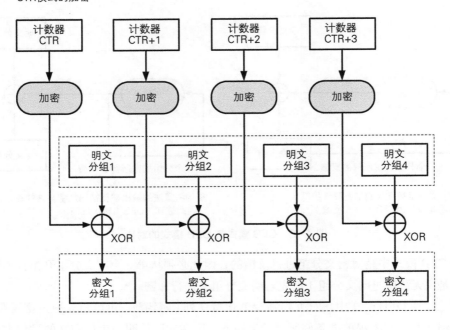

CTR模式的解密

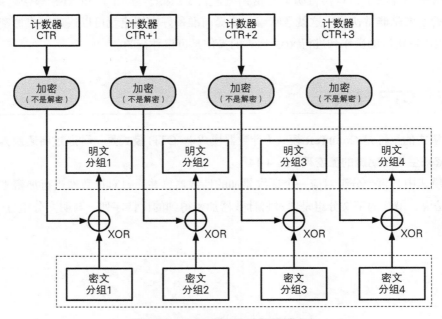

图 4-14 CTR 模式（计数器模式）

4.7.1 计数器的生成方法

每次加密时都会生成一个不同的值（nonce）来作为计数器的初始值。当分组长度为 128 比特（16 字节）时，计数器的初始值可能是像下面这样的形式。

```
66 1F 98 CD 37 A3 8B 4B 00 00 00 00 00 00 00 01
└────── nonce ──────┘ └────── 分组序号 ──────┘
```

其中前 8 个字节为 nonce，这个值在每次加密时必须都是不同的。后 8 个字节为分组序号，这个部分是会逐次累加的。在加密的过程中，计数器的值会产生如下变化。

```
66 1F 98 CD 37 A3 8B 4B 00 00 00 00 00 00 00 01    明文分组 1 的计数器（初始值）
66 1F 98 CD 37 A3 8B 4B 00 00 00 00 00 00 00 02    明文分组 2 的计数器
66 1F 98 CD 37 A3 8B 4B 00 00 00 00 00 00 00 03    明文分组 3 的计数器
66 1F 98 CD 37 A3 8B 4B 00 00 00 00 00 00 00 04    明文分组 4 的计数器
                      ⋮                                        ⋮
```

按照上述生成方法，可以保证计数器的值每次都不同。由于计数器的值每次都不同，因此每个分组中将计数器进行加密所得到的密钥流也是不同的。也就是说，这种方法就是用分组密码来模拟生成随机的比特序列。

4.7.2 OFB 模式与 CTR 模式的对比

CTR 模式和 OFB 模式一样，都属于流密码。如果我们将单个分组的加密过程拿出来，那么 OFB 模式和 CTR 模式之间的差异还是很容易理解的（图 4-15）。OFB 模式是将加密的输出反馈到输入，而 CTR 模式则是将计数器的值用作输入。

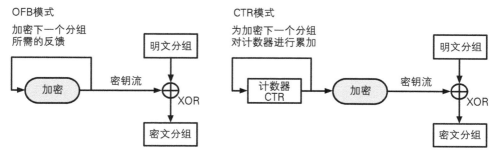

图 4-15　OFB 模式与 CTR 模式的对比

4.7.3 CTR 模式的特点

CTR 模式的加密和解密使用了完全相同的结构（图 4-14），因此在程序实现上比较容易。这一特点和同为流密码的 OFB 模式是一样的。

此外，CTR 模式中可以以任意顺序对分组进行加密和解密，因此在加密和解密时需要用到的 "计数器" 的值可以由 nonce 和分组序号直接计算出来。这一性质是 OFB 模式所不具备的。

能够以任意顺序处理分组，就意味着能够实现并行计算。在支持并行计算的系统中，CTR 模式的速度是非常快的。

4.7.4　错误与机密性

错误与机密性方面，CTR 模式也具备和 OFB 模式差不多的性质。假设 CTR 模式的密文分组中有一个比特被反转了，则解密后明文分组中仅有与之对应的比特会被反转，这一错误不会放大。

换言之，在 CTR 模式中，主动攻击者 Mallory 可以通过反转密文分组中的某些比特，引起解密后明文中的相应比特也发生反转。这一弱点和 OFB 模式是相同的。

不过 CTR 模式具备一个比 OFB 模式要好的性质。在 OFB 模式中，如果对密钥流的一个分组进行加密后其结果碰巧和加密前是相同的，那么这一分组之后的密钥流就会变成同一值的不断反复。在 CTR 模式中就不存在这一问题。

专栏: GCM 模式

在 CTR 模式的基础上增加 "认证" 功能的模式称为 **GCM 模式**（Galois/Counter Mode）。这一模式能够在 CTR 模式生成密文的同时生成用于认证的信息，从而判断 "密文是否通过合法的加密过程生成"。通过这一机制，即便主动攻击者发送伪造的密文，我们也能够识别出 "这段密文是伪造的"。关于 GCM 模式的详细内容我们将在第 8 章中讲解。

4.8　应该使用哪种模式呢

我们已经介绍了 ECB、CBC、CFB、OFB 和 CTR 等模式，下面我们对这些模式的特点做一下整理。表 4-1（模式比较表）的编写参考了《应用密码学》[1][Schneier, 1996] 一书中的内容。

---

① 中文版由机械工业出版社 2000 年 1 月出版，吴世忠等译。——译者注

表 4-1 分组密码模式比较表

模式	名称	优点	缺点	备注
ECB 模式	Electronic CodeBook 电子密码本模式	• 简单 • 快速 • 支持并行计算（加密、解密）	• 明文中的重复排列会反映在密文中 • 通过删除、替换密文分组可以对明文进行操作 • 对包含某些比特错误的密文进行解密时，对应的分组会出错 • 不能抵御重放攻击	不应使用
CBC 模式	Cipher Block Chaining 密文分组链接模式	• 明文的重复排列不会反映在密文中 • 支持并行计算（仅解密） • 能够解密任意密文分组	• 对包含某些错误比特的密文进行解密时，第一个分组的全部比特以及后一个分组的相应比特会出错 • 加密不支持并行计算	CRYPTREC 推荐；《实用密码学》推荐
CFB 模式	Cipher-FeedBack 密文反馈模式	• 不需要填充（padding） • 支持并行计算（仅解密） • 能够解密任意密文分组	• 加密不支持并行计算 • 对包含某些错误比特的密文进行解密时，第一个分组的相应比特以及后一个分组的全部比特会出错 • 不能抵御重放攻击	CRYPTREC 推荐
OFB 模式	Output-FeedBack 输出反馈模式	• 不需要填充（padding） • 可事先进行加密、解密的准备 • 加密、解密使用相同结构 • 对包含某些错误比特的密文进行解密时，只有明文中相对应的比特会出错	• 不支持并行计算 • 主动攻击者反转密文分组中的某些比特时，明文分组中相对应的比特也会被反转	CRYPTREC 推荐
CTR 模式	CounTeR 计数器模式	• 不需要填充（padding） • 可事先进行加密、解密的准备 • 加密、解密使用相同结构 • 对包含某些错误比特的密文进行解密时，只有明文中相对应的比特会出错 • 支持并行计算（加密、解密）	主动攻击者反转密文分组中的某些比特时，明文分组中相对应的比特也会被反转	CRYPTREC 推荐；《实用密码学》推荐

　　首先，希望大家搞清楚每种模式的 3 个字母到底是什么的缩写。如果能够记住每个模式的名称，就能够在头脑中想象出相应的结构图，也就能够搞清楚每个模式的特点了。

　　《实用密码学》①（*Practical Cryptography*）[Schneier, 2003] 一书中推荐使用 CBC 模式和 CTR 模式，而《CRYPTREC 密码清单》[CRYPTREC] 中则推荐使用 CBC、CFB、OFB 和 CTR 模式。

4.9　本章小结

　　本章中我们学习了分组密码的模式。

---

① 目前（2016 年 6 月）尚未出现中文译本。——译者注

分组密码算法的选择固然很重要，但模式的选择也很重要。对模式完全不了解的用户在使用分组密码算法时，最常见的做法就是将明文分组按顺序分别加密，而这样做的结果就相当于使用了安全性最差的 ECB 模式。

同样一个分组密码算法，根据用途的不同可以以多种模式来工作。各种模式都有自己的长处和短处，因此需要大家在理解这些特点的基础上进行运用。

小测验 6　模式的基础知识　　　　　　　　　　　　　　　　（答案见 4.10 节）

下列说法中，请在正确的旁边画〇，错误的旁边画 ×。

(1) 在 ECB 模式的加密中，内容相同的明文分组，一定会被转换为内容相同的密文分组。

(2) 在 CBC 模式的解密中，如果密文分组 3 损坏，则密文分组 5 是无法正确解密的。

(3) 在 CFB 模式的加密中，不可以从明文的中间开始加密。

(4) 在 OFB 模式的解密中，分组密码算法本身所实际执行的是加密操作。

◼ 4.10　小测验的答案

小测验 1 的答案：比特与字节　　　　　　　　　　　　　　　　　　（4.2.1 节）

128 比特等于 16 字节。

因为 1 字节等于 8 比特，因此将比特数除以 8 就可以得到字节数（128÷8=16）。当选择 128 比特的分组长度时，AES 可以对 16 字节的明文进行加密，并生成 16 字节的密文。

小测验 2 的答案：对 ECB 模式的攻击　　　　　　　　　　　　　　（4.3.3 节）

存在很多种攻击方法，下面是其中一个例子。

将密文分组 2、4、6 分别用密文分组 1、3、5 进行覆盖。

```
        密文分组 1 = 1D C1 6A 10 8D 52 2E 04 01 D4 B5 53 47 D6 E0 37  （用户 1 的名称）
覆盖 ⤵  密文分组 2 = 1D C1 6A 10 8D 52 2E 04 01 D4 B5 53 47 D6 E0 37  （用户 1 的口令）
        密文分组 3 = 8E D0 E3 40 91 6C E7 75 E2 8E 83 BE 29 E8 3D 56  （用户 2 的名称）
覆盖 ⤵  密文分组 4 = 8E D0 E3 40 91 6C E7 75 E2 8E 83 BE 29 E8 3D 56  （用户 2 的口令）
        密文分组 5 = 4A 35 8D D8 A2 CF 86 99 5B B1 A1 26 9C A7 59 06  （用户 3 的名称）
覆盖 ⤵  密文分组 6 = 4A 35 8D D8 A2 CF 86 99 5B B1 A1 26 9C A7 59 06  （用户 3 的口令）
```

这样，用户 1、2、3 的口令就和他们的名称相等了，这就是口令文件采用 ECB 模式加密所造成的后果。接下来，只要我们知道用户名，就可以以系统合法用户的身份进行登录了。

一般来说，用户名要远比口令容易推测，因此我们可以看出，这个计算机系统的安全性是非常低的。

小测验 3 的答案：CBC 模式的初始化向量　　　　　　　　　　　　　（4.4.2 节）

在 CBC 模式中，我们假设永远使用相同的初始化向量。于是，当用同一密钥对同一明文进行加密时，所得到的密文一定是相同的。

例如，密码破译者间隔一周收到了两份相同的密文。于是，密码破译者无需破译密码，就可以判断出：这份密文和上周的密文一样，因此两份密文解密所得到的明文也是一样的。

如果在每次加密时都改变初始化向量的值，那么即便是用同一密钥对同一明文进行加密，也可以确保每次所得到的密文都不相同。

小测验 4 的答案：仿 CBC 模式　　　　　　　　　　　　　　　　　（4.4.7 节）

Alice 的这个模式，实质上与 ECB 模式是等同的。

CBC 模式中是对"前一个密文分组"与"明文分组"进行 XOR，而 Alice 的模式（图 4-8）中则是对"前一个密文分组"与"加密的结果"进行 XOR。

在 Alice 的模式中，我们不妨来进行下面的计算。

(1) 初始化向量 $\oplus$ 密文分组 1
(2) 密文分组 1 $\oplus$ 密文分组 2
(3) 密文分组 2 $\oplus$ 密文分组 3
(4) 密文分组 3 $\oplus$ 密文分组 4

(1) ~ (4) 的计算结果，与直接对明文分组 1 ~ 4 用分组密码算法进行加密后得到的结果是相等的。也就是说，这个模式和 ECB 模式是等同的。

Alice 的模式与 CBC 模式在结构上很相似，但却具备完全不同的性质。

小测验 5 的答案：CFB 模式的加密　　　　　　　　　　　　　　　　（4.5.5 节）

的确，在 CFB 模式的加密中，明文分组与密文分组之间并没有加密这个步骤，但是却存在一个 XOR 运算的步骤。在这里，XOR 实际上充当了对分组进行加密的角色。

如果将明文分组与随机比特序列进行 XOR，则得到的结果就是随机的密文分组。CFB 模式的加密中所使用的分组密码算法，实际上就是用来生成与明文分组进行 XOR 运算的随机的比特序列的。

小测验 6 的答案：模式的基础知识 （4.9 节）

○ (1) 在 ECB 模式的加密中，内容相同的明文分组，一定会被转换为内容相同的密文分组。

× (2) 在 CBC 模式的解密中，如果密文分组 3 损坏，则密文分组 5 是无法正确解密的。

> 密文分组 3 损坏会导致密文分组 3 和 4 无法解密，但密文分组 5 依然能够正常解密。

○ (3) 在 CFB 模式的加密中，不可以从明文的中间开始加密。

> 正确。如果不是使用 CFB 模式，而是使用 OFB 模式或 CTR 模式的话，就可以从明文的中间开始加密。

○ (4) 在 OFB 模式的解密中，分组密码算法本身所实际执行的是加密操作。

> 正确。在 CFB 模式、OFB 模式和 CTR 模式中，分组密码算法是用来生成密钥流的，因此，无论是加密还是解密，分组密码算法本身执行的都是相同的操作（加密操作）。

第 **5** 章

公钥密码
——用公钥加密，用私钥解密

5.1 投币寄物柜的使用方法

在介绍公钥密码之前，我们先来说说投币寄物柜。投币寄物柜是这样使用的。

首先，将物品放入寄物柜中。然后，投入硬币并拔出钥匙，就可以将寄物柜关闭了。关闭后的寄物柜，没有钥匙是无法打开的。

只要有硬币，任何人都可以关闭寄物柜，但寄物柜一旦被关闭，再怎么投币也无法打开。打开寄物柜需要使用钥匙，而不是硬币。

因此我们可以说，硬币是**关闭寄物柜的密钥**，而钥匙则是**打开寄物柜的密钥**。

5.2 本章学习的内容

本章中我们将学习**公钥密码**。

在对称密码中，由于加密和解密的密钥是相同的，因此必须向接收者配送密钥。用于解密的密钥必须被配送给接收者，这一问题称为密钥配送问题。如果使用公钥密码，则无需向接收者配送用于解密的密钥，这样就解决了密钥配送问题。可以说公钥密码是密码学历史上最伟大的发明[①]。

本章中，我们将首先来探讨一下密钥配送问题，然后再来讲解公钥密码是如何解决密钥配送问题的。最后，我们还将介绍一种最常用的公钥密码——RSA。

5.3 密钥配送问题

5.3.1 什么是密钥配送问题

在现实世界中使用对称密码时，我们一定会遇到**密钥配送问题**（key distribution problem）。尽管一开始可能觉得这并不是什么大问题，但这个问题却是很难从根本上得到解决的。

Alice 前几天在网上认识了 Bob，现在她想给 Bob 发一封邮件，而且不想让别人知道邮件的内容，因此 Alice 决定使用对称密码进行加密，这样即便被窃听者 Eve 窃听到通信内容也没有问题。

Alice 将邮件内容进行加密，生成了密文。那么是不是只要将这份密文用邮件发送给 Bob 就可以了呢？不行，因为这样 Bob 是无法对密文进行解密的。要使用对称密码进行解密，就必须使

---

① 公钥密码在工程学上可以称为"发明"，而在数学上则应该称为"发现"。

用和加密时相同的密钥才行。也就是说，**只有同时将密钥也发送给 Bob，Bob 才能够完成解密**。

那么，将密文和密钥都通过邮件发送给 Bob 行不行呢？也不行。如果密文和密钥都通过邮件发送，两者就都会被窃听者 Eve 窃听到。这样一来，同时得到密文和密钥的 Eve 就能够像 Bob 一样完成密文的解密并看到明文的内容了。也就是说，**如果同时发送密钥，则 Eve 也能够完成解密**（图 5-1）。

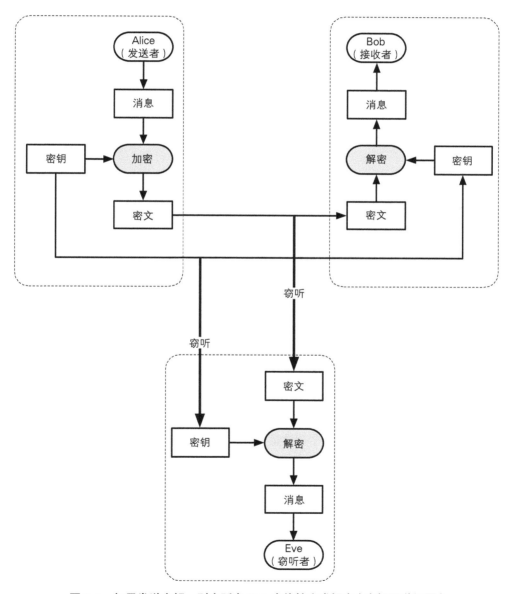

图 5-1　如果发送密钥，则窃听者 Eve 也能够完成解密（密钥配送问题）

当然，如果窃听者 Eve 无法推测出通信中使用的是什么密码算法，那么即便得到了密文和密钥也是无法解密的。然而，密码算法本来就应该是以公开为前提的，隐蔽式安全性（security by obscurity）是非常危险的。

Alice 感到一筹莫展。不发送密钥吧，接收者 Bob 无法解密；发送密钥吧，连窃听者 Eve 也可以解密了。**密钥必须要发送，但又不能发送**，这就是对称密码的密钥配送问题。

解决密钥配送问题的方法有以下几种。

- 通过事先共享密钥来解决
- 通过密钥分配中心来解决
- 通过 Diffie-Hellman 密钥交换来解决
- 通过公钥密码来解决

下面我们对这些方法逐一进行讲解。

5.3.2　通过事先共享密钥来解决

密钥配送问题最简单的一种解决方法，就是事先用安全的方式将密钥交给对方，这称为密钥的**事先共享**。这可以说是一种理所当然的方法吧。

事先共享密钥尽管有效，但却有一定的局限性。

首先，要想事先共享密钥，就需要用一种安全的方式将密钥交给对方。如果是公司里坐在你旁边的同事，要事先共享密钥可能非常容易，只要将密钥保存在存储卡中交给他就可以了。然而，要将密钥安全地交给一个前几天刚刚在网上认识的朋友就非常困难。如果用邮件等方式发送，则密钥可能会被窃听。另外邮寄存储卡也不安全，因为在邮寄的途中可能会被别人窃取。

此外，即便能够实现事先共享密钥，但在人数很多的情况下，通信所需要的密钥数量也会增大，这就产生了问题。例如，一个公司中的 1000 名员工需要彼此进行加密通信。假设 1000 名员工中每一名员工都可以和除自己之外的 999 名员工进行通信，则每个人就需要 999 个通信密钥，也就是说，整个公司所需要的密钥数量为：

$$1000 \times 999 \div 2 = 499500$$

全公司需要生成 49 万 9500 个密钥 [1]，这实在是不现实。因此，事先共享密钥尽管有效，但依然有一定的局限性。

---

[1]　如果只用 1000×999，则会重复计算"从 Alice 到 Bob 的通信"和"从 Bob 到 Alice 的通信"，因此需要再除以 2。

5.3.3 通过密钥分配中心来解决

如果所有参与加密通信的人都需要事先共享密钥，则密钥的数量会变得巨大，在这样的情况下，我们可以使用**密钥分配中心**（Key Distribution Center，KDC）来解决密钥配送问题。

当需要进行加密通信时，密钥分配中心会生成一个通信密钥，每个人只要和密钥分配中心事先共享密钥就可以了。

在公司中，我们先配置一台充当密钥分配中心的计算机。这台计算机中有一个数据库，其中保存了 Alice 的密钥、Bob 的密钥……等所有员工的密钥。也就是说，如果公司有 1000 名员工，那么数据库中就会保存 1000 个密钥。

当有新员工入职时，密钥分配中心会为该员工生成一个新的密钥，并保存在数据库中。而新员工则会在入职时从密钥分配中心的计算机上领取自己的密钥，就像领取工作证一样。

这样一来，密钥分配中心就拥有了所有员工的密钥，而每个员工则拥有自己的密钥。

那么，现在 Alice 再向 Bob 发送加密邮件时，就需要进行以下步骤。

(1) Alice 向密钥分配中心发出希望与 Bob 进行通信的请求。

(2) 密钥分配中心通过伪随机数生成器生成一个会话密钥，这个密钥是供 Alice 与 Bob 在本次通信中使用的临时密钥。

(3) 密钥分配中心从数据库中取出 Alice 的密钥和 Bob 的密钥。

(4) 密钥分配中心用 Alice 的密钥对会话密钥进行加密，并发送给 Alice。

(5) 密钥分配中心用 Bob 的密钥对会话密钥进行加密，并发送给 Bob。

(6) Alice 对来自密钥分配中心的会话密钥（已使用 Alice 的密钥加密）进行解密，得到会话密钥。

(7) Alice 用会话密钥对邮件进行加密，并将邮件发送给 Bob。

(8) Bob 对来自密钥分配中心的会话密钥（已使用 Bob 的密钥加密）进行解密，得到会话密钥。

(9) Bob 用会话密钥对来自 Alice 的密文进行解密。

(10) Alice 和 Bob 删除会话密钥。

以上就是通过密钥分配中心完成 Alice 与 Bob 的通信的过程。

密钥分配中心尽管有效，但也有局限。首先，每当员工进行加密通信时，密钥分配中心计算机都需要进行上述处理。随着员工数量的增加，密钥分配中心的负荷也会随之增加。如果密钥分配中心计算机发生故障，全公司的加密通信就会瘫痪。

此外，主动攻击者 Mallory 也可能会对密钥分配中心下手。如果 Mallory 入侵了密钥分配中心计算机，并盗取了密钥数据库，则后果会十分严重，因为全公司所有的加密通信都会被 Mallory 破译。

因此，如果要使用密钥分配中心，就必须妥善处理上述问题。

小测验 1　密钥分配中心的处理 　　　　　　　　　　　　　（答案见 5.11 节）

　　当 Alice 发出希望与 Bob 进行通信的请求时，密钥分配中心会生成一个全新的会话密钥，并将其加密后发送给 Alice。

　　为什么密钥分配中心不直接将 Bob 的密钥用 Alice 的密钥加密之后发送给 Alice 呢？

5.3.4　通过 Diffie-Hellman 密钥交换来解决密钥配送问题

　　解决密钥配送问题的第 3 种方法，称为 **Diffie-Hellman 密钥交换**。这里的交换，并不是指东西坏了需要换一个，而是指发送者和接收者之间相互传递信息的意思。

　　在 Diffie-Hellman 密钥交换中，进行加密通信的双方需要交换一些信息，而这些信息即便被窃听者 Eve 窃听到也没有问题。

　　根据所交换的信息，双方可以各自生成相同的密钥，而窃听者 Eve 却无法生成相同的密钥。Eve 虽然能够窃听到双方所交换的信息，但却无法根据这些信息生成和双方相同的密钥。关于 Diffie-Hellman 密钥交换，我们将在第 11 章详细探讨。

5.3.5　通过公钥密码来解决密钥配送问题

　　解决密钥配送问题的第 4 种方法，就是**公钥密码**。

　　在对称密码中，加密密钥和解密密钥是相同的，但公钥密码中，加密密钥和解密密钥却是不同的。只要拥有加密密钥，任何人都可以进行加密，但没有解密密钥是无法解密的。因此，公钥密码的一个重要性质，就是只有拥有解密密钥的人才能够进行解密。

　　接收者事先将加密密钥发送给发送者，这个加密密钥即便被窃听者获取也没有问题。发送者使用加密密钥对通信内容进行加密并发送给接收者，而只有拥有解密密钥的人（即接收者本人）才能够进行解密。这样一来，就用不着将解密密钥配送给接收者了，也就是说，对称密码的密钥配送问题，可以通过使用公钥密码来解决。

小测验 2　两个密码算法 　　　　　　　　　　　　　　　（答案见 5.11 节）

　　听了密钥配送问题的内容，Alice 进行了如下思考。

　　密钥配送问题的本质在于，将密钥发送给接收者时不能被窃听，也就是说直接发送密钥是行不通的。那这样行不行呢？首先用 AES 对消息进行加密，然后用三重 DES 对加密消息所使用的 AES 密钥也进行加密，然后再发送给接收者。由于 AES 密钥已经通过三重 DES 进行了加密，因此就不怕被窃听了吧？

　　Alice 犯了怎样的错误呢？

5.4 公钥密码

使用公钥密码可以解决上节中提到的密钥配送问题。本节中我们就来介绍一下公钥密码的历史和原理、公钥密码的通信流程以及仅靠公钥密码无法解决的问题。

5.4.1 什么是公钥密码

公钥密码（public-key cryptography）中，密钥分为加密密钥和解密密钥两种。发送者用加密密钥对消息进行加密，接收者用解密密钥对密文进行解密。要理解公钥密码，清楚地区分加密密钥和解密密钥是非常重要的。加密密钥是发送者加密时使用的，而解密密钥则是接收者解密时使用的。

仔细思考一下加密密钥和解密密钥的区别，我们可以发现：

- 发送者只需要加密密钥
- 接收者只需要解密密钥
- 解密密钥不可以被窃听者获取
- 加密密钥被窃听者获取也没问题

也就是说，解密密钥从一开始就是由接收者自己保管的，因此只要将加密密钥发给发送者就可以解决密钥配送问题了，而根本不需要配送解密密钥。

公钥密码中，加密密钥一般是公开的。正是由于加密密钥可以任意公开，因此该密钥被称为**公钥**（public key）。公钥可以通过邮件直接发送给接收者，也可以刊登在报纸的广告栏上，做成看板放在街上，或者做成网页公开给世界上任何人，而完全不必担心被窃听者 Eve 窃取。

当然，我们也没有必要非要将公钥公开给全世界所有的人，但至少我们需要将公钥发送给需要使用公钥进行加密的通信对象（也就是给自己发送密文的发送者）。

相对地，解密密钥是绝对不能公开的，这个密钥只能由你自己来使用，因此称为**私钥**（private key）。私钥不可以被别人知道，也不可以将它发送给别人，甚至也不能发送给自己的通信对象。

公钥和私钥是一一对应的，一对公钥和私钥统称为密钥对（key pair）。由公钥进行加密的密文，必须使用与该公钥配对的私钥才能够解密。密钥对中的两个密钥之间具有非常密切的关系——数学上的关系——因此公钥和私钥是不能分别单独生成的。

公钥密码的使用者需要生成一个包括公钥和私钥的密钥对，其中公钥会被发送给别人，而私钥则仅供自己使用。稍后我们将具体尝试生成一个密钥对。

5.4.2　公钥密码的历史

1976 年，Whitfield Diffie 和 Martin Hellman 发表了关于公钥密码的设计思想。尽管他们没有提出具体的公钥密码算法，但他们提出了应该将加密密钥和解密密钥分开，而且还描述了公钥密码应该具备的性质。

1977 年，Ralph Merkle 和 Martin Hellman 共同设计了一种具体的公钥密码算法——Knapsack。该算法申请了专利，但后来被发现并不安全。

1978 年，Ron Rivest、Adi Shamir 和 Reonard Adleman 共同发表了一种公钥密码算法——RSA[①]。RSA 可以说是现在公钥密码的事实标准。

此外，公钥密码还有一些鲜为人知的历史。

20 世纪 60 年代，英国电子通信安全局 CESG（Communications Electrionic Security Group）的 James Ellis 就曾经提出了与公钥密码相同的思路。1973 年，CESG 的 Clifford Cocks 设计出了与 RSA 相同的密码，并且在 1974 年，CESG 的 Malcolm Williamson 也设计出了与 Deffie-Hellman 算法类似的算法。然而，这些历史直到最近才被公诸于世。

5.4.3　公钥通信的流程

下面我们来看一看使用公钥密码的通信流程。和以前一样，我们还是假设 Alice 要给 Bob 发送一条消息，Alice 是发送者，Bob 是接收者，而这一次窃听者 Eve 依然能够窃听到他们之间的通信内容。

在公钥密码通信中，通信过程是由接收者 Bob 来启动的。

(1) Bob 生成一个包含公钥和私钥的密钥对。

　　私钥由 Bob 自行妥善保管。

(2) Bob 将自己的公钥发送给 Alice。

　　Bob 的公钥被窃听者 Eve 截获也没关系。

　　将公钥发送给 Alice，表示 Bob 请 Alice 用这个公钥对消息进行加密并发送给他。

(3) Alice 用 Bob 的公钥对消息进行加密。

　　加密后的消息只有用 Bob 的私钥才能够解密。

　　虽然 Alice 拥有 Bob 的公钥，但用 Bob 的公钥是无法对密文进行解密的。

(4) Alice 将密文发送给 Bob。

　　密文被窃听者 Eve 截获也没关系。Eve 可能拥有 Bob 的公钥，但是用 Bob 的公钥是无法进行解密的。

---

① 这三个人于 2002 年被授予计算机科学界的诺贝尔奖——图灵奖。

(5) Bob 用自己的私钥对密文进行解密。

请参考图 5-2，看一看在 Alice 和 Bob 之间到底传输了哪些信息。其实它们之间所传输的信息只有两个：Bob 的公钥以及用 Bob 的公钥加密的密文。由于 Bob 的私钥没有出现在通信内容中，因此窃听者 Eve 无法对密文进行解密。

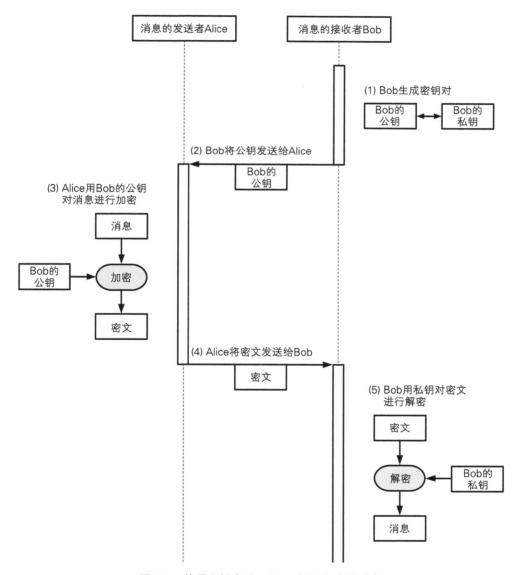

图 5-2　使用公钥密码，Alice 向 Bob 发送消息

窃听者 Eve 可能拥有 Bob 的公钥，但是 Bob 的公钥只是加密密钥，而不是解密密钥，因此窃听者 Eve 就无法完成解密操作。

5.4.4 各种术语

公钥密码还有各种不同的称谓，例如**非对称密码**（asymmetric cryptography）和**公钥密码**就表示同一个含义，这一术语是相对于对称密码而言的。在对称密码中，加密和解密使用的是同样的密钥，即加密和解密只是用同一密钥进行相反的运算而已，因此对称密码中的加密和解密就像照镜子一样，是相互对称的。相对地，非对称密码中，加密和解密使用的是不同的密钥，并不是相互对称的，因此称为非对称密码。

此外，**私钥**（private key）这个术语也有很多同义的别名，例如**个人密钥**、**私有密钥**、**非公开密钥**等，也有人将其称为**秘密密钥**（secret key）。不过，秘密密钥这个词也可以指对称密码的密钥，因此在使用时需要注意。出于这个原因，也有人将对称密码的密钥称为共享秘密密钥，将公钥密码的私钥称为**私有秘密密钥**以示区别。

英语中的 private key（私钥）是世界上使用最广泛的，也是最不容易引起歧义的名称，因此在本书中我们使用"私钥"一词。

5.4.5 公钥密码无法解决的问题

公钥密码解决了密钥配送问题，但这并不意味着它能够解决所有的问题，因为我们需要判断所得到的公钥是否正确合法，这个问题被称为**公钥认证**问题。关于这个问题，我们将在后面的章节中通过对中间人攻击的讲解来探讨。

此外，公钥密码还有一个问题就是，它的处理速度只有对称密码的几百分之一。关于这个问题的解决方法，我们将在下一章中进行介绍。

5.5 时钟运算

在讲解公钥密码的代表 RSA 之前，我们需要做一些数学方面的准备工作，当然，我们不会讲一些很复杂的定理和证明。为了让大家更好地理解 RSA 的算法，我们来介绍一下时钟运算[①]。

---

① 这一部分内容在数学上属于"数论"（number theory）的范畴，有兴趣的读者可以进一步阅读相关资料。

——译者注

5.5.1 加法

请想象一下时钟的样子。不过我们这个时钟和一般的时钟有所不同，它只有时针没有分针和秒针。此外，一般的时钟上 12 的地方在我们的时钟上为 0，也就是说，这个时钟上的数字是从 0 到 11 的（图 5-3）。

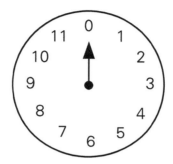

图 5-3 只有一根指针的时钟

这个时钟的指针可以转动。现在指针指向 0 的位置，往右转一个刻度就指向 1，再转一个刻度就指向 2。以此类推，当转到 9、10、11 之后，就会回到 0，这样指针就转了整整一圈。

我们来思考一下如何用这个时钟来进行**加法**运算。

假设现在指针指向 7，如果往右转 2 个刻度会指向几呢？没错，会指向 9。

那么，当指针指向 7 时，向右转 6 个刻度会指向几呢？是 13 吗？不是，因为这个时钟上没有 13，指针一到 12 就会回到 0，所以指针会指向 1。

当指针指向 7 时，向右转 20 个刻度会指向几呢？额……会指向 27？不对，因为每隔 12 就会回到 0，因此应该是指向 3，计算方法如下。

$$(7 + 20) \div 12 = 27 \div 12$$
$$= 2 \text{ 余 } 3$$

只要求得除以 12 时的余数，无论指针前进多少个刻度，我们就都可以知道它最终指向哪个位置。

mod 运算

在这里，我们为**"除法求余数的运算"**定义一个运算符，即：

mod

这个运算符看上去不像是一个符号，但 mod 和 ×、÷ 等符号会被同等处理。使用 mod 符号，就可以将 27 除以 12 求余数这样的运算写成下列形式。

27 mod 12   27 除以 12 的余数

这个算式的结果是 3，因此我们可以写成下面这样。

27 mod 12 = 3   27 除以 12 的余数等于 3

数学家们一般会将上面的算式说成 "27 与 3 以 12 为模同余"。这样的说法听起来很难理解，但其实其中的关键点就是 "除法求余数的运算"，这种运算和时钟的指针一圈一圈旋转是一样的道理。

我们已经知道，指针向右旋转和加法运算是类似的，例如指针从 7 前进 2 个刻度之后会指向 9，即：

7 + 2 = 9

不过，仅靠加法有时候无法求出指针的位置，因为我们要考虑超过 12 的情况。

例如，指向 7 的指针向前转动 6 个刻度时，指针的位置是：

7 + 6 = 13——但实际上指针并不是指向 13 而是指向 1

因此，我们可以用求余数的方法来解决指针位置的问题，即将 7 和 6 相加之后，再除以 12 求余数就可以了。用刚才讲过的 mod 运算符可以写成：

(7 + 6) mod 12

即：

13 mod 12 = 1   13 除以 12 的余数是 1

于是我们就可以算出指针指向的位置是 1。

其实，我们并不需要区分计算的结果是否超过 12，在任何情况下取模（除以 12 求余数称为 "以 12 取模"）都可以得到正确的结果。例如，当计算 7 + 2 时也可以取模，因为 9 除以 12 等于 "0 余 9"，所以我们依然可以求出正确的指针位置。

(7 + 2) mod 12 = 9 mod 12   （7 + 2 等于 9）
                = 9   （9 除以 12 等于 0 余 9）

我们来整理一下刚才讲过的内容。

- 时钟的指针向右旋转相当于做加法
- 不过，我们做的不是单纯的加法，而是"除法求余数"（mod）

5.5.2　减法

接下来我们来看一看如何用时钟来做减法。既然减法是加法的逆运算，那我们只要让时钟的指针向左转动就可以了。当指针指向 0 时，向右转动 7 个刻度后会指向 7，再向左转动 7 个刻度就又回到 0 了。

在这里，我们暂且规定时钟的指针是不能向左转动的。

这样一来，当指针指向 7 时，怎样才能让它回到 0 呢？既然不能向左转动，那就只能继续向右转动了。这种情况下，我们可以想象一下下面的算式。

$(7 + ■) \bmod 12 = 0$　　　　　7 加上几除以 12 的余数为 0？

我们应该在■的地方填上什么数字呢？根据上面的规则，我们可以知道■只能是 0, 1, 2, …, 10, 11 中的某个数字，而不能是 – 7。

稍微思考一下就能够算出来了，答案是 5。也就是说，我们只要计算一下 7 加上几等于 12 就可以了。

$(7 + 5) \bmod 12 = 0$　　　　　7 + 5 除以 12 的余数为 0

仔细思考一下就会发现，5 这个数字，在时钟运算中所发挥的作用和 – 7 是一样的，因为 7 加 5 的结果等于 0。同样地，7 这个数字，在时钟运算中和 – 5 也是等价的。

请看表 5-1。在这个表中，X 和 Y 相加后求 mod 12，其结果必然为 0。

表 5-1　满足 $(X + Y) \bmod 12 = 0$ 的 X 和 Y 的组合

X	Y
0	0
1	11
2	10
3	9
4	8
5	7
6	6
7	5
8	4
9	3
10	2
11	1

通过这张表就可以将减法转换为加法，即"减去 X"与"加上 Y"这两个运算是等价的，或者可以说，"将指针向左转动 X 个刻度"与"将指针向右转动 Y 个刻度"这两个操作是等价的。

例如，当 X 为 1 时，通过查表可以得到 Y 为 11。毋庸置疑，将时钟的指针向左转动 1 个刻度，和向右转动 11 个刻度的结果是相同的。

5.5.3　乘法

接下来我们来看看在时钟运算中如何做乘法。

在一般的算术中，乘法相当于加法的多次重复，例如 7×4 就相当于将 4 个 7 相加，即：

$$7 \times 4 = 7 + 7 + 7 + 7$$

时钟运算中的思路也是一样的，将时钟运算中的加法进行反复就可以完成乘法运算了。

我们可以将 7×4 理解为"将'向右转动 7 个刻度'的操作重复 4 次"。当然，大家别忘了还需要将结果进行取模。指针的初始位置为 0，那么向右转动 7 个刻度并重复 4 次，指针会指向哪里呢？我们可以通过下面的计算得出结果。

$$7 \times 4 \bmod 12$$

让我们来计算一下。

$$
\begin{aligned}
7 \times 4 \bmod 12 &= 28 \bmod 12 \qquad （7 \times 4 \text{ 等于 } 28） \\
&= 4 \qquad\qquad\quad （28 \div 12 \text{ 等于 } 2 \text{ 余 } 4）
\end{aligned}
$$

于是我们可以算出结果是 4。如果我们真的"将'向右转动 7 个刻度'的操作重复 4 次"，结果指针确实会指向 4。

5.5.4　除法

接下来我们来看看时钟运算中的除法。

既然减法是加法的逆运算，那么除法也就可以看成是乘法的逆运算。例如，在下面的算式中：

$$7 \times \blacksquare \bmod 12 = 1$$

7 乘以 ■ 求 12 的 mod 结果为 1，那么这里 ■ 应该填什么数字呢？如果用指针的操作来类比，就相当于是问"将'向右转动 7 个刻度'的操作重复几次指针会指向 1 呢?"

这个问题我们一下子算不出答案，那么我们将 0, 1, 2, …按顺序代入 ■ 来计算一下 $7 \times \blacksquare$

mod 12 的结果。

■的值	7 × ■的值	7 × ■ mod 12 的值
0	0	0
1	7	7
2	14	2
3	21	9
4	28	4
5	35	11
6	42	6
7	49	1
8	56	8
9	63	3
10	70	10
11	77	5

从上表中我们可以看出，■应该为 7，即：

$$7 × 7 \bmod 12 = 1$$

刚才我们的思路是"在 mod 12 的世界中，7 乘以几等于 1"，换句话说，就是"在 mod 12 的世界中，1 ÷ 7 等于几"。也就是说，我们是在以 12 为模的世界中进行除法运算。在一般的整数世界中，1 除以 7 是除不尽的，但在以 12 为模的世界中却可以除尽，挺神奇的吧。

我们再来看看下面这个算式：

$$● × ■ \bmod 12 = 1$$

如果用手将 mod 12 的部分挡住：

$$● × ■ \bmod 12 = 1$$

我们可以发现，●和■是**互为倒数**的关系。所谓互为倒数，就是指乘积为 1 的两个数。当然，我们还要加上"在以 12 为模的世界中"这个条件。在一般的算术中，互为倒数可以写作：

$$● × \frac{1}{●} = 1$$

那么，在 0 到 11 的数字中，是不是每一个数都存在相应的倒数呢？

实际上，时钟运算中"某个数是否存在倒数"这个问题，与公钥算法 RSA 中"一个公钥是否存在相对应的私钥"这个问题是直接相关的。

0 有没有倒数呢？将指针转动 0 个刻度（也就是不转动），无论重复多少次，都不可能让指针前进到 1 的位置，因此，对于：

$$0 \times \blacksquare \bmod 12 = 1$$

不存在满足条件的■。

1 有没有倒数呢？

$$1 \times \blacksquare \bmod 12 = 1$$

很明显，当■为 1 时可以满足条件。

2 有没有倒数呢？对于：

$$2 \times \blacksquare \bmod 12 = 1$$

不存在满足条件的■。因为只要以 2 个刻度为单位，无论如何转动指针，都只能指向 0, 2, 4, 6, 8, 10, 0, 2, 4, 6, 8, …这些偶数位置，而绝对不会指向 1。同样，对于：

$$3 \times \blacksquare \bmod 12 = 1$$

和

$$4 \times \blacksquare \bmod 12 = 1$$

也不存在满足条件的■，因为它们分别只能指向 3 的倍数和 4 的倍数，不可能指向 1。

我们来列一张一览表，0 比较特殊，我们先将它排除在外。

$$1 \times \blacksquare \bmod 12 = 1 \rightarrow \blacksquare = 1$$
$$2 \times \blacksquare \bmod 12 = 1 \rightarrow \blacksquare \text{不存在}$$
$$3 \times \blacksquare \bmod 12 = 1 \rightarrow \blacksquare \text{不存在}$$
$$4 \times \blacksquare \bmod 12 = 1 \rightarrow \blacksquare \text{不存在}$$
$$5 \times \blacksquare \bmod 12 = 1 \rightarrow \blacksquare = 5$$
$$6 \times \blacksquare \bmod 12 = 1 \rightarrow \blacksquare \text{不存在}$$
$$7 \times \blacksquare \bmod 12 = 1 \rightarrow \blacksquare = 7$$
$$8 \times \blacksquare \bmod 12 = 1 \rightarrow \blacksquare \text{不存在}$$
$$9 \times \blacksquare \bmod 12 = 1 \rightarrow \blacksquare \text{不存在}$$
$$10 \times \blacksquare \bmod 12 = 1 \rightarrow \blacksquare \text{不存在}$$
$$11 \times \blacksquare \bmod 12 = 1 \rightarrow \blacksquare = 11$$

唔，看来存在倒数的只有 1、5、7 和 11 了，那么这些数具有怎样的性质呢？从 5、7、11

来看，可能你会想"它们都是质数吧"？可惜！不完全正确。比如说，2 和 3 也是质数，但从上面的表可以看出，2 和 3 是不存在倒数的。

其实，（在 mod 12 的世界中）存在倒数的数，它们和 12 之间的公约数都只有 1。我们来看下面这张表。

1 × ■ mod 12 = 1 → ■ = 1

2 × ■ mod 12 = 1 → ■ 不存在 ⋯ 2 和 12 都能够被 2 整除

3 × ■ mod 12 = 1 → ■ 不存在 ⋯ 3 和 12 都能够被 3 整除

4 × ■ mod 12 = 1 → ■ 不存在 ⋯ 4 和 12 都能够被 4 整除

5 × ■ mod 12 = 1 → ■ = 5

6 × ■ mod 12 = 1 → ■ 不存在 ⋯ 6 和 12 都能够被 6 整除

7 × ■ mod 12 = 1 → ■ = 7

8 × ■ mod 12 = 1 → ■ 不存在 ⋯ 8 和 12 都能够被 4 整除

9 × ■ mod 12 = 1 → ■ 不存在 ⋯ 9 和 12 都能够被 3 整除

10 × ■ mod 12 = 1 → ■ 不存在 ⋯ 10 和 12 都能够被 2 整除

11 × ■ mod 12 = 1 → ■ = 11

使用"最大公约数"（即两个数的公约数中最大的数）这个术语，我们可以将上表中的内容改写成下面的形式。

1 × ■ mod 12 = 1 → ■ = 1 ⋯ 1 和 12 的最大公约数是 1

2 × ■ mod 12 = 1 → ■ 不存在 ⋯ 2 和 12 的最大公约数不是 1

3 × ■ mod 12 = 1 → ■ 不存在 ⋯ 3 和 12 的最大公约数不是 1

4 × ■ mod 12 = 1 → ■ 不存在 ⋯ 4 和 12 的最大公约数不是 1

5 × ■ mod 12 = 1 → ■ = 5 ⋯ 5 和 12 的最大公约数是 1

6 × ■ mod 12 = 1 → ■ 不存在 ⋯ 6 和 12 的最大公约数不是 1

7 × ■ mod 12 = 1 → ■ = 7 ⋯ 7 和 12 的最大公约数是 1

8 × ■ mod 12 = 1 → ■ 不存在 ⋯ 8 和 12 的最大公约数不是 1

9 × ■ mod 12 = 1 → ■ 不存在 ⋯ 9 和 12 的最大公约数不是 1

10 × ■ mod 12 = 1 → ■ 不存在 ⋯ 10 和 12 的最大公约数不是 1

11 × ■ mod 12 = 1 → ■ = 11 ⋯ 11 和 12 的最大公约数是 1

也就是说，某个数是否存在倒数，可以通过这个数和 12 的最大公约数是否为 1 这个条件来进行判断。

和 12 的最大公约数为 1 的数（5、7、11），在数学上称为"和 12 互质的数"。"和 12 互质的数"，也可以理解为"相对于 12 的质数"。

5.5.5 乘方

接下来我们来看看乘方。乘方也称为指数运算，正如乘法是加法的多次重复一样，乘方是乘法的多次重复。例如 7^4，即 "7 的 4 次方"，就相当于将 7 相乘 4 次，即：

$$7^4 = 7 \times 7 \times 7 \times 7$$

那么 "时钟上的乘方" 又是怎样的呢？如果我们硬要用文字来表达乘法的重复的话，大概就是这样的。

"将 "将 "将 "向右转动 7 个刻度" 重复 7 次" 重复 7 次" 重复 7 次"

哎呦，眼都花了。那么指针会指向哪里呢？

实际的计算很简单，只要先进行一般的乘方运算之后再求余数就可以了。

$$
\begin{aligned}
7^4 \bmod 12 &= 7 \times 7 \times 7 \times 7 \bmod 12 \\
&= 2401 \bmod 12 \qquad （7 \times 7 \times 7 \times 7 \text{等于} 2401） \\
&= 1 \qquad\qquad （2401 \div 12 \text{等于} 200 \text{余} 1）
\end{aligned}
$$

上面我们是将 7^4 全部计算出来之后再求的 mod，如果在计算的中间步骤求 mod，结果也是一样的。例如 $7 \times 7 \times 7 \times 7 \bmod 12$ 也可以替换成两个 $7 \times 7 \bmod 12$ 的乘积。

$$
\begin{aligned}
7^4 \bmod 12 &= 7 \times 7 \times 7 \times 7 \bmod 12 \\
&= ((7 \times 7 \bmod 12) \times (7 \times 7 \bmod 12)) \bmod 12 \\
&= ((49 \bmod 12) \times (49 \bmod 12)) \bmod 12 \\
&= (1 \times 1) \bmod 12 \\
&= 1 \bmod 12 \\
&= 1
\end{aligned}
$$

在中间步骤求 mod，可以避免计算大整数的乘积。这种在计算过程中求 mod 来计算乘方的方法，也是 RSA 的加密和解密算法中所使用的方法。

5.5.6 对数

乘方的逆运算称为对数。在一般的数学中，求对数并不难，例如：

$$7^{\blacksquare} = 49$$

我们一眼就能看出■等于 2。即便数字很大，求对数也并不是很难。

时钟运算中的对数称为**离散对数**。例如：

$$7^{\blacksquare} \bmod 13 = 8$$

这里■应该等于几呢？像下面这样依次尝试一遍，我们就可以得到■等于 9。

$$7^0 \bmod 13 = 1$$
$$7^1 \bmod 13 = 7$$
$$7^2 \bmod 13 = 10$$
$$7^3 \bmod 13 = 5$$
$$7^4 \bmod 13 = 9$$
$$7^5 \bmod 13 = 11$$
$$7^6 \bmod 13 = 12$$
$$7^7 \bmod 13 = 6$$
$$7^8 \bmod 13 = 3$$
$$7^9 \bmod 13 = 8$$

当数字很大时，求离散对数非常困难，也非常耗时。能快速求出离散对数的算法到现在还没有被发现。Diffie-Hellman 密钥交换协议以及 ElGamal 公钥算法中就运用了离散对数。

5.5.7 从时钟指针到 RSA

指针转来转去想必大家已经被转累了，我们就先到此为止吧。

现在我们已经知道，mod 运算就是求余数的运算。刚才我们做了各种时钟运算，在这里希望大家记住的只有一点，那就是在遇到

$$7^4 \bmod 12$$

这样的算式时，不要慌，如果你能够将它理解为：

求 7 的 4 次方除以 12 的余数

那么你就已经为理解 RSA 做好准备了，因为 RSA 的加密和解密过程中所进行的正是这样的运算。

| 小测验 3　乘方的 mod | （答案见 5.11 节） |

求下列算式的结果。

$7^{16} \bmod 12$

5.6　RSA

公钥加密的密钥分为加密密钥和解密密钥，但这到底是怎样做到的呢？本节中我们来讲解现在使用最广泛的公钥密码算法——RSA。

5.6.1　什么是 RSA

RSA 是一种公钥密码算法，它的名字是由它的三位开发者，即 Ron Rivest、Adi Shamir 和 Leonard Adleman 的姓氏的首字母组成的（Rivest-Shamir-Adleman）。

RSA 可以被用于公钥密码和数字签名，关于数字签名我们将在第 9 章进行讲解。

1983 年，RSA 公司为 RSA 算法在美国取得了专利，但现在该专利已经过期。

5.6.2　RSA 加密

下面我们终于可以讲一讲公钥密码的代表——RSA 的加密过程了。

在 RSA 中，明文、密钥和密文都是数字。RSA 的加密过程可以用下列公式来表达，这个公式很重要，因此我们把它框起来。

| 密文 = 明文^E mod N　　　（RSA 加密） |

也就是说，RSA 的密文是对代表明文的数字的 E 次方求 mod N 的结果。换句话说，就是将明文和自己做 E 次乘法，然后将其结果除以 N 求余数，这个余数就是密文。

咦，就这么简单？

对，就这么简单。仅仅对明文进行乘方运算并求 mod 即可，这就是整个加密的过程。在对称密码中，出现了很多复杂的函数和操作，就像做炒鸡蛋一样将比特序列挪来挪去，还要进行 XOR 等运算才能完成，但 RSA 却不同，它非常简洁。

对了，加密公式中出现的两个数——E 和 N，到底都是什么数呢？RSA 的加密是求明文的 E 次方 mod N，因此只要知道 E 和 N 这两个数，任何人都可以完成加密的运算。所以说，E 和 N 是 RSA 加密的密钥，也就是说，**E 和 N 的组合就是公钥**。

不过，E 和 N 并不是随便什么数都可以的，它们是经过严密计算得出的。关于 E 和 N 需要具备怎样的性质，我们稍后再进行讲解。

顺便说一句，E 是加密（Encryption）的首字母，N 是数字（Number）的首字母。

有一个很容易引起误解的地方需要大家注意——E 和 N 这两个数并不是密钥对（公钥和私钥的密钥对）。E 和 N 两个数才组成了一个公钥，因此我们一般会写成"公钥是 (E, N)"或者"公钥是 $\{E, N\}$"这样的形式，将 E 和 N 用括号括起来。

现在大家应该已经知道，RSA 的加密就是"求 E 次方的 mod N"，接下来我们来看看 RSA 的解密。

5.6.3　RSA 解密

RSA 的解密和加密一样简单，可以用下面的公式来表达：

> **明文 = 密文^D mod N**　　　　（RSA 解密）

也就是说，对表示密文的数字的 D 次方求 mod N 就可以得到明文。换句话说，将密文和自己做 D 次乘法，再对其结果除以 N 求余数，就可以得到明文。

这里所使用的数字 N 和加密时使用的数字 N 是相同的。数 D 和数 N 组合起来就是 RSA 的解密密钥，因此 **D 和 N 的组合就是私钥**。只有知道 D 和 N 两个数的人才能够完成解密的运算[①]。

大家应该已经注意到，在 RSA 中，加密和解密的形式是相同的。加密是求"E 次方的 mod N"，而解密则是求"D 次方的 mod N"，这真是太美妙了。

当然，D 也并不是随便什么数都可以的，作为解密密钥的 D，和数字 E 有着相当紧密的联系。否则，用 E 加密的结果可以用 D 来解密这样的机制是无法实现的。

顺便说一句，D 是解密（Decryption）的首字母，N 是数字（Number）的首字母。

我们将上面讲过的内容整理一下，如表 5-2 所示。

表 5-2　RSA 的加密和解密

密钥对	公钥	数 E 和数 N	
	私钥	数 D 和数 N	
加密		密文 = 明文^E mod N	（明文的 E 次方除以 N 的余数）
解密		明文 = 密文^D mod N	（密文的 D 次方除以 N 的余数）

---

① 由于 N 是公钥的一部分，是公开的，因此单独将 D 称为私钥也是可以的。

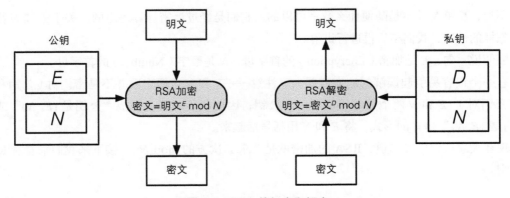

图 5-4　RSA 的加密和解密

5.6.4　生成密钥对

我们刚刚已经讲过，RSA 的加密是求"E 次方的 mod N"，解密是求"D 次方的 mod N"，那么这里需要用到的三个数——E、D 和 N 到底应该如何生成呢？

由于 E 和 N 是公钥，D 和 N 是私钥，因此求 E、D 和 N 这三个数就是**生成密钥对**。RSA 密钥对的生成步骤如下。

(1)　求 N
(2)　求 L（L 是仅在生成密钥对的过程中使用的数）
(3)　求 E
(4)　求 D

下面我们逐一来进行讲解。

很遗憾，本节中会出现很多数学公式，因为有些地方如果不用数学方法就无法解释。

想看具体计算过程的读者可以直接跳到 5.6.5 节，此外，如果对具体的计算过程也没有兴趣，则可以直接跳到 5.7 节。

(1) 求 N

首先准备两个很大的质数。

这两个很大的质数为 p 和 q。

p 和 q 太小的话，密码会变得容易破译，但太大的话计算时间又会变得很长。例如，假设 p 和 q 的大小都是 512 比特，相当于 155 位的十进制数字。

要求出这样大的质数，需要通过伪随机数生成器生成一个 512 比特大小的数，再判断这个数是不是质数。如果伪随机数生成器生成的数不是质数，就需要用伪随机数生成器重新生成另外一个数。

判断一个数是不是质数并不是看它能不能分解质因数，而是通过数学上的判断方法来完成[①]。

准备好两个很大的质数之后，我们将这两个数相乘，其结果就是数 N。也就是说，数 N 可以用下列公式来表达。

$$N = p \times q \qquad （p、q 为质数）$$

至于为什么一定要将两个数相乘，要回答这个问题需要一定的数学基础，因此在这里我们还是省略吧。

■■■ (2) 求 L

下面我们来求数 L。L 这个数在 RSA 的加密和解密过程中都不出现，它只出现在生成密钥对的过程中。

L 是 $p-1$ 和 $q-1$ 的最小公倍数（least common multiple，lcm）。如果用 lcm(X, Y) 来表示"X 和 Y 的最小公倍数"，则 L 可以写成下列形式。

$$L = \text{lcm}(p-1, q-1) \qquad （L 是 p-1 和 q-1 的最小公倍数）$$

■■■ (3) 求 E

下面我们来求数 E。

E 是一个比 1 大、比 L 小的数。此外，E 和 L 的最大公约数（greatest common divisor，gcd）必须为 1。如果用 gcd(X, Y) 来表示 X 和 Y 的最大公约数，则 E 和 L 之间存在下列关系。

$$1 < E < L$$
$$\text{gcd}(E, L) = 1 \qquad E 和 L 的最大公约数为 1（E 和 L 互质）$$

要找出满足 gcd(E, L) = 1 的数，还是要使用伪随机数生成器。通过伪随机数生成器在 $1 < E < L$ 的范围内生成 E 的候选数，然后再判断其是否满足 gcd(E, L) = 1 这个条件。求最大公约数可以使用欧几里得的辗转相除法。

简单来说，之所以要加上 E 和 L 的最大公约数为 1 这个条件，是为了保证一定存在解密时需要使用的数 D。

现在我们已经求出了 E 和 N，也就是说我们已经生成了密钥对中的公钥。

---

① 判断质数的方法包括费马测试和米勒·拉宾测试等。

■■■ (4) 求 D

下面我们来求数 D。

数 D 是由数 E 计算得到的。D、E 和 L 之间必须具备下列关系。

$1 < D < L$

$E \times D \bmod L = 1$

只要数 D 满足上述条件,则通过 E 和 N 进行加密的密文,就可以通过 D 和 N 进行解密。

$E \times D \bmod L = 1$ 这样的公式在上一节的时钟运算中也出现过(5.5.4 节)。要保证存在满足条件的 D,就需要保证 E 和 L 的最大公约数为 1,这也正是 (3) 中对 E 所要求的条件。

简单来说,$E \times D \bmod L = 1$ 保证了对密文进行解密时能够得到原来的明文。

现在我们已经求出了 D 和 N,也就是说我们也生成了密钥对中的私钥。

上面的内容中出现了很多符号和公式,我们先来整理一下(表 5-3、图 5-5)。

表 5-3　RSA 中密钥对的生成

(1) 求 N	(3) 求 E
用伪随机数生成器求 p 和 q,p 和 q 都是质数 $N = p \times q$	$1 < E < L$ $\gcd(E, L) = 1$;E 和 L 的最大公约数为 1(E 和 L 互质)
(2) 求 L	(4) 求 D
$L = \mathrm{lcm}(p-1, q-1)$;$L$ 是 $p-1$ 和 $q-1$ 的最小公倍数	$1 < D < L$ $E \times D \bmod L = 1$

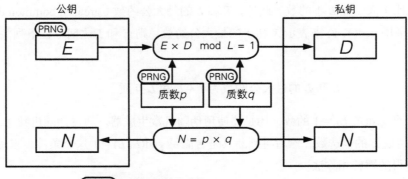

图 5-5　RSA 密钥对

5.6.5 具体实践一下吧

下面我们就用具体的数字来实践一下 RSA 的密钥对生成、加密以及解密的过程吧。不过，用很大的数计算起来会很困难，因此我们用较小的数来模拟一下。

密钥对生成

(1) 求 N

首先我们准备两个质数 p、q，这里我们选择 17 和 19，它们都是质数。

$p = 17$ 　　　　　　（17 是质数）
$q = 19$ 　　　　　　（19 是质数）

下面我们求 N。$N = p \times q$，因此可以进行如下计算。

$N = p \times q$
　$= 17 \times 19$ 　　　　（p 等于 17，q 等于 19）
　$= 323$

(2) 求 L

下面我们求 L。L 是 $p - 1$ 和 $q - 1$ 的最小公倍数。

$L = \text{lcm}\,(p - 1, q - 1)$
　$= \text{lcm}\,(16, 18)$ 　　　（$p - 1$ 等于 16，$q - 1$ 等于 18）
　$= 144$ 　　　　　　　（16 和 18 的最小公倍数）

(3) 求 E

下面我们求 E。E 和 L 的最大公约数必须是 1。

$\gcd(E, L) = 1$

满足条件的 E 有很多，例如下面这些数都可以。

5, 7, 11, 13, 17, 19, 23, 25, 29, 31, …

乍一看这些数好像都是质数，但其实并不是这样的，比如 25 就不是质数。这些数称为和 L "互质的数"，也就是相对于 L 是质数的意思。这里我们选择 5 来作为 E。

到这里我们已经知道 $E = 5$，$N = 323$，这就是公钥。

(4) 求 D

下面我们求 D。D 必须满足下列条件：

$$E \times D \bmod L = 1$$

我们来找一找，E 乘以几 mod L 等于 1 呢？ D = 29 可以满足上面的条件，因为：

$$
\begin{aligned}
E \times D \bmod L &= 5 \times 29 \bmod 144 \\
&= 145 \bmod 144 \\
&= 1
\end{aligned}
$$

到这里我们已经成功生成了密钥对，即：

公钥：

$E = 5$

$N = 323$

私钥：

$D = 29$

$N = 323$

公钥 (E, N) = (5, 323) 是可以任意公开的，但是私钥 (D, N) = (29, 323) 必须妥善保管，不能告诉任何人。

■■■ 加密

要加密的明文必须是小于 N 的数，也就是小于 323 的数，这是因为在加密运算中需要求 $\bmod N$[①]。这里我们假设要加密的明文是 123，加密时使用的是公钥 E = 5、N = 323。

$$
\begin{aligned}
\text{明文}^{E} \bmod N &= 123^5 \bmod 323 \qquad （明文为 123） \\
&= 225
\end{aligned}
$$

因此密文就是 225。

■■■ 解密

下面我们对密文 225 进行解密。解密时使用的是私钥 D = 29、N = 323。

$$
\begin{aligned}
\text{密文}^{D} \bmod N &= 225^{29} \bmod 323 \\
&= 123
\end{aligned}
$$

关于上述计算过程，请参考下面的专栏。

---

① 准确地说，由于解密运算时也需要求 $\bmod N$，而 $\bmod N$ 的结果必定小于 N，因此如果明文本身大于 N，则解密后无法得到正确的明文。——译者注

专栏：如何计算 225^{29} mod 323

用计算器计算 225^{29} mod 323 时，由于 225^{29} 的结果太大，我们无法得到正确的结果。下面我们来看看如何用 Windows 的科学计算器计算 225^{29} mod 323。

首先，我们知道：

$29 = 10 + 10 + 9$

则：

$225^{29} = 225^{10 + 10 + 9}$
$= 225^{10} \times 225^{10} \times 225^{9}$

虽然用 Windows 科学计算器也无法计算 225^{29}，但却可以计算 225^{10} 和 225^{9}。

$225^{10} = 3325256730079650887890625$
$225^{9} = 14778918800354003900625$

Windows 科学计算器还可以计算 mod。

225^{10} mod 323 = 3325256730079650887890625 mod 323 = 16 ……(1)
225^{9} mod 323 = 14778918800354003900625 mod 323 = 191 ……(2)

因此：

225^{29} mod 323 = $225^{10} \times 225^{10} \times 225^{9}$ mod 323

$= \underline{(225^{10} \text{ mod } 323)}_{(1)} \times \underline{(225^{10} \text{ mod } 323)}_{(1)} \times \underline{(225^{9} \text{ mod } 323)}_{(2)}$ mod 323

其中下划线部分的结果我们刚刚已经计算过了，剩下的就简单了。

$= 16 \times 16 \times 191 \text{ mod } 323$
$= 48896 \text{ mod } 323$
$= 123$

因此可得：

225^{29} mod 323 = 123

在实际的 RSA 运算中，可以将 29 转化为二进制来进行，从而提高运算效率。

5.7 对 RSA 的攻击

RSA 的加密是求"E 次方的 mod N",解密是求"D 次方的 mod N",原理非常简单。但是作为密码算法,机密性是最重要的,而 RSA 的机密性又如何呢?换句话说,密码破译者是不是也能够还原出明文呢?

这个问题非常重要,我们先来整理一下密码破译者知道的以及不知道的信息。

【密码破译者知道的信息】
- **密文**:可以通过窃听来获取
- **数 E 和 N**:公钥是公开的信息,因此密码破译者知道 E 和 N

【密码破译者不知道的信息】
- **明文**:需要破译的内容
- **数 D**:私钥中至少 D 是不知道的信息
- **其他**:密码破译者不知道生成密钥对时所使用的 p、q 和 L

下面我们来讨论一下 RSA 的破译方法。

5.7.1 通过密文来求得明文

RSA 的加密过程如下。

$$密文 = 明文^E \bmod N \quad (\text{RSA 加密})$$

由于密码破译者知道密文、E 和 N,那么有没有一种方法能够用 E 次方 mod N 之后的密文求出原来的明文呢?如果没有 mod N 的话,即:

$$密文 = 明文^E \bmod N$$

通过密文求明文的难度不大,因为这可以被看作是一个求对数的问题。

但是,加上 mod N 之后,求明文就变成了求离散对数的问题,这是非常困难的,因为人类还没有发现求离散对数的高效算法。

5.7.2 通过暴力破解来找出 D

只要能知道数 D,就能够对密文进行解密。因此,我们可以逐一尝试有可能作为 D 的数字来破译 RSA,也就是暴力破解法。暴力破解的难度会随着 D 的长度增加而变大,当 D 足够长时，就不可能在现实的时间内通过暴力破解找出数 D。

现在，RSA 中所使用的 p 和 q 的长度都是 1024 比特以上，N 的长度为 2048 比特以上。由于 E 和 D 的长度可以和 N 差不多，因此要找出 D，就需要进行 2048 比特以上的暴力破解。要在这样的长度下用暴力破解找出 D 是极其困难的。

5.7.3　通过 E 和 N 求出 D

密码破译者不知道 D，但是却知道公钥中的 E 和 N。在生成密钥对的过程中，D 原本也是由 E 通过一定的计算求出来的，那么密码破译者是否能够通过 E 来求出 D 呢？

不能。我们来回忆一下生成密钥对的方法（5.6.4 节），在 D 和 E 的关系式中：

$E \times D \bmod L = 1$

出现的数字是 L，而 L 是 lcm($p-1$, $q-1$)，因此由 E 计算 D 需要使用 p 和 q。但是密码破译者并不知道 p 和 q，因此不可能通过和生成密钥对时相同的计算方法来求出 D。

对于 RSA 来说，有一点非常重要，那就是**质数 p 和 q 不能被密码破译者知道**。把 p 和 q 交给密码破译者与把私钥交给密码破译者是等价的。

■■■■ 对 N 进行质因数分解攻击

p 和 q 不能被密码破译者知道，但是 $N = p \times q$，而且 N 是公开的，那么能不能由 N 求出 p 和 q 呢？p 和 q 都是质数，因此由 N 求 p 和 q 只能通过**将 N 进行质因数分解**来完成。我们可以说：

一旦发现了对大整数进行质因数分解的高效算法，RSA 就能够被破译

如果能够快速地对大整数进行质因数分解，就能够将 N 分解成质因数 p 和 q，然后就可以求出 D，这是事实。

然而，现在我们还没有发现对大整数进行质因数分解的高效算法，而且也尚未证明质因数分解是否真的是非常困难的问题，甚至也不知道是否存在一种分解质因数的简单方法。

■■■■ 通过推测 p 和 q 进行攻击

即便不进行质因数分解，密码破译者还是有可能知道 p 和 q。

由于 p 和 q 是通过伪随机数生成器产生的，如果伪随机数生成器的算法很差，密码破译者就有可能推测出来 p 和 q，因此使用能够被推测出来的随机数是非常危险的。

■■■■ 其他攻击

只要对 N 进行质因数分解并求出 p 和 q，就能够求出 D。

但是至于"求 D"与"对 N 进行质因数分解"是否是等价的，这个问题需要通过数学方法证明。2004 年 Alexander May 证明了"求 D"与"对 N 进行质因数分解"在确定性多项式时间内是等价的 [1]。

这样的方法目前还没有出现，而且我们也不知道是否真的存在这样的方法。

5.7.4　中间人攻击

下面我们来介绍一种名为**中间人攻击**（man-in-the-middle attack）的攻击方法。这种方法虽然不能破译 RSA，但却是一种针对机密性的有效攻击。

所谓中间人攻击，就是主动攻击者 Mallory 混入发送者和接收者的中间，对发送者伪装成接收者，对接收者伪装成发送者的攻击方式，在这里，Mallory 就是"中间人"。

请看图 5-6。现在，发送者 Alice 准备向接收者 Bob 发送一封邮件，为了解决密钥配送问题，他们使用了公钥密码。Mallory 位于通信路径中，我们假设他能够任意窃听或篡改邮件的内容，也可以拦截邮件使对方无法接收到。

(1) Alice 向 Bob 发送邮件索取公钥。

　　"To Bob：请把你的公钥发给我。From Alice"

(2) Mallory 通过窃听发现 Alice 在向 Bob 索取公钥。

(3) Bob 看到 Alice 的邮件，并将自己的公钥发送给 Alice。

　　"To Alice：这是我的公钥。From Bob"

(4) Mallory 拦截 Bob 的邮件，使其无法发送给 Alice。然后，他悄悄地将 Bob 的公钥保存起来，他稍后会用到 Bob 的公钥。

(5) Mallory 伪装成 Bob，将自己的公钥发送给 Alice。

　　"To Alice：这是我的公钥。From Bob"（其实是 Mallory）

(6) Alice 将自己的消息用 Bob 的公钥（其实是 Mallory 的公钥）进行加密。

　　"To Bob：我爱你。From Alice"

　　但是，Alice 所持有的并非 Bob 的公钥而是 Mallory 的公钥，因此 Alice 是用 Mallory 的公钥对邮件进行加密的。

(7) Alice 将加密后的消息发送给 Bob。

(8) Mallory 拦截 Alice 的加密邮件。这封加密邮件是用 Mallory 的公钥进行加密的，因此 Mallory 能够对其进行解密，于是 Mallory 就看到了 Alice 发给 Bob 的情书。

(9) Mallory 伪装成 Alice 写一封假的邮件。

　　"To Bob：我讨厌你。From Alice"（其实是 Mallory）

---

[1]　Computing the RSA Secret Key is Deterministic Polynomial Time Equivalent to Factoring

　　然后，他用 (4) 中保存下来的 Bob 的公钥对这封假邮件进行加密，并发送给 Bob。

(10) Bob 用自己的私钥对收到的邮件进行解密，然后他看到消息的内容是：

　　"To Bob：我讨厌你。From Alice"

　　他伤心极了。

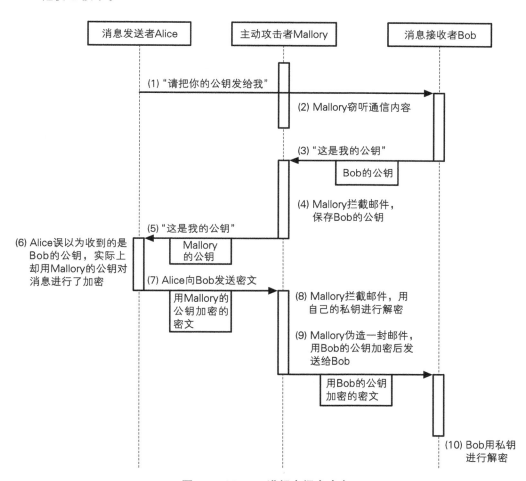

图 5-6　Mallory 进行中间人攻击

　　上述过程可以反复多次，Bob 向 Alice 发送加密邮件时也可能受到同样的攻击，因此 Bob 即便要发邮件给 Alice 以询问她真正的想法，也会被 Mallory 随意篡改。

　　这种攻击不仅针对 RSA，而是可以针对任何公钥密码。在这个过程中，公钥密码并没有被破译，所有的密码算法也都正常工作并确保了机密性。然而，所谓的机密性并非在 Alice 和 Bob 之间，而是在 Alice 和 Mallory 之间，以及 Mallory 和 Bob 之间成立的。仅靠公钥密码本身，是无法防御中间人攻击的。

我们好不容易用公钥密码解决了密钥配送问题，真是一波未平一波又起。要防御中间人攻击，还需要一种手段来确认所收到的公钥是否真的属于 Bob，这种手段称为认证。在这种情况下，我们可以使用公钥的**证书**。关于证书，我们会在第 10 章进行探讨。

5.7.5　选择密文攻击

在研究密码算法的强度时，我们会假设攻击者有能力获得一些关键信息。比如，一般我们都会假设攻击者已经知道我们所使用的密码算法，只是不知道密钥而已。

在**选择密文攻击**（Chosen Ciphertext Attack）中，我们假设攻击者可以使用这样一种服务，即 "发送任意数据，服务器都会将其当作密文来解密并返回解密的结果"，这种服务被称为**解密提示**（Decryption Oracle）。当然，上面提到的 "任意数据" 并不包括攻击者试图攻击的那一段密文本身。能够利用解密提示，对于攻击者来说是一个非常有利的条件。因为他可以生成各种不同的数据，并让解密提示来尝试解密，从而获得与生成想要攻击的密文时使用的密钥以及明文有关的部分信息。反过来说，如果一种密码算法能够抵御选择密文攻击，则我们就可以认为这种算法的强度很高。

也许大家会觉得攻击者能使用解密提示这种假设太荒唐，其实并非如此。网络上很多服务器在收到格式不正确的数据时都会向通信对象返回错误消息，并提示 "这里的数据有问题"。然而，在使用密码进行通信的情况下，这种看似很贴心的设计却会让攻击者有机可乘。攻击者可以向服务器反复发送自己生成的伪造密文，并通过分析服务器返回的错误消息和响应时间获得一些关于密钥和明文的信息。在上述场景中，服务器的行为实际上已经十分接近于解密提示了。

当然，通过选择密文攻击并不能破译 RSA。但是研究者发现，通过选择密文攻击，攻击者能够获得关于密文所对应的明文的少量信息。

那么我们来思考一下，如何改进 RSA 才能抵御选择密文攻击呢？只要我们在解密时能够判断 "密文是否是由知道明文的人通过合法的方式生成的" 就可以了。换句话说，也就是对密文进行 "认证"。**RSA-OAEP**（Optimal Asymmetric Encryption Padding，最优非对称加密填充）正是基于上述思路设计的一种 RSA 改良算法（RFC2437）。

RSA-OAEP 在加密时会在明文前面填充一些认证信息，包括明文的散列值以及一定数量的 0，然后再对填充后的明文用 RSA 进行加密。在 RSA-OAEP 的解密过程中，如果在 RSA 解密后的数据的开头没有找到正确的认证信息，则可以断定 "这段密文不是由知道明文的人生成的"，并返回一条固定的错误消息 "decryption error"（这里的重点是，不能将具体的错误内容告知发送者）。这样一来，攻击者就无法通过 RSA-OAEP 的解密提示获得有用的信息，因此这一算法能够抵御选择密文攻击。在 RSA-OAEP 的实际运用中，还会通过随机数使得每次生成的密文呈现不同的排列方式，从而进一步提高安全性。

5.8　其他公钥密码

RSA 是现在最为普及的一种公钥密码算法，但除了 RSA 之外，还有很多其他的公钥密码。下面我们简单介绍一下 ElGamal 方式、Rabin 方式以及椭圆曲线密码。这些密码都可以被用于一般的加密和数字签名。

5.8.1　ElGamal 方式

ElGamal 方式是由 Taher ElGamal 设计的公钥算法。RSA 利用了质因数分解的困难度，而 ElGamal 方式则利用了 mod N 下求离散对数的困难度。

ElGamal 方式有一个缺点，就是经过加密的密文长度会变为明文的两倍。密码软件 GnuPG 中就支持这种方式。

5.8.2　Rabin 方式

Rabin 方式是由 M.O.Rabin 设计的公钥算法。Rabin 方式利用了 mod N 下求平方根的困难度。上文中我们提到了破解 RSA 有可能不需要通过对大整数 N 进行质因数分解，而破译 Rabin 方式公钥密码的困难度与质因数分解则是相当的，这一点已经得到了证明。

5.8.3　椭圆曲线密码

椭圆曲线密码（Elliptic Curve Cryptography，ECC）是最近备受关注的一种公钥密码算法。它的特点是所需的密钥长度比 RSA 短。

椭圆曲线密码是通过将椭圆曲线上的特定点进行特殊的乘法运算来实现的，它利用了这种乘法运算的逆运算非常困难这一特性。关于椭圆曲线密码的详细内容，请参考附录。

5.9　关于公钥密码的 Q&A

在本节中，我们将通过问答的形式解答一些疑问，这里主要选择了一些容易被误解的点。

5.9.1 公钥密码的机密性

▉▉▉ 疑问

公钥密码比对称密码的机密性更高吗?

▉▉▉ 回答

这个问题无法回答,因为机密性的高低是根据密钥长度而变化的。

5.9.2 公钥密码与对称密码的密钥长度

▉▉▉ 疑问

密钥长度为 256 比特的对称密码 AES,与密钥长度为 1024 比特的公钥密码 RSA 相比,RSA 的安全性更高吗?

▉▉▉ 回答

不是。

公钥密码的密钥长度不能直接与对称密码的密钥长度进行比较,而且对不同密码算法的强度进行比较本来就不是一件容易的事。

尽管如此,在将对称密码和公钥密码结合起来使用的场景中,我们还是希望使两者的强度保持一定的平衡。很多密码系统中都会给出一些密码算法的理想组合方式,并打包成密码套件(cipher suite)。

在强度相对均衡的前提下,AES 的密钥长度和 RSA 的密钥长度的对比如表 5-4 所示(数据基于 NIST[①] 的密码强度比较表),大家不妨参考一下。通过这张表我们可以看出,密钥长度为 256 比特的 AES,与密钥长度为 15360 比特的 RSA 具备均衡的强度。

表 5-4 强度相对均衡的前提下,AES 密钥长度与 RSA 密钥长度的比较

表 5-4 具备同等抵御暴力破解强度的密钥长度比较

对称密码 AES	公钥密码 RSA
128	3072
192	7680
256	15360

---

① NIST Special Publication 800-57, Recommendation for Key Management

5.9.3 对称密码的未来

■■■ 疑问

因为已经有了公钥密码，今后对称密码会消失吗？

■■■ 回答

不会。

一般来说，在采用具备同等机密性的密钥长度的情况下，公钥密码的处理速度只有对称密码的几百分之一。因此，公钥密码并不适用来对很长的消息内容进行加密。根据目的的不同，还可能会配合使用对称密码和公钥密码，例如，我们将在第 6 章中介绍的混合密码系统就是将这两种密码组合而成的。

5.9.4 RSA 与质数

■■■ 疑问

随着越来越多的人在不断地生成 RSA 的密钥对，质数会不会被用光呢？

■■■ 回答

不需要担心。

512 比特能够容纳的质数的数量大约为 10 的 150 次方，这个数量比整个宇宙中原子的数量还要多。

我们假设世界上有 100 亿人，每个人每秒生成 100 亿个密钥对，那么在经过 100 亿年之后会生成多少个密钥对呢？

1 年最多就是 366 天，也就是 $366 \times 24 \times 60 \times 60 = 31622400$ 秒，因此：

100 亿人 × 100 亿个 × 31622400 秒 × 100 亿年
= 31622400000000000000000000000000000000 个

这个数量比 10 的 39 次方还少，和 512 比特能够容纳的质数的数量，即 10 的 150 次方相比还相差甚远。

别人生成的质数组合和自己生成的质数组合偶然撞车的可能性，事实上也可以认为是没有的。

5.9.5 RSA 与质因数分解

▩▩▩ 疑问

RSA 加密的过程中，需要对大整数进行质因数分解吗？

▩▩▩ 回答

不需要。

RSA 在加密、解密、密钥对生成的过程中都不需要对大整数进行质因数分解。

只有在需要由数 N 求 p 和 q 的密码破译过程中才需要对大整数进行质因数分解，因此 RSA 的设计是将质因数分解这种困难的问题留给了密码破译者。

▩▩▩ 疑问

RSA 的破译与大整数的质因数分解是等价的吗？

▩▩▩ 回答

2004 年 Alexander May 证明了求 RSA 的私钥和对 N 进行质因数分解是等价的。

5.9.6 RSA 的长度

▩▩▩ 疑问

要抵御质因数分解，N 的长度需要达到多少比特呢？

▩▩▩ 回答

N 无论有多长，总有一天都能够被质因数分解，因此现在的问题是，在现实的时间内 N 是否能够被质因数分解。随着计算机性能的提高，对一定长度的整数进行质因数分解所需要的时间会逐步缩短，如果大型组织或者国家投入其计算资源，则时间还会进一步缩短。

在这一方面，一组被称为"RSA 数"的整数可以作为参考。这些整数是截至 2007 年当时的 RSA 公司所举办的 RSA Challenge 活动中给出的题目，可以作为衡量质因数分解难度的一个指标。

RSA Challenge 到 2007 年就结束了，截至 2009 年，有公开纪录的被成功分解的最长的 RSA 数为 RSA-768，就是下面这个 232 位的整数。

```
123018668453011775513049495838496272077728
535695953347921973224521517264005072636573
5187452021997864693899564749427740638459292
5192557326303453731548268507917026122142913
46167042921431160222124047927473779408
66535141959745985690214341
```

这个数是以下两个数的乘积。

```
33478071698956898786044169848212690817704
794983713768568912431388982883793878002287
6147116525317430877378144467999489
```

```
367460436667995904282446337996279526322791
581643430876426760322838157396665112792333
73417143396810270092798736308917
```

当然，有些人或者组织在成功分解 RSA 数之后未必会将其公布出来，因此上面的证据只能说明"这么长的数能够被分解"，而不能说明"比这个更长的数就不能被分解"。

虽然只是一种预测，但在投入非常大量的计算资源的情况下，现在可能已经能够分解长度为 1024 比特的整数了，但是长度为 2048 比特的整数目前看来还是安全的。因此，在一段时期内，下面这个 RSA-2048（617 位）的整数应该是不大可能被分解的。

```
25195908475657893494027183240048398571429
28212620403202777713783604366202070759555
62640185258807844069182906412495150821892
98559149176184502808489120072844992687392
80728777673597141834727026189637501497182
46911650776133798590957000973304597488084
28401797429100642458691817195118746121515
17265463228221686998754918242243363725908
51418654620435767984233871847744479207399
34236584823824281198163815010674810451660
37730605620161967625613384414360383390441
49526344321901146575444541784240209246165
15723350778707749817125772467962926386356
37328991215483143816789885040445364023527
38195137863656439121201039712282212072037
57
```

顺便一提，随着计算机技术的进步等，以前被认为是安全的密码会被破译，这一现象称为**密码劣化**。针对这一点，NIST SP800-57 中给出了如下方针。

- 1024 比特的 RSA 不应被用于新的用途

- 2048 比特的 RSA 可在 2030 年之前被用于新的用途
- 4096 比特的 RSA 在 2031 年之后仍可被用于新的用途

在第 13 章中将要介绍的 GnuPG 2.1.4 中，默认的 RSA 密钥长度就是 2048 比特。

5.10　本章小结

本章中我们学习了公钥密码以及其代表性的实现方法——RSA。

使用公钥密码能够解决密钥配送问题。公钥密码是密码学界的一项革命性的发明，现代计算机和互联网中所使用的密码技术都得益于公钥密码。

对称密码通过将明文转换为复杂的形式来保证其机密性，相对地，公钥密码则是基于数学上困难的问题来保证机密性的。例如 RSA 就利用了大整数的质因数分解问题的困难度。因此，对称密码和公钥密码源于两种根本不同的思路。

尽管公钥密码解决了密钥配送问题，但针对公钥密码能够进行中间人攻击。要防御这种攻击，就需要回答"这个公钥是否属于合法的通信对象"这一问题，关于这个话题我们会在第 9 章和第 10 章进行讲解。

即使已经有了公钥密码，对称密码也不会消失。公钥密码的运行速度远远低于对称密码，因此在一般的通信过程中，往往会配合使用这两种密码，即用对称密码提高处理速度，用公钥密码解决密钥配送问题。这样的方式称为混合密码系统，关于混合密码系统我们会在下一章详细介绍。

小测验 4　公钥密码的基础知识　　　　　　　　　　　　　（答案见 5.11 节）

下列说法中，请在正确的旁边画○，错误的旁边画 ×。

(1) 用公钥密码加密时需要接收者的公钥。

(2) 要对用公钥密码加密的密文进行解密，需要公钥密码的私钥。

(3) 公钥密码的私钥需要和加密后的消息一起被发送给接收者。

(4) 一般来说，对称密码的速度比公钥密码要快。

(5) 如果能够发现一种快速进行质因数分解的算法，就能够快速破译 RSA。

5.11 小测验的答案

小测验 1 的答案：密钥分配中心的处理 （5.3.3 节）

这是因为如果将 Bob 的密钥交给 Alice，从此之后（即在本次通信结束之后）Alice 就能够对用 Bob 的密钥加密的密文进行解密。也就是说，对于 Bob 来说，Alice 有可能成为一个窃听者。

小测验 2 的答案：两个密码算法 （5.3.5 节）

Alice 的方法没有解决三重 DES 的密钥配送问题。

的确，将 AES 密钥通过三重 DES 加密后再发送的话，加密后的 AES 密钥就不怕被窃听。但是，我们还是需要配送加密 AES 密钥时使用的那个密钥（三重 DES 的密钥），否则接收者就无法解密 AES 密钥。

Alice 的方法只是把问题转移了而已，并没有真正解决密钥配送问题。

小测验 3 的答案：乘方的 mod （5.5.7 节）

答案是 1。

可以通过下面两种方法来计算。

(a) 直接计算的解法

$$7^{16} \bmod 12 = 7 \times 7 \times 7 \times 7 \times 7 \times 7 \times 7 \times 7 \times 7 \times 7 \times 7 \times 7 \times 7 \times 7 \times 7 \times 7 \bmod 12$$
$$= 33232930569601 \bmod 12$$
$$= 1$$

(b) 少许聪明一些的快速解法

如果直接计算 7^{16}，结果的位数就会很多，而实际上在 mod 的计算中，通过在计算过程中不断求 mod 也可以得到一样的结果（证明过程在这里省略）。因此，我们可以将 16 次方分解成 4 个 4 次方的计算：

$$7^{16} \bmod 12 = ((7^4 \bmod 12) \times (7^4 \bmod 12) \times (7^4 \bmod 12) \times (7^4 \bmod 12)) \bmod 12$$

而 $7^4 \bmod 12$ 我们已经在之前计算过了，结果等于 1，因此：

$$7^{16} \bmod 12 = (1 \times 1 \times 1 \times 1) \bmod 12$$
$$= 1 \bmod 12$$
$$= 1$$

于是我们得到结果为 1。

这样一来，我们就可以快速地计算出乘方的 mod，而这样的方法也被实际运用在了 RSA 密码的计算过程中。

小测验 4 的答案：公钥密码的基础知识 （5.10 节）

○ (1) 用公钥密码加密时需要接收者的公钥。

正确。公钥密码是使用接收者的公钥来进行加密的。

○ (2) 要对用公钥密码加密的密文进行解密，需要公钥密码的私钥。

正确。只有拥有公钥密码的私钥的人才能够进行解密。

× (3) 公钥密码的私钥需要和加密后的消息一起被发送给接收者。

公钥密码的私钥由接收者持有，不能将其发送给别人。

○ (4) 一般来说，对称密码的速度比公钥密码要快。

正确。一般来说，对称密码的速度比公钥密码要快。

○ (5) 如果能够发现一种快速进行质因数分解的算法，就能够快速破译 RSA。

正确。

第6章

混合密码系统——用对称密码提高速度，用公钥密码保护会话密钥

6.1 混合动力汽车

在介绍混合密码系统之前，我们先来说说混合动力汽车。混合动力汽车同时装备了电动机和发动机两种动力系统。

电动机由电池驱动，发动机由汽油驱动。当速度较慢时，汽车由电动机驱动，能够安静地行驶。当速度加快时，动力切换到发动机，以便输出更强大的动力。当踩下刹车时，损失的能量中的一部分能够被回收并用来对电池进行充电。

混合动力汽车将电动机和发动机两种不同的动力融合在一起，从而发挥了两种动力各自的优势。

6.2 本章学习的内容

我们在第 3 章和第 4 章中学习了对称密码，在第 5 章中学习了公钥密码，而本章中我们则将学习由两者相结合而成的混合密码系统。

混合密码系统用对称密码来加密明文，用公钥密码来加密对称密码中所使用的密钥。通过使用混合密码系统，就能够在通信中将对称密码和公钥密码的优势结合起来。

6.3 混合密码系统

6.3.1 对称密码与公钥密码

通过使用对称密码，我们就能够在通信中确保机密性。然而要在实际中运用对称密码，就必须解决密钥配送问题。

而通过使用第 5 章中介绍的公钥密码，就可以避免解密密钥的配送，从而也就解决了对称密码所具有的密钥配送问题。

但是，公钥密码还有两个很大的问题。

(1) 公钥密码的处理速度远远低于对称密码。

(2) 公钥密码难以抵御中间人攻击。

本章中介绍的混合密码系统就是解决上述问题 (1) 的方法。而要解决问题 (2)，则需要对公钥进行认证。关于认证的方法，我们将在第 10 章进行介绍。

6.3.2 混合密码系统

混合密码系统（hybrid cryptosystem）是将对称密码和公钥密码的优势相结合的方法。一般情况下，将两种不同的方式相结合的做法就称为混合（hybrid）。用混合动力汽车来类比的话，就相当于是一种将发动机（对称密码）和电动机（公钥密码）相结合的系统。

混合密码系统中会先用快速的对称密码来对消息进行加密，这样消息就被转换为了密文，从而也就保证了消息的机密性。然后我们只要保证对称密码的密钥的机密性就可以了。这里就轮到公钥密码出场了，我们可以用公钥密码对加密消息时使用的对称密码的密钥进行加密。由于对称密码的密钥一般比消息本身要短，因此公钥密码速度慢的问题就可以忽略了。

将消息通过对称密码来加密，将加密消息时使用的密钥通过公钥密码来加密，这样的两步密码机制就是混合密码系统的本质。

下面我们来罗列一下混合密码系统的组成机制。

- 用对称密码加密消息
- 通过伪随机数生成器生成对称密码加密中使用的会话密钥
- 用公钥密码加密会话密钥
- 从混合密码系统外部赋予公钥密码加密时使用的密钥

混合密码系统运用了伪随机数生成器、对称密码和公钥密码这三种密码技术。正是通过这三种密码技术的结合，才创造出了一种兼具对称密码和公钥密码优点的密码方式。

用混合密码系统可以进行加密和解密两种操作（图 6-1）。

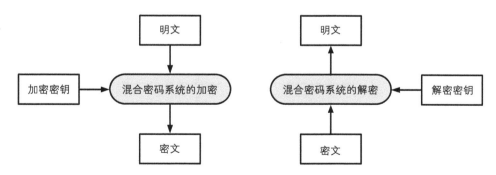

图 6-1　混合密码系统的加密和解密

以下各节中，我们将按顺序讲解混合密码系统的加密和解密过程。

6.3.3 加密

混合密码系统的加密过程如图 6-2 所示。

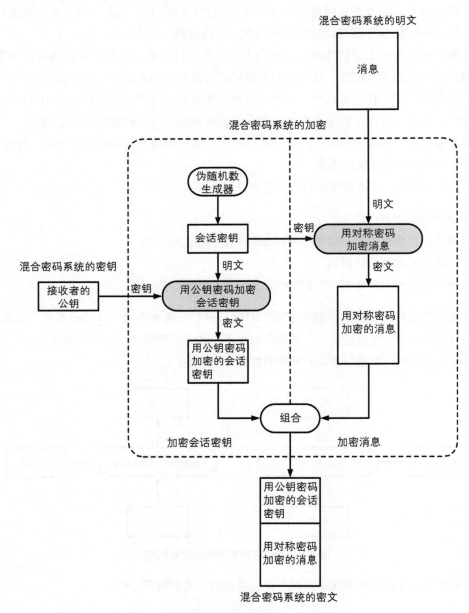

图 6-2 混合密码系统的加密

这张图乍看起来很复杂，我们来仔细解释一下。

■■■ 明文、密钥、密文

首先看中间虚线围成的大方框，这里就是混合密码系统的加密部分。

上面标有"消息"的方框就是混合密码系统中的明文，左边标有"接收者的公钥"的方框就是混合密码系统中的密钥，而下面标有"用公钥密码加密的会话密钥"和"用对称密码加密的消息"所组成的方框，就是混合密码系统中的密文。

■■■ 加密消息

中间的大虚线方框分成左右两部分。

右半部分是"加密消息"的部分（对称密码），左半部分是"加密会话密钥"的部分（公钥密码）。

消息的加密方法和对称密码的一般加密方法相同，当消息很长时，则需要使用第 4 章中介绍的分组密码的模式。即便是非常长的消息，也可以通过对称密码快速完成加密。这就是右半部分所进行的处理。

■■■ 加密会话密钥

左半部分进行的是会话密钥的生成和加密操作。

会话密钥（session key）是指为本次通信而生成的临时密钥，它一般是通过伪随机数生成器产生的。伪随机数生成器所产生的会话密钥同时也会被传递给右半部分，作为对称密码的密钥使用。

接下来，通过公钥密码对会话密钥进行加密，公钥密码加密所使用的密钥是接收者的公钥。

会话密钥一般比消息本身要短。以一封邮件的加密为例，消息就是邮件的正文，长度一般为几千个字节，而会话密钥则是对称密码的密钥，最多也就是十几个字节。因此即使公钥加密速度很慢，要加密一个会话密钥也花不了多少时间。

好，我们已经讲解了图 6-2 中的几个重点部分。会话密钥的处理方法是混合密码系统的核心，一言以蔽之：

会话密钥是对称密码的密钥，同时也是公钥密码的明文

请大家一定要理解会话密钥的双重性，因为将对称密码和公钥密码两种密码方式相互联系起来的正是会话密钥。

■■■ 组合

如果上面的内容都理解了，剩下的就简单多了。

我们从右半部分可以得到"用对称密码加密的消息",从左半部分可以得到"用公钥密码加密的会话密钥",然后我们将两者组合起来。所谓组合,就是把它们按顺序拼在一起。

组合之后的数据就是混合密码系统整体的密文。

6.3.4　解密

理解了加密之后,解密也就不难理解了。混合密码系统的解密过程如图 6-3 所示。

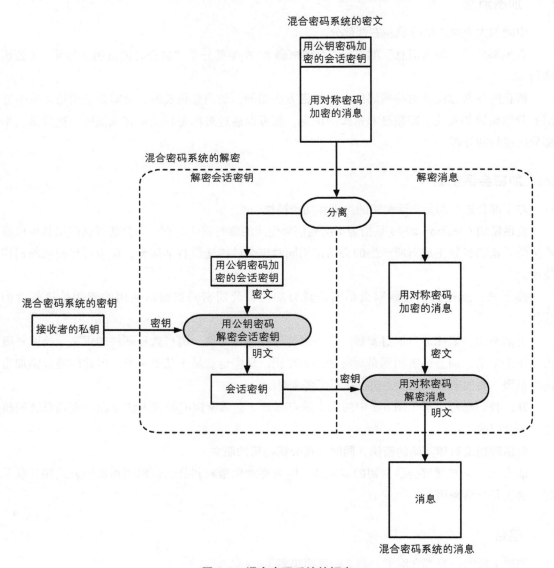

图 6-3　混合密码系统的解密

■■■■ 分离

混合密码系统的密文是由"用公钥密码加密的会话密钥"和"用对称密码加密的消息"组合而成的，因此我们首先需要将两者分离。只要发送者和接收者事先约定好密文的结构，将两者分离的操作就很容易完成。

■■■■ 解密会话密钥

会话密钥可以用公钥密码进行解密，为此我们就需要解密密钥，也就是接收者的私钥。除了持有私钥的人以外，其他人都不能够解密会话密钥。

解密后的会话密钥将被用作解密消息的密钥。

■■■■ 解密消息

消息可以使用对称密码进行解密，解密的密钥就是刚刚用公钥密码解密的会话密钥。

上述流程正好是"混合密码系统的加密"的逆操作，请大家自己确认一下。

6.3.5 混合密码系统的具体例子

混合密码系统解决了公钥密码速度慢的问题，并通过公钥密码解决了对称密码的密钥配送问题。

著名的密码软件 PGP、以及网络上的密码通信所使用的 SSL/TLS 都运用了混合密码系统。

PGP 的处理除了这里介绍的混合密码系统之外，还包括数字签名、数字签名认证以及私钥管理等处理。PGP 处理的流程图比混合密码系统要复杂很多，但却非常有意思，具体内容我们在第 13 章进行探讨。

6.4 怎样才是高强度的混合密码系统

怎样才算是高强度的混合密码系统呢？混合密码系统运用了伪随机数生成器、对称密码和公钥密码，因此其中每一种技术要素的强度都必须很高。然而实际上还不仅如此，这些技术要素之间的强度平衡也非常重要。

6.4.1 伪随机数生成器

混合密码系统中，伪随机数生成器被用于产生会话密钥。如果伪随机数生成器的算法很差，生成的会话密钥就有可能被攻击者推测出来。

会话密钥中哪怕只有部分比特被推测出来也是很危险的，因为会话密钥的密钥空间不大，很容易通过暴力破解来发动攻击。关于针对伪随机数生成器的攻击方法，我们将在第 12 章详细讨论。

6.4.2　对称密码

混合密码系统中，对称密码被用于加密消息。当然，我们需要使用高强度的对称密码算法，并确保密钥具有足够的长度。此外，我们还需要选择使用合适的分组密码模式。

6.4.3　公钥密码

混合密码系统中，公钥密码被用于加密会话密钥。我们需要使用高强度的公钥密码算法，并确保密钥具有足够的长度。

6.4.4　密钥长度的平衡

混合密码系统中运用了对称密码和公钥密码两种密码方式，无论其中任何一方的密钥过短，都可能遭到集中攻击，因此对称密码和公钥密码的密钥长度必须具备同等的强度。

然而，考虑到长期运用的情况，公钥密码的强度应该要高于对称密码，因为对称密码的会话密钥被破译只会影响本次通信的内容，而公钥密码一旦被破译，从过去到未来的（用相同公钥加密的）所有通信内容就都能够被破译了。

6.5　密码技术的组合

本章中介绍的混合密码系统是将对称密码和公钥密码相结合，从而构建出一种同时发挥两者优势的系统。密码技术的组合经常被用于构建一些实用的系统。

例如，第 4 章中介绍的**分组密码模式**，就是将只能加密固定长度的数据的分组密码进行组合，从而使其能够对更长的明文进行加密的方法。通过采用不同的分组密码组合方式，我们就可以构建出各种具有不同特点的分组密码模式。

三重 DES 是将 3 个 DES 组合在一起，从而形成的一种密钥比 DES 更长的对称密码。通过加密 – 解密 – 加密这样的连接方式，不但可以维持和 DES 的兼容性，同时还能够选择性地使用 DES-EDE2 这种密钥长度较短的密码。

对称密码的内部也存在一些有趣的结构。例如第 3 章中介绍的 Feistel 网络，不管轮函数的性质如何，它都能够保证密码被解密。

在本书剩下的章节中，还会出现一些由多种技术组合而成的技术，我们来做个简单的介绍。

数字签名，是由单向散列函数和公钥密码组合而成的。

证书，是由公钥和数字签名组合而成的。

消息认证码，是由单向散列函数和密钥组合而成的，也可以通过对称密码来生成。

伪随机数生成器，可以使用对称密码、单向散列函数或者公钥密码来构建。

还有一些很神奇的系统，例如电子投票、能够在不知道内容的情况下签名的盲签名（blind signature）、在不将信息发送给对方的前提下证明自己拥有该信息的零知识证明（zero-knowledge proof）等，它们都是以密码技术为基础进行组合而成的。

6.6　本章小结

本章中我们学习了将对称密码和公钥密码的优势相结合而成的混合密码系统。

到此为止，我们已经了解了密码这一保证机密性的技术，然而，密码技术所保护的不仅仅是机密性。

从下一章开始，我们将学习确认消息完整性、进行认证以及防止否认的技术。我们首先要介绍的是被用于确认消息完整性的单向散列函数。

小测验 1　混合密码系统的基础知识　　　　　　　　　　　　　　　　（答案见 6.7 节）

下列关于混合密码系统的说法中，请在正确的旁边画○，错误的旁边画 ×。

(1) 混合密码系统是用对称密码对消息进行加密的。

(2) 混合密码系统是用公钥密码的私钥对对称密码的密钥进行加密的。

(3) 由于会话密钥已经通过公钥密码进行了加密，因此会话密钥的长度较短也没有问题。

(4) 混合密码系统的解密过程是按照"公钥密码解密"→"对称密码解密"的顺序来进行处理的。

6.7　小测验的答案

小测验 1 的答案：混合密码系统的基础知识　　　　　　　　　　　　　　（6.6 节）

○ (1) 混合密码系统是用对称密码对消息进行加密的。

× (2) 混合密码系统是用公钥密码的私钥对对称密码的密钥进行加密的。

　　　在加密对称密码的密钥时，使用的是公钥密码的公钥。

× (3) 由于会话密钥已经通过公钥密码进行了加密，因此会话密钥的长度较短也没有问题。

　　　如果会话密钥的密钥长度过短，就会增加通过暴力破解来攻破对称密码的风险。

○ (4) 混合密码系统的解密过程是按照 "公钥密码解密" → "对称密码解密" 的顺序来进行处理的。

　　　正确。首先由公钥密码解密得到会话密钥，然后用得到的会话密钥通过对称密码解密来得到消息。

第 2 部分

认证

第**7**章

单向散列函数
——获取消息的"指纹"

"用你的放大镜看看吧，福尔摩斯先生。"

"我正用放大镜看着呢。"

"你知道大拇指的指纹没有两个同样的。"

"我听说过类似这样的话。"

"那好，请你把墙上的指纹和今天早上我命令从麦克法兰的右手大拇指上取来的蜡指纹比一比吧。"

——柯南·道尔《诺伍德的建筑师》

雷斯垂德警官与夏洛克·福尔摩斯的一段对话

7.1　本章学习的内容

在刑事侦查中，侦查员会用到**指纹**。通过将某个特定人物的指纹与犯罪现场遗留的指纹进行对比，就能够知道该人物与案件是否存在关联。

针对计算机所处理的消息，有时候我们也需要用到"指纹"。当需要比较两条消息是否一致时，我们不必直接对比消息本身的内容，只要对比它们的"指纹"就可以了。

本章中，我们将学习单向散列函数的相关知识。使用单向散列函数就可以获取消息的"指纹"，通过对比"指纹"，就能够知道两条消息是否一致。

下面，我们会先简单介绍一下单向散列函数，并给大家展示具体的例子。然后再向大家介绍 SHA-1、SHA-2、SHA-3 这几种单向散列函数，并对新晋单向散列函数 SHA-3（Keccak）的结构进行讲解。此外，我们还将思考一下对单向散列函数的攻击方法。

7.2　什么是单向散列函数

首先，我们先通过 Alice 的一段故事，介绍一个可能用到单向散列函数的场景。然后，我们再来讲解单向散列函数所需要具备的性质。

7.2.1　这个文件是不是真的呢

Alice 在公司里从事软件开发工作。一天晚上，她的软件终于完成了，接下来只要把文件从 Alice 的电脑中复制出来并制作成母盘就可以了。

不过，Alice 已经很累了，她决定今天晚上早点回家休息，明天再继续弄。

第二天，Alice 来到公司准备把文件从自己的电脑中复制出来，但她忽然产生了这样的疑问：

"这个文件和我昨天晚上生成的文件是一样的吗?"

Alice 的疑问是这样的——会不会有人操作 Alice 的计算机,将文件改写了呢? 就算没有人直接来到 Alice 的座位上,也有可能通过网络入侵 Alice 的计算机。或者,也许 Alice 的计算机感染了病毒,造成文件被篡改······在这里,是人干的还是病毒干的并不重要,我们姑且把篡改文件的这个主体称为"主动攻击者 Mallory"。总而言之,Alice 需要知道从昨天到今天的这段时间内,**Mallory 是否篡改了文件的内容**。

现在,Alice 想知道自己手上的文件是不是真的。如果这个文件和昨天晚上生成的文件一模一样,那它就是真的;但只要有一点点不一样,哪怕是只有一个比特有所不同、增加或者减少,它就不是真的。这种"是真的"的性质称为**完整性**(integrity),也称为**一致性**。也就是说,这里 Alice 需要确认的,是自己手上的文件的完整性。

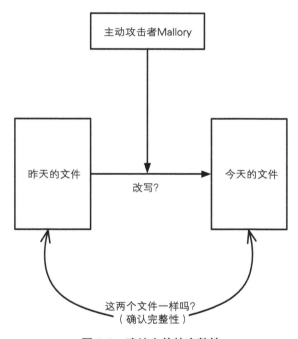

图 7-1 确认文件的完整性

这里所说的"是不是真的"的问题,和 Alice 编写的软件里面有没有 bug 是两码事。文件的内容是通过比特序列来表现的,我们需要知道的是昨晚的文件的比特序列与现在手上的文件的比特序列是否完全一致。

稍微想一想我们就能找到一种确认文件完整性的简单方法——在回家之前先把文件复制到一个安全的地方保存起来,第二天在用这个文件工作之前,先将其和事先保存的文件进行对比就可以了(图 7-2)。如果两者一致,那就说明文件没有被篡改。

不过，这种确认完整性的方法其实是毫无意义的。因为如果可以事先把文件保存在一个安全的地方，那根本就不需要确认完整性，直接用事先保存的文件来工作不就行了吗？

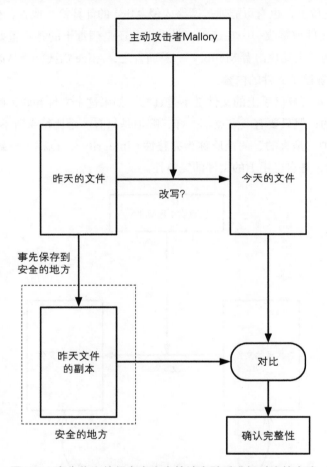

图 7-2　事先将文件保存在完全的地方随后进行对比的方法

此外还存在一个效率的问题。如果需要确认完整性的文件非常巨大，那么文件的复制、保存以及比较都将非常耗时。

这里就轮到本章将要介绍的方法出场了。就像刑事侦查中获取指纹一样，我们能不能获取到 Alice 所生成的**文件的"指纹"**呢？如果我们不需要对整个巨大的文件进行对比，只需要对比一个较小的指纹就能够检查完整性的话，那该多方便啊（图 7-3）。

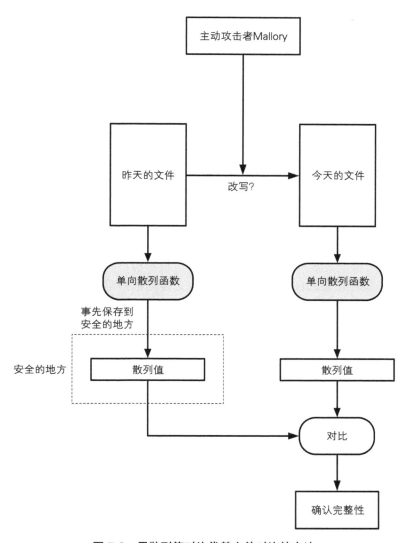

图 7-3 用散列值对比代替文件对比的方法

本章中要介绍的单向散列函数，就是一种采集文件"指纹"的技术。单向散列函数所生成的散列值，就相当于消息的"指纹"。

7.2.2 什么是单向散列函数

单向散列函数（one-way hash function）有一个输入和一个输出，其中输入称为**消息**（message），输出称为**散列值**（hash value）（图 7-4）。单向散列函数可以根据消息的内容计算出散列值，而散列值就可以被用来检查消息的完整性。

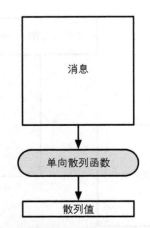

图 7-4 单向散列函数根据消息的内容计算出散列值

这里的消息不一定是人类能够读懂的文字，也可以是图像文件或者声音文件。单向散列函数不需要知道消息实际代表的含义。无论任何消息，单向散列函数都会将它作为单纯的比特序列来处理，即根据比特序列计算出散列值。

散列值的长度和消息的长度无关。无论消息是 1 比特，还是 100MB，甚至是 100GB，单向散列函数都会计算出固定长度的散列值。以 SHA-256 单向散列函数为例，它所计算出的散列值的长度永远是 256 比特（32 字节）（图 7-5）。

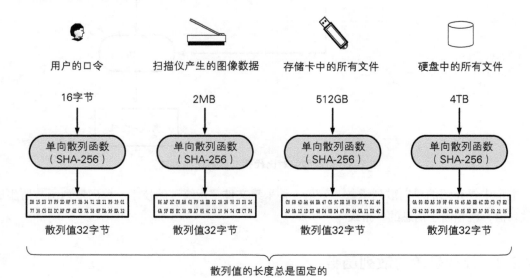

图 7-5 散列值的长度总是固定的

由于散列值很短，因此很容易处理和使用。我们来看看如何将它适用于上一节 Alice 的故事中。

回家之前，Alice 用单向散列函数计算文件的散列值。在这里，Alice 的文件就相当于消息。假设她计算出的散列值如下：

```
29 E2 F8 30 A5 A7 BE 60 50 4D 97 65 0C BD 5B F5 CD B5 E0 C4 25 23 61
44 3C D0 16 2B 7E 9C 45 0A
```

单向散列函数所输出的散列值的长度是固定的（在这个例子中是 32 字节），无论 Alice 的文件大小是几百 MB，甚至是几 GB，散列值的长度永远是 32 字节（256 比特）。Alice 可以将这个值打印出来，或者是保存在软盘等安全的地方，拿回家藏在枕头下面也行（只要这个地方是安全的）。

第二天早上，Alice 再次计算硬盘中文件的散列值，如果再次计算出的散列值为：

```
29 E2 F8 30 A5 A7 BE 60 50 4D 97 65 0C BD 5B F5 CD B5 E0 C4 25 23 61
44 3C D0 16 2B 7E 9C 45 0A
```

和昨晚的散列值一致，就可以判断文件是真的。只要单向散列函数工作正常，那么"只要散列值相等，消息就相等"这个判断就有很高的概率是成立的。

如果再次计算出的散列值像下面这样：

```
3B 57 B5 95 16 8C 49 81 EE 78 41 DC 7A BB F4 64 5A 14 81 23 2F 34 44
AC 33 E5 42 DD 3C 18 E0 C3
```

和昨晚的散列值不一致，那么这个文件和昨晚的文件就绝对是不一样的。

上面我们介绍了单向散列函数的用法。其中的关键点在于，要确认完整性，我们不需要对比消息本身，而只要对比单向散列函数计算出的散列值就可以了。

7.2.3　单向散列函数的性质

通过使用单向散列函数，即便是确认几百 MB 大小的文件的完整性，也只要对比很短的散列值就可以了。那么，单向散列函数必须具备怎样的性质呢？我们来整理一下。

■■ 根据任意长度的消息计算出固定长度的散列值

首先，单向散列函数的输入必须能够是任意长度的消息。其次，无论输入多长的消息，单向散列函数必须都能够生成长度很短的散列值，如果消息越长生成的散列值也越长的话就不好用了。从使用方便的角度来看，散列值的长度最好是短且固定的。

■■ 能够快速计算出散列值

计算散列值所花费的时间必须要短。尽管消息越长，计算散列值的时间也会越长，但如果不能在现实的时间内完成计算就没有意义了。

消息不同散列值也不同

为了能够确认完整性，消息中哪怕只有 1 比特的改变，也必须有很高的概率产生不同的散列值（图 7-6）。

如果单向散列函数计算出的散列值没有发生变化，那么消息很容易就会被篡改，这个单向散列函数也就无法被用于完整性的检查。两个不同的消息产生同一个散列值的情况称为**碰撞**（collision）。如果要将单向散列函数用于完整性的检查，则需要确保在事实上不可能被人为地发现碰撞。

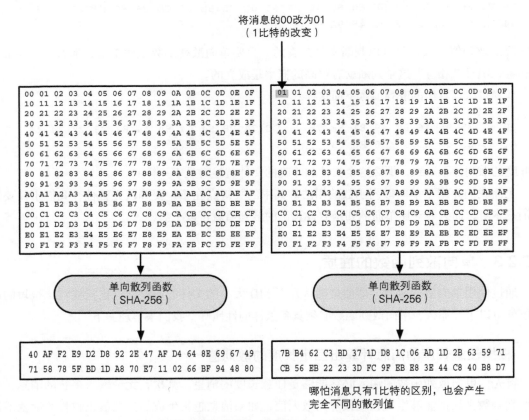

图 7-6　哪怕消息只有 1 比特的不同，散列值也会不同

难以发现碰撞的性质称为**抗碰撞性**（collision resistance）。密码技术中所使用的单向散列函数，都需要具备抗碰撞性（图 7-7）。

我们以 Alice 用单向散列函数来检查文件完整性的场景为例，讲解一下什么是抗碰撞性。现在，我们假设 Alice 所使用的单向散列函数不具备抗碰撞性。

Alice 在回家之前得到了下面的散列值。

```
29 E2 F8 30 A5 A7 BE 60 50 4D 97 65 0C BD 5B F5 CD B5 E0 C4 25 23 61
44 3C D0 16 2B 7E 9C 45 0A
```

Alice 在睡觉的时候，主动攻击者 Mallory 入侵了 Alice 的计算机，并改写了 Alice 的文件。

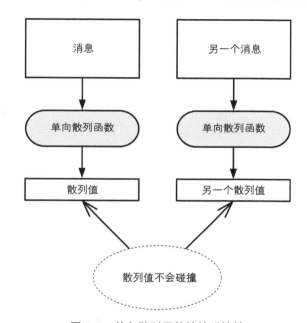

图 7-7　单向散列函数的抗碰撞性

由于我们假设 Alice 的单向散列函数不具备抗碰撞性，因此 Mallory 能够找到一种改写文件的方法，使得改写后文件的散列值不发生变化。于是，虽然 Mallory 改写了文件，但散列值没有发生变化。

第二天早上，Alice 重新计算散列值，得到了下面的结果。

```
29 E2 F8 30 A5 A7 BE 60 50 4D 97 65 0C BD 5B F5 CD B5 E0 C4 25 23 61
44 3C D0 16 2B 7E 9C 45 0A
```

这个结果和昨晚的散列值一致，Alice 松了一口气。但是，实际上 Mallory 已经改写了文件，Alice 则将 Mallory 改写后的文件复制出来并制作成了母盘。

这里所说的抗碰撞性，指的是难以找到另外一条具备特定散列值的消息。当给定某条消息的散列值时，单向散列函数必须确保**要找到和该条消息具有相同散列值的另外一条消息是非常困难的**。这一性质称为**弱抗碰撞性**。单向散列函数都必须具备弱抗碰撞性。

和弱抗碰撞性相对的，还有**强抗碰撞性**。所谓强抗碰撞性，是指**要找到散列值相同的两条不同的消息是非常困难的**这一性质。在这里，散列值可以是任意值。

密码技术中所使用的单向散列函数，不仅要具备弱抗碰撞性，还必须具备强抗碰撞性[①]。

■■■ 具备单向性

单向散列函数必须具备**单向性**（ one-way ）。单向性指的是无法通过散列值反算出消息的性质。根据消息计算散列值可以很容易，但这条单行路是无法反过来走的（图 7-8 ）。

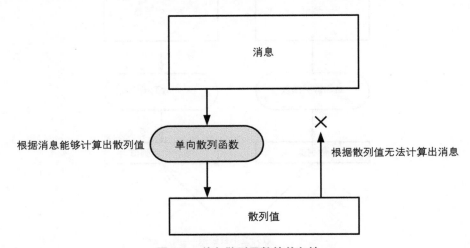

图 7-8　单向散列函数的单向性

正如同将玻璃砸得粉碎很容易，但却无法将碎片还原成完整的玻璃一样，根据消息计算出散列值很容易，但根据散列值却无法反算出消息。

单向性在单向散列函数的应用中是非常重要的。例如，我们后面要讲到的基于口令的加密和伪随机数生成器等技术中，就运用了单向散列函数的单向性。

在这里需要注意的一点是，尽管单向散列函数所产生的散列值是和原来的消息完全不同的比特序列，但是单向散列函数并不是一种加密，因此无法通过解密将散列值还原为原来的消息。

▊ 7.2.4　关于术语

单向散列函数的相关术语有很多变体，各种参考书中所使用的术语也有所不同，下面我们就介绍其中的几个。

---

① 请注意，这里的弱抗碰撞性是和强抗碰撞性相对的概念，而不是说"很弱而不具备抗碰撞性"。

单向散列函数也称为**消息摘要函数**（message digest function）、**哈希函数**或者**杂凑函数**。

输入单向散列函数的**消息**也称为**原像**（pre-image）。

单向散列函数输出的**散列值**也称为**消息摘要**（message digest）或者**指纹**（fingerprint）。

完整性也称为**一致性**。

顺便说一句，单向散列函数中的"散列"的英文"hash"一词，原意是古法语中的"斧子"，后来被引申为"剁碎的肉末"，也许是用斧子一通乱剁再搅在一起的那种感觉吧。单向散列函数的作用，实际上就是将很长的消息剁碎，然后再混合成固定长度的散列值。

小测验 1　抗碰撞性　　　　　　　　　　　　　　　　　　　　　**（答案见 7.11 节）**

听了关于抗碰撞性的讲解，Alice 产生了这样的想法。

为什么要用"难以发现碰撞"这样模棱两可的性质呢？设计一种"不存在碰撞"的单向散列函数不是更好吗？

但是，Alice 的想法是错误的，你知道为什么吗？

7.3　单向散列函数的实际应用

下面我们来看一些实际应用单向散列函数的例子。

7.3.1　检测软件是否被篡改

我们可以使用单向散列函数来确认自己下载的软件是否被篡改。

很多软件，尤其是安全相关的软件都会把通过单向散列函数计算出的散列值公布在自己的官方网站上。用户在下载到软件之后，可以自行计算散列值，然后与官方网站上公布的散列值进行对比。通过散列值，用户可以确认自己所下载到的文件与软件作者所提供的文件是否一致。

这样的方法，在可以通过多种途径得到软件的情况下非常有用。为了减轻服务器的压力，很多软件作者都会借助多个网站（镜像站点）来发布软件，在这种情况下，单向散列函数就会在检测软件是否被篡改方面发挥重要作用。

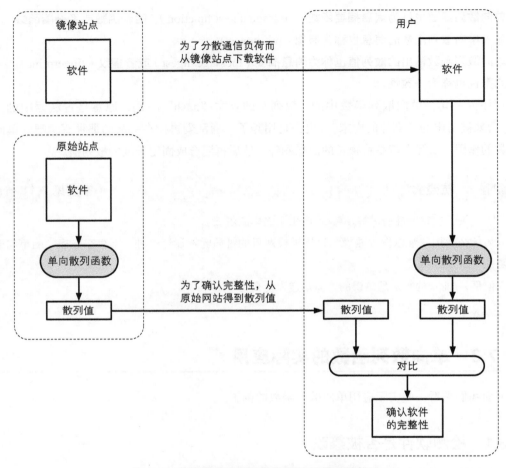

图 7-9 使用单向散列函数检测软件是否被篡改

小测验 2　单向散列函数的误用　　　　　　　　　　　　（答案见 7.11 节）

　　Alice 想要知道自己所制作的一个名为 game.exe 的文件在自己睡觉的这段时间有没有被改写。

　　于是 Alice 计算了 game.exe 这个文件的散列值，并把它记录在一个叫 hashvalue 的文件中，然后把这个文件和 game.exe 一起保存在一块硬盘中。这样 Alice 就放心地去睡觉了。

　　第二天早上，Alice 用单向散列函数重新计算了 game.exe 的散列值，并和昨天保存的文件 hashvalue 中的内容进行对比，结果发现两者是一致的。因此，Alice 判断 game.exe 没有被主动攻击者 Mallory 改写。

　　然而，Alice 的这个判断是错误的，你知道为什么吗？

7.3.2 基于口令的加密

单向散列函数也被用于基于口令的加密（Password Based Encryption，PBE）。

PBE 的原理是将口令和盐（salt，通过伪随机数生成器产生的随机值）混合后计算其散列值，然后将这个散列值用作加密的密钥。通过这样的方法能够防御针对口令的字典攻击，详细内容我们将在第 11 章中介绍。

7.3.3 消息认证码

使用单向散列函数可以构造消息认证码。

消息认证码是将"发送者和接收者之间的共享密钥"和"消息"进行混合后计算出的散列值。使用消息认证码可以检测并防止通信过程中的错误、篡改以及伪装。

消息认证码在 SSL/TLS 中也得到了运用，关于 SSL/TLS 我们将在第 14 章中介绍。

7.3.4 数字签名

在进行数字签名时也会使用单向散列函数。

数字签名是现实社会中的签名和盖章这样的行为在数字世界中的实现。数字签名的处理过程非常耗时，因此一般不会对整个消息内容直接施加数字签名，而是先通过单向散列函数计算出消息的散列值，然后再对这个散列值施加数字签名。详细内容我们将在第 9 章中介绍。

7.3.5 伪随机数生成器

使用单向散列函数可以构造伪随机数生成器。

密码技术中所使用的随机数需要具备"事实上不可能根据过去的随机数列预测未来的随机数列"这样的性质。为了保证不可预测性，可以利用单向散列函数的单向性。详细内容我们将在第 12 章中介绍。

7.3.6 一次性口令

使用单向散列函数可以构造**一次性口令**（one-time password）。一次性口令经常被用于服务器对客户端的合法性认证。在这种方式中，通过使用单向散列函数可以保证口令只在通信链路上传送一次（one-time），因此即使窃听者窃取了口令，也无法使用。

7.4 单向散列函数的具体例子

下面我们来具体介绍几种单向散列函数。

7.4.1 MD4、MD5

MD4 是由 Rivest 于 1990 年设计的单向散列函数，能够产生 128 比特的散列值（RFC1186，修订版 RFC1320）。不过，随着 Dobbertin 提出寻找 MD4 散列碰撞的方法，现在它已经不安全了。

MD5 是由 Rivest 于 1991 年设计的单向散列函数，能够产生 128 比特的散列值（RFC1321）。

MD5 的强抗碰撞性已经被攻破，也就是说，现在已经能够产生具备相同散列值的两条不同的消息，因此它也已经不安全了。

MD4 和 MD5 中的 MD 是消息摘要（Message Digest）的缩写。

7.4.2 SHA-1、SHA-256、SHA-384、SHA-512

SHA-1 是由 NIST（National Institute of Standards and Technology，美国国家标准技术研究所）设计的一种能够产生 160 比特的散列值的单向散列函数。1993 年被作为美国联邦信息处理标准规格（FIPS PUB 180）发布的是 SHA，1995 年发布的修订版 FIPS PUB 180-1 称为 SHA-1。在《CRYPTREC 密码清单》中，SHA-1 已经被列入"可谨慎运用的密码清单"，即除了用于保持兼容性的目的以外，其他情况下都不推荐使用。

SHA-256、SHA-384 和 SHA-512 都是由 NIST 设计的单向散列函数，它们的散列值长度分别为 256 比特、384 比特和 512 比特。这些单向散列函数合起来统称 SHA-2，它们的消息长度也存在上限（SHA-256 的上限接近于 2^{64} 比特，SHA-384 和 SHA-512 的上限接近于 2^{128} 比特）。这些单向散列函数是于 2002 年和 SHA-1 一起作为 FIPS PUB 180-2 发布的。

SHA-1 的强抗碰撞性已于 2005 年被攻破[①]，也就是说，现在已经能够产生具备相同散列值的两条不同的消息。不过，SHA-2 还尚未被攻破。

---

① 2005 年针对 SHA-1 的碰撞攻击算法及范例是由山东大学王小云教授的团队提出的，在 2004 年王小云团队就已经提出了针对 MD5、SHA-0 等散列函数的碰撞攻击算法。——译者注

专栏：6 种版本的 SHA-2

　　SHA-2 共包含下列 6 种版本，从表中可以看出，这 6 种 SHA-2 实质上都是由 SHA-256 和 SHA-512 这两种版本衍生出来的，其他的版本都是通过将上述两种版本所生成的结果进行截取得到的。此外，SHA-224 和 SHA-256 在实现上采用了 32×8 比特的内部状态，因此更适合 32 位的 CPU。

表 7-C1　6 种版本的 SHA-2

名称	输出长度	内部状态长度	备注
SHA-224	224	32×8=256	将 SHA-256 的结果截掉 32 比特
SHA-256	256	32×8=256	
SHA-512/224	224	64×8=512	将 SHA-512 的结果截掉 288 比特
SHA-512/256	256	64×8=512	将 SHA-512 的结果截掉 256 比特
SHA-384	384	64×8=512	将 SHA-512 的结果截掉 128 比特
SHA-512	512	64×8=512	

7.4.3　RIPEMD-160

　　RIPEMD-160 是于 1996 年由 Hans Dobbertin、Antoon Bosselaers 和 Bart Preneel 设计的一种能够产生 160 比特的散列值的单向散列函数。RIPEMD-160 是欧盟 RIPE 项目所设计的 RIPEMD 单向散列函数的修订版。这一系列的函数还包括 RIPEMD-128、RIPEMD-256、RIPEMD-320 等其他一些版本。在《CRYPTREC 密码清单》中，RIPEMD-160 已经被列入"可谨慎运用的密码清单"，即除了用于保持兼容性的目的以外，其他情况下都不推荐使用。

　　RIPEMD 的强抗碰撞性已经于 2004 年被攻破，但 RIPEMD-160 还尚未被攻破。

7.4.4　SHA-3

　　在 2005 年 SHA-1 的强抗碰撞性被攻破的背景下，NIST 开始着手制定用于取代 SHA-1 的下一代单向散列函数 SHA-3。SHA-3 和 AES（3.7 节）一样采用公开竞争的方式进行标准化。SHA-3 的选拔于 5 年后的 2012 年尘埃落定，一个名叫 Keccak 的算法胜出，最终成为了 SHA-3。关于 SHA-3 的算法，稍后我们将详细讲解。

7.5 SHA-3 的选拔过程

本节中我们将介绍单向散列函数的新标准——SHA-3。本节的内容参考了 Keccak 开发者的网页[1]、NIST 的网页[2]以及《散列函数 SHA-224、SHA-512/224、SHA-512/256 和 SHA-3（Keccak）的实现评估》[3][Sakiyama]。

7.5.1 什么是 SHA-3

SHA-3（Secure Hash Algorithm-3）是一种作为新标准发布的单向散列函数算法，用来替代在理论上已被找出攻击方法的 SHA-1 算法。全世界的企业和密码学家提交了很多 SHA-3 的候选方案，经过长达 5 年的选拔，最终于 2012 年正式确定将 Keccak 算法作为 SHA-3 标准。

7.5.2 SHA-3 的选拔过程

和 AES 一样，举办 SHA-3 公开选拔活动的依然是美国国家标准与技术研究院 NIST。本次选拔出的单向散列函数算法同时成为了联邦信息处理标准 FIPS 202[4]。尽管这只是美国的国家标准，但实质上也将会作为国际标准被全世界所认可。

和 AES 一样，SHA-3 的选拔过程也是向全世界公开的，密码学家需要互相对彼此的算法进行评审。也就是说，这也是一次**通过竞争来实现标准化**的过程。

7.5.3 SHA-3 最终候选名单的确定与 SHA-3 的最终确定

2007 年，NIST 开始了 SHA-3 的公开征集，截止到 2008 年共征集到 64 个算法。

2010 年，SHA-3 最终候选名单出炉，其中包括 5 个算法。SHA-3 最终候选名单请参见表 7-1。

2012 年，由 Guido Bertoni、Joan Daemen、Gilles Van Assche、Michaël Peeters 共同设计的 Keccak 算法被最终确定为 SHA-3 标准，其中 Joan Daemen 也是对称密码算法 AES 的设计者之一。

基于 NIST 所设定的条件，我们能够免费、自由地使用 SHA-3 算法，这与 AES 的情形完全相同。不过，SHA-3 的出现并不意味着 SHA-2 就不安全了，在一段时间内，SHA-2 和 SHA-3 还将会共存。

---

[1] The Keccak sponge function family

[2] Cryptographic Hash & SHA-3 Standard Development

[3] 原题为「ハッシュ関数 SHA-224、SHA-512/224、SHA-512/256 及び SHA-3（Keccak）に関する実装評価」，为日文资料。——译者注

[4] SHA-3 Standard: Permutation-Based Hash and Extendable-Output Functions

Keccak 最终被选为 SHA-3 的理由如下。

- 采用了与 SHA-2 完全不同的结构
- 结构清晰，易于分析
- 能够适用于各种设备，也适用于嵌入式应用
- 在硬件上的实现显示出了很高的性能
- 比其他最终候选算法安全性边际更大

表 7-1 SHA-3 最终候选名单（按字母排序）

名称	提交者
BLAKE	Jean-Philippe Aumasson, Luca Henzen, Willi Meier, Raphael C. -W. Phan
Grostl	Praveen Gauravaram, Lars R. Knudsen, Krystian Matusiewicz, Florian Mendel, Christian Rechberger, Martin Schlaffer, Soren S. Thomsen
JH	Hongjun Wu
Keccak	Guido Bertoni, Joan Daemen, Gilles Van Assche, Michael Peeters
Skein	Niels Ferguson, Stefan Lucks, Bruce Schneier, Doug Whiting, Mihir Bellare, Tadayoshi Kohno, Jon Callas, Jesse Walker

7.6 Keccak

7.6.1 什么是 Keccak

如前所述，Keccak 是一种被选定为 SHA-3 标准的单向散列函数算法。

Keccak 可以生成任意长度的散列值，但为了配合 SHA-2 的散列值长度，SHA-3 标准中共规定了 SHA3-224、SHA3-256、SHA3-384、SHA3-512 这 4 种版本。在输入数据的长度上限方面，SHA-1 为 $2^{64}-1$ 比特，SHA-2 为 $2^{128}-1$ 比特，而 SHA-3 则没有长度限制。

此外，FIPS 202 中还规定了两个可输出任意长度散列值的函数（extendable-output function，XOF），分别为 SHAKE128 和 SHAKE256。据说 SHAKE 这个名字取自 Secure Hash Algorithm 与 Keccak 这几个单词。

顺便一提，Keccak 的设计者之一 Gilles Van Assche 在 GitHub 上发布了一款名为 KeccakTools 的软件。

7.6.2 海绵结构

下面我们来看一看 Keccak 的结构。Keccak 采用了与 SHA-1、SHA-2 完全不同的**海绵结构**（sponge construction）（图 7-10）。

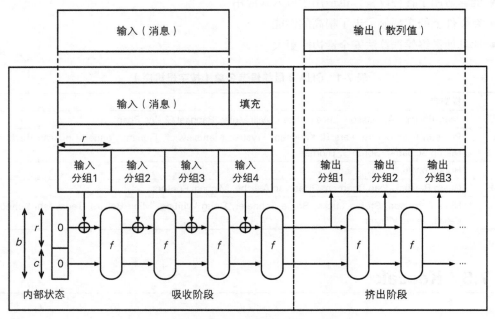

图 7-10 海绵结构 [1]

Keccak 的海绵结构中，输入的数据在进行填充之后，要经过**吸收阶段**（absorbing phase）和**挤出阶段**（squeezing phase），最终生成输出的散列值。

"海绵结构"这个名字听上去有点怪，请大家想象一下将一块海绵泡在水里吸水，然后再将里面的水挤出来的情形。同样地，Keccak 的海绵结构是先将输入的消息吸收到内部状态中，然后再根据内部状态挤出相应的散列值。

吸收阶段的流程如下。

- 将经过填充的输入消息按照每 r 个比特为一组分割成若干个输入分组
- 首先，将"内部状态的 r 个比特"与"输入分组 1"进行 XOR，将其结果作为"函数 f 的输入值"
- 然后，将"函数 f 的输出值 r 个比特"与"输入分组 2"进行 XOR，将其结果再次作为"函

---

[1] 图 7-10 和图 7-11 是根据 Keccak 官方网站中作者以 Creative Commons Attribution 授权协议发布的图制作而成的。

数 f 的输入值"

- 反复执行上述步骤，直到到达最后一个输入分组
- 待所有输入分组处理完成后，结束吸收阶段，进入挤出阶段

函数 f 的作用是将输入的数据进行复杂的搅拌操作并输出结果（输入和输出的长度均为 $b = r + c$ 个比特），其操作对象是长度为 $b = r + c$ 个比特的内部状态，内部状态的初始值为 0。也就是说，通过反复将输入分组的内容搅拌进来，整个消息就会被一点一点地"吸收"到海绵结构的内部状态中，就好像水分被一点一点地吸进海绵内部一样。每次被吸收的输入分组长度为 r 个比特，因此 r 被称为**比特率**（bit rate）。

通过图 7-10 我们可以看出，函数 f 的输入长度不是 r 个比特，而是 $r + c$ 个比特，请大家注意这一点，这意味着内部状态中有 c 个比特是不受输入分组内容的直接影响的（但会通过函数 f 受到间接影响）。这里的 c 被称为**容量**（capacity）。

吸收阶段结束后，便进入了**挤出阶段**，流程如下。

- 首先，将"函数 f 的输出值中的 r 个比特"保存为"输出分组 1"，并将整个输出值（$r + c$ 个比特）再次输入到函数 f 中
- 然后，将"函数 f 的输出值中的 r 个比特"保存为"输出分组 2"，并将整个输出值（$r + c$ 个比特）再次输入到函数 f 中
- 反复执行上述步骤，直到获得所需长度的输出数据

无论是吸收阶段还是挤出阶段，函数 f 的逻辑本身是完全相同的，每执行一次函数 f，海绵结构的内部状态都会被搅拌一次。

挤出阶段中实际上执行的是"对内部状态进行搅拌并产生输出分组（r 个比特）"的操作，也就是以比特率（r 个比特）为单位，将海绵结构的内部状态中的数据一点一点地"挤"出来，就像从海绵里面把水分挤出来一样。

在挤出阶段中，内部状态 $r + c$ 个比特中的容量（c 个比特）部分是不会直接进入输出分组的，这部分数据只会通过函数 f 间接影响输出的内容。因此，容量 c 的意义在于防止将输入消息中的一些特征泄漏出去。

7.6.3　双工结构

作为海绵结构的变形，Keccak 中还提出了一种双工结构（图 7-11）。

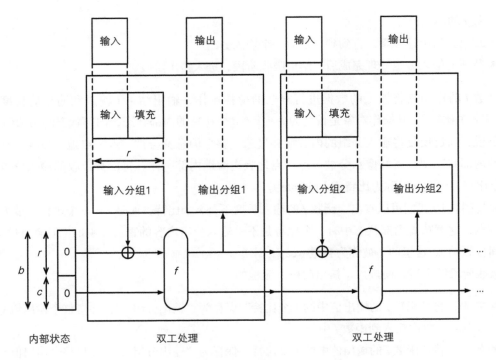

图 7-11　双工结构

在海绵结构中，只有将输入的消息全部吸收完毕之后才能开始输出，但在双工结构中，输入和输出是以相同的速率进行的。在双向通信中，发送和接收同时进行的方式称为全双工（full duplex），Keccak 的双工结构也代表同样的含义。

通过采用双工结构，Keccak 不仅可用于计算散列值，还可以覆盖密码学家的工具箱中的其他多种用途，如伪随机数生成器、流密码、认证加密、消息认证码等。

7.6.4　Keccak 的内部状态

刚才我们介绍了 Keccak 中 $b = r + c$ 个比特的内部状态是如何通过函数 f 进行变化的，下面我们来深入地看一看内部状态。

Keccak 的内部状态是一个三维的比特数组，如图 7-12 所示。图中的每个小方块代表 1 个比特，b 个小方块按照 $5 \times 5 \times z$ 的方式组合起来，就成为一个沿 z 轴延伸的立方体。

我们将具备 x、y、z 三个维度的内部状态整体称为 state，state 共有 b 个比特。

如果我们只关注内部状态中的两个维度，可以将 xz 平面称为 plane，将 xy 平面称为 slice，将 yz 平面称为 sheet（图 7-13）。

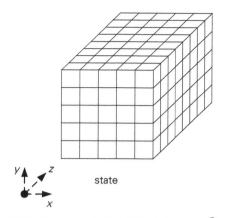

图 7-12 Keccak 的内部状态（state）[①]

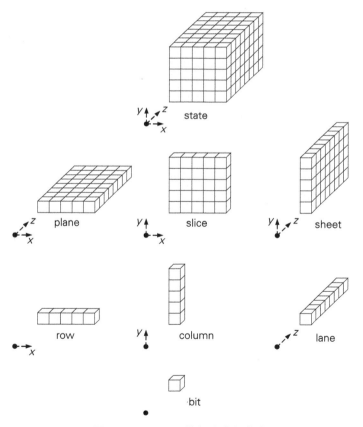

图 7-13 Keccak 的部分内部状态

---

① 图 7-12～图 7-17 是根据 Keccak 官方网站中作者以 Creative Commons Attribution 授权协议发布的图制作而成的。

同样地，如果我们只关注其中一个维度，可以将 x 轴称为 row，将 y 轴称为 column，将 z 轴称为 lane。

因此，我们可以将 state 看成是由 $5 \times 5 = 25$ 条 lane 构成的，也可以看成是由与 lane 的长度相同数量的 slice 堆叠而成的。

Keccak 的本质就是实现一个能够将上述结构的 state 进行有效搅拌的函数 f，这与分组密码设计中的搅拌过程非常相似。此外，由于内部状态可以代表整个处理过程中的全部中间状态，因此有利于节约内存。Keccak 用到了很多比特单位的运算，因此被认为可以有效抵御针对字节单位的攻击。

7.6.5 函数 Keccak-$f[b]$

下面我们来看一看负责对内部状态进行搅拌的函数 f。Keccak 的函数 f 实际上应该叫作 Keccak-$f[b]$，从这个名称可以看出，这个函数带有一个参数 b，即内部状态的比特长度。这里的参数 b 称为**宽度**（width）。

根据 Keccak 的设计规格，宽度 b 可以取 25、50、100、200、400、800、1600 共 7 种值，SHA-3 采用的是其中的最大宽度，即 $b = 1600$。宽度 b 的 7 种取值的排列看起来好像有点怪，其实这 7 个数字都是 25 的整数倍，即 25 的 1（$=2^0$）倍、2（$=2^1$）倍、4（$=2^2$）倍、8（$=2^3$）倍、16（$=2^4$）倍、32（$=2^5$）倍和 64（$=2^6$）倍。根据图 7-13 可知，一片 slice 的大小为 $5 \times 5 = 25$ 个比特，因此 $\frac{b}{25}$ 就相当于 slice 的片数（即 lane 的长度）。SHA-3 的内部状态大小为 $b = 5 \times 5 \times 64 = 1600$ 个比特。

由此可见，在 Keccak 中，通过改变宽度 b 就可以改变内部状态的比特长度。但无论如何改变，slice 的大小依然是 5×5，改变的只是 lane 的长度而已，因此 Keccak 宽度的变化并不会影响其基本结构。Keccak 的这种结构称为**套娃结构**，这个名字取自著名的俄罗斯套娃，每个娃娃的形状都是相同的，只是大小不同而已。利用套娃结构，我们可以很容易地制作一个缩水版 Keccak 模型并尝试对其进行破解，以便对该算法的强度进行研究。

Keccak-$f[b]$ 中的每一轮包含 5 个步骤：θ（西塔）、ρ（柔）、π（派）、χ（凯）、ι（伊欧塔），总共循环 $12 + 2\ell$ 轮[①]。具体到 SHA-3 中所使用的 Keccak-$f[1600]$ 函数，其循环轮数为 24 轮。

■■■ 步骤 θ

图 7-14 所示为对其中 1 个比特应用步骤 θ 时的情形，这一步的操作是将位置不同的两个 column 中各自 5 个比特通过 XOR 运算加起来（图中的 Σ 标记），然后再与置换目标比特求 XOR

---

① Keccak 的设计规格中规定：$2^\ell = \dfrac{b}{25}$。

并覆盖掉目标比特。

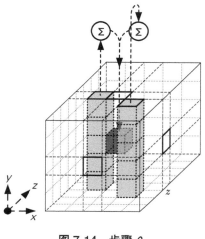

图 7-14 步骤 θ

■■■ 步骤 ρ

图 7-15 所示为应用步骤 ρ 时的情形，这一步的操作是沿 z 轴（lane 方向）进行比特平移。

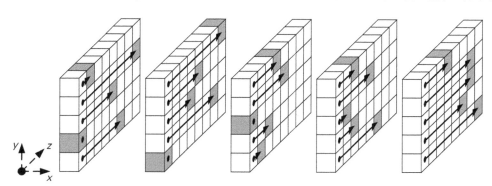

图 7-15 步骤 ρ

■■■ 步骤 π

图 7-16 所示为对其中 1 片 slice 应用步骤 π 时的情形，实际上整条 lane 上的所有 slice 都会被执行同样的比特移动操作。

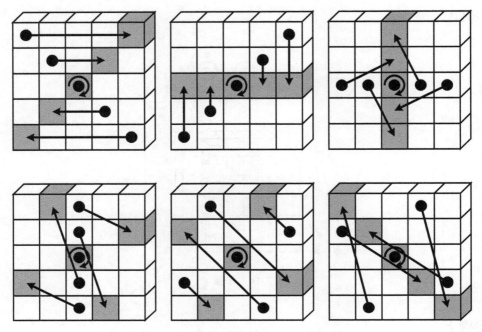

图 7-16 步骤 π

▤▤▤ 步骤 χ

图 7-17 所示为对其中 1 个 row 应用步骤 χ 时的情形。这里我们使用了一些逻辑电路中的符号，其中 ▽ 代表对输入比特取反，即 NOT；∀ 代表仅当两个输入比特均为 1 时则输出 1，即 AND。

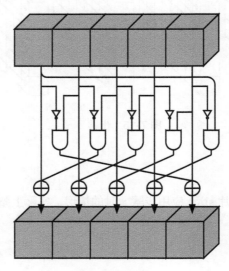

图 7-17 步骤 χ

■■■■ **步骤 ι**

步骤 ι 是用一个固定的轮常数对整个 state 的所有比特进行 XOR 运算，目的是让内部状态具备非对称性。

根据《散列函数 SHA-224、SHA-512/224、SHA-512/256 和 SHA-3（Keccak）的实现评估》[Sakiyama]，除了步骤 θ 中的奇偶性处理（Σ 标记）以及步骤 χ 中的 NOT 和 AND 以外，其余的操作仅通过硬件电路就都可以实现。

7.6.6　对 Keccak 的攻击

Keccak 之前的单向散列函数都是通过循环执行压缩函数的方式来生成散列值的，这种方式称为 **MD 结构**（Merkle-Damgård construction）。MD4、MD5、RIPEMD、RIPEMD-160、SHA-1、SHA-2 等几乎所有的传统单向散列函数算法都是基于 MD 结构的。

当初之所以开始征集 SHA-3 算法，就是因为针对当时广泛使用的 SHA-1 算法已经出现了理论上可行的攻击方法。为了规避 SHA-1 的风险，SHA-2 应运而生，但 SHA-2 依然是基于和 SHA-1 相同的 MD 结构，针对 SHA-1 的攻击方式很有可能也会适用于 SHA-2，问题没有得到根本解决。Keccak 则采用了和 MD 结构完全不同的海绵结构，因此针对 SHA-1 的攻击方法对 Keccak 是无效的。

到目前为止，还没有出现能够对实际运用中的 Keccak 算法形成威胁的攻击方法。

7.6.7　对缩水版 Keccak 的攻击竞赛

由于 Keccak 具备套娃结构，其实现中包含对轮处理的多次迭代，因此我们很容易实现一个强度较低的“缩水版 Keccak”。通过设计一个比实际作为 SHA-3 标准运用的 Keccak 强度低一些的版本，并尝试对其进行攻击，就可以据此来评估实际运用的标准版 Keccak 的强度。

Keccak 的设计者还举办了名叫 Keccak Crunchy Crypto Collision and Pre-image Contest 的相关“竞赛”，内容就是对缩水版的 Keccak 进行攻击。在竞赛中使用的缩水版 Keccak 比标准版减少了迭代轮数，参赛者可以通过改变宽度 b 等各种方法来进行攻击。

Keccak 被选为 SHA-3 标准的其中一个原因就是“结构清晰，易于分析”。这个原因似乎有点违背常识，因为“易于分析”也就表示“容易找到弱点”。而一个容易找到弱点的算法为什么会被选为 SHA-3 呢？其实，正是因为我们可以比较容易地分析缩水版的 Keccak，也就能够比较容易地对实际运用的标准版算法的强度进行评估，而作为一个将在全世界广泛使用的单向散列函数算法，“易于分析”可以说是一个十分优秀的特性。

7.7　应该使用哪种单向散列函数呢

刚刚我们介绍了几种单向散列函数，那么我们到底应该使用哪种单向散列函数算法呢？

首先，MD5 是不安全的，因此不应该使用。

SHA-1 除了用于对过去生成的散列值进行校验之外，不应该被用于新的用途，而是应该迁移到 SHA-2。

SHA-2 有效应对了针对 SHA-1 的攻击方法，因此是安全的，可以使用。

SHA-3 是安全的，可以使用。

2013 年发布的《CRYPTREC 密码清单》中，SHA-2（SHA-256、SHA-384、SHA-512）被列入了"电子政府推荐使用的密码清单"中。

和对称密码算法一样，我们不应该使用任何**自制算法**。

小测验 3　Alice 的算法　　　　　　　　　　　　　　　　　（答案见 7.11 节）

在听了关于单向散列函数的讲解之后，Alice 想："什么嘛，单向散列函数不就是像校验和（checksum）一样的东西吗？"于是她设计了下面这样的算法。

(1) 以 256 比特为一个单位分割消息，将分割出的每一份数据当成一个 256 比特所能表达的整数，然后将这些整数全部相加，并将得到的结果中超过 256 比特的部分丢弃。

(2) 上述相加的结果就是散列值（256 比特）。

这样的算法能够用作单向散列函数吗？

7.8　对单向散列函数的攻击

和对密码进行攻击相比，对单向散列函数进行攻击有点难以想象吧。下面就让我们通过两个具体的故事，来了解一下对单向散列函数的攻击方式。

7.8.1　暴力破解（攻击故事 1）

Alice 在计算机上写了一份合同。工作做完后，她把合同文件保存在公司的电脑上，将合同文件的散列值保存在存储卡中带回了家里。

晚上，主动攻击者 Mallory 入侵了计算机，找到了 Alice 的合同文件，他想将其中的

"Alice 要支付的金额为 100 万元。"

改成

"Alice 要支付的金额为 1 亿元。"

不过，仅仅改写合同是不行的，因为 Mallory 知道第二天 Alice 会重新计算文件的散列值并进行对比。哪怕文件中有 1 个比特被改写，Alice 都会有所察觉。那么 Mallory 怎样才能在不改变散列值的前提下，将"100 万元"改成"1 亿元"呢？

Mallory 可以从文档文件所具有的**冗余性**入手。所谓文档文件的冗余性，是指在不改变文档意思的前提下能够对文件的内容进行修改的程度。

举个例子，下面这些句子基本上说的都是一个意思。

Alice 要支付的金额为 1 亿元。

Alice 要支付的金额为壹亿元。

Alice 要支付的金额为 100000000 元。

Alice 要支付的金额为 ¥ 100,000,000。

Alice 要支付的金额为：1 亿元。

Alice 需要支付的金额为 1 亿元。

Alice 应支付 1 亿元。

作为报酬，Alice 需要支付 1 亿元。

上面这些都是人们可以想象出的意思相近的句子，除此之外，还有一些通过机器来进行修改的方法。例如，可以在文件的末尾添加 1 个、2 个、3 个甚至更多的空格，或者还可以对文档中的每一个字稍微改变一下颜色，这都不会影响文档的意思。在这里需要注意的是，即便我们对文件所进行的修改是无法被人类察觉的，但只要是对文件进行了修改，单向散列函数就会产生不同的散列值。

于是，Mallory 利用文档的冗余性，通过机器生成了一大堆"支付 1 亿元的合同"。

如果在这一大堆"1 亿元合同"中，能够找到一个合同和 Alice 原本的"100 万元合同"恰好产生相同的散列值，那 Mallory 就算是成功了，因为这样就可以天衣无缝地用 1 亿元合同来代替 100 万元合同了。替换了文件之后，Mallory 悄无声息地离开。到这里，文件的内容就被成功篡改了。

在这个故事中，为了方便大家理解，我们用人类能够读懂的合同作为例子。然而，无论人类是否能够读懂，任何文件中都或多或少地具有一定的冗余性。利用文件的冗余性生成具有相同散列值的另一个文件，这就是一种针对单向散列函数的攻击。

在这里 Mallory 所进行的攻击，就是**暴力破解**。正如对密码可以进行暴力破解一样，对单向散列函数也可以进行暴力破解。

在对密码进行暴力破解时，我们是按顺序改变密钥的值，如 0、1、2、3、……然后分别用这些密钥进行解密操作的。对单向散列函数进行暴力破解时也是如此，即每次都稍微改变一下消息的值，然后对这些消息求散列值。

现在我们需要寻找的是一条具备特定散列值的消息，例如在攻击故事 1 中，Mallory 需要寻找的就是和 "100 万元合同" 具备相同散列值的另一条不同的消息。这相当于一种**试图破解单向散列函数的 "弱抗碰撞性" 的攻击**。在这种情况下，暴力破解需要尝试的次数可以根据散列值的长度计算出来。以 SHA3-512 为例，由于它的散列值长度为 512 比特，因此最多只要尝试 2^{512} 次就能够找到目标消息了，如此多的尝试次数在现实中是不可能完成的。

由于尝试次数纯粹是由散列值长度决定的，因此散列值长度越长的单向散列函数，其抵御暴力破解的能力也就越强。

找出具有指定散列值的消息的攻击分为两种，即 "原像攻击" 和 "第二原像攻击"。**原像攻击**（Pre-Image Attack）是指给定一个散列值，找出具有该散列值的任意消息；**第二原像攻击**（Second Pre-Image Attack）是指给定一条消息 1，找出另外一条消息 2，消息 2 的散列值和消息 1 相同。

7.8.2　生日攻击（攻击故事 2）

让我们再来看一个和攻击故事 1 很相似的故事。

在这次的故事中，编写合同的人不是 Alice 而是主动攻击者 Mallory。他事先准备了两份具备相同散列值的 "100 万元合同" 和 "1 亿元合同"，然后将 "100 万元合同" 交给 Alice 让她计算散列值。随后，Mallory 再像故事 1 中一样，把 "100 万元合同" 掉包成 "1 亿元合同"。

在故事 1 中，编写 100 万元合同的是 Alice，因此散列值是固定的，Mallory 需要根据特定的散列值找到符合条件的消息。然而，故事 2 则不同，Mallory 需要准备两份合同，而散列值可以是任意的，只要 100 万元合同和 1 亿元合同的散列值相同就可以了。

在这里，Mallory 所进行的攻击不是寻找生成特定散列值的消息，而是要找到散列值相同的两条消息，而散列值则可以是任意值。这样的攻击，一般称为**生日攻击**（birthday attack）或者**冲突攻击**（collision attack），这是一种**试图破解单向散列函数的 "强抗碰撞性" 的攻击**。

这里我们先把话题岔开，请大家想一想下面这个生日问题的答案。

【生日问题】

设想由随机选出的 N 个人组成一个集合。

在这 N 个人中，如果要保证至少有两个人生日一样的概率大于二分之一，那么 N 至少是多少？（排除 2 月 29 日的情况）

一般人应该会这样想："一年有 365 天，那么要使其中两个人生日相同的概率为二分之一的话，差不多得要 365 的一半这么多人才行吧。150 个人左右？也许更少一点，差不多是 $N = 100$ 吧？"

这个问题的答案一定会让你惊讶：$N = 23$。也就是说，只要有 23 个人，就有超过二分之一的概率出现至少有两个人生日一样的情况。如果有 100 个人的话，那么这个概率就已经非常接近 1 了。

"两个人的生日都是某个特定日期"的可能性确实不高，但如果是"只要有两个人生日相同，不管哪一天都可以"的话，可能性却是出乎意料的高的。

具体的计算方法如下。解这道题目的窍门在于，我们并非直接计算"N 个人中至少有两个人生日一样的概率"，而是先计算"N 个人生日全都不一样的概率"，然后再用 1 减去这个值就可以了。

第 1 个人的生日可以是 365 天中的任意一天；第 2 个人的生日需要在 365 天中去掉第 1 个人生日的那一天，也就是还有 364 天；第 3 个人的生日需要去掉第 1 个和第 2 个人生日的那一天，还有 363 天……到了第 N 个人，就需要去掉 1 ~ $N-1$ 个人的生日，因此还有 $365 - N + 1$ 天。

我们将所有人可选的生日的数量相乘，就可以得到所有人生日都不一样的组合的数量，即：

$$365 \times 364 \times \cdots \times (365 - N + 1)$$

而所有情况的数量为：

$$\underbrace{365 \times 365 \times \cdots \times 365}_{N\,\text{个}} \qquad \text{即 } 365^N$$

因此，概率为：

$$1 - \frac{365 \times 364 \times \cdots \times (365 - N + 1)}{365^N}$$

当 N 取 23 时，这个值约等于 0.507297，大于二分之一。

从上面的计算可以看出，任意生日相同的概率比我们想象的要大，这个现象称为**生日悖论**（birthday paradox）。

下面我们将生日问题一般化，即："假设一年的天数为 Y 天，那么 N 人的集合中至少有两个人生日一样的概率大于二分之一时，N 至少是多少？"

这里暂且省略详细的计算过程，当 Y 非常大时，近似的计算结果为：

$$N \fallingdotseq \sqrt{Y} \qquad （一年天数的平方根）\cdots\cdots（※）$$

现在让我们回到生日攻击的话题。生日攻击的原理就是来自生日悖论，也就是利用了"任意散列值一致的概率比想象中要高"这样的特性。这里的散列值就相当于生日，而"所有可能出现的散列值的数量"就相当于"一年的天数"。

故事 2 中 Mallory 所进行的生日攻击的步骤如下。

(1) Mallory 生成 N 个 100 万元合同（我们稍后来计算 N）。
(2) Mallory 生成 N 个 1 亿元合同。
(3) Mallory 将 (1) 的 N 个散列值和 (2) 的 N 个散列值进行对比，寻找其中是否有一致的情况。
(4) 如果找出了一致的情况，则利用这一组 100 万元合同和 1 亿元合同来欺骗 Alice。

问题是 N 的大小。N 太小的话，Mallory 的生日攻击很容易就会成功，而 N 太大的话，就会需要更多的时间和内存，生日攻击的难度也会提高。N 的大小是和散列值的长度相关的。

假设 Alice 所使用的单向散列函数的散列值长度为 M 比特，则 M 比特所能产生的全部散列值的个数为 2^M 个（这相当于"一年的天数 Y"）。

根据上文中（※）的计算结果可得：

$$N \fallingdotseq \sqrt{Y} = \sqrt{2^M} = 2^{M/2}$$

因此当 $N = 2^{M/2}$ 时，Mallory 的生日攻击就会有二分之一的概率能够成功。

我们以 512 比特的散列值为例，对单向散列函数进行暴力破解所需要的尝试次数为 2^{512} 次，而对同一单向散列函数进行生日攻击所需的尝试次数为 2^{256} 次，因此和暴力破解相比，生日攻击所需的尝试次数要少得多[①]。

■ 7.9　单向散列函数无法解决的问题

使用单向散列函数可以实现完整性的检查，但有些情况下即便能够检查完整性也是没有意义的。

例如，假设主动攻击者 Mallory 伪装成 Alice，向 Bob 同时发送了消息和散列值。这时 Bob 能够通过单向散列函数检查消息的完整性，但是这只是对 Mallory 发送的消息进行检查，而无法检查出发送者的身份是否被 Mallory 进行了伪装。也就是说，**单向散列函数能够辨别出"篡改"，但无法辨别出"伪装"**。

当我们不仅需要确认文件的完整性，同时还需要确认这个文件是否真的属于 Alice 时，仅靠

---

① 2005 年王小云团队提出的碰撞攻击方法中，对于 SHA-1 所需的尝试次数为 2^{69} 次，已大大少于生日攻击所需要的 2^{80} 次。同年，王小云团队又改进了该方法，使得尝试次数减少至 2^{63} 次。——译者注

完整性检查是不够的，我们还需要进行**认证**。

用于认证的技术包括**消息认证码**和**数字签名**。消息认证码能够向通信对象保证消息没有被篡改，而数字签名不仅能够向通信对象保证消息没有被篡改，还能够向所有第三方做出这样的保证。

认证需要使用密钥，也就是通过对消息附加 Alice 的密钥（只有 Alice 才知道的秘密信息）来确保消息真的属于 Alice。

7.10　本章小结

本章中我们学习了用于确认消息完整性的单向散列函数。单向散列函数能够根据任意长度的消息计算出固定长度的散列值，通过对比散列值就可以判断两条消息是否一致。这种技术对辨别篡改非常有效。

我们还学习了一种具有代表性的单向散列函数——SHA-3 的具体实现方法，同时还介绍了针对单向散列函数的攻击——暴力破解和生日攻击。现在散列值的长度正在逐步提升到 256 比特以上。

使用单向散列函数，我们可以辨别出篡改，但无法辨别出伪装。要解决这个问题，我们需要消息认证码和数字签名。

下一章我们将介绍消息认证码。

小测验 4　单向散列函数的基础知识　　　　　　　　　　　　（答案见 7.11 节）

下列关于单向散列函数的说法中，请在正确的旁边画〇，错误的旁边画 ×。

(1) SHA3-512 是一种能够将任意长度的数据转换为 512 比特的对称密码算法。

(2) 要找出和某条消息具备相同散列值的另一条消息是非常困难的。

(3) 要找出具有相同散列值但互不相同的两条消息是非常困难的。

(4) SHA3-512 的散列值长度为 64 字节。

(5) 如果消息仅被改写了 1 比特，则散列值也仅发生 1 比特的改变。

7.11 小测验的答案

小测验 1 的答案：抗碰撞性 （7.2.4 节）

单向散列函数是根据任意长度的消息计算出固定长度的散列值，其中必然存在碰撞的情况。

例如，为了简单起见，我们设想有一个散列值为 32 比特（4 字节）的单向散列函数。我们对该单向散列函数输入递增的数字作为消息，即 0、1、2、……

如果该单向散列函数完全不存在碰撞，则消息为 0 时的散列值，与消息为 1 时的散列值、消息为 2 时的散列值……消息为 4294967294 时的散列值、消息为 4294967295 时的散列值……应该都是不同的。

但是，32 比特能够容纳的数值只有 2^{32}=4294967296 个，因此当消息为 4294967296 时，我们计算出的散列值就必然与消息为 0 ~ 4294967295 时的散列值中的其中一个相同。

这里我们探讨的是具有 32 比特的散列值的单向散列函数的情况，但上述探讨对于任意长度的散列值（只要散列值的长度固定）都是可以成立的。

上面我们所讲的内容称为**鸽巢原理**（pigeon-hole principle）。这个名字来自"将 N + 1 只鸽子分别装到 N 个鸽巢中时，必然至少有一个鸽巢中存在两只或两只以上的鸽子"这一（理所当然的）事实。

小测验 2 的答案：单向散列函数的误用 （7.3.1 节）

这是因为 Alice 将 hashvalue 和 game.exe 两个文件放在同一块硬盘上了。

如果主动攻击者 Mallory 很聪明，他就会在改写 game.exe 之后，和 Alice 一样重新计算散列值，并改写 hashvalue 文件。这样一来，Alice 重新计算之后散列值还是一致的。

如果要确认文件没有被改写，则 Alice 就不能将 hashvalue 和 game.exe 放在同一块硬盘上，而是应该将 hashvalue 文件转移到存储卡或者其它媒体中，并找一个到第二天早上这段时间都很安全的地方妥善保管。

在检查下载到的软件的完整性时，也会有类似的风险。例如，用下载的软件包中自带的散列值进行验证是没有意义的，用于验证的散列值必须是通过和软件包不同的其他可信赖渠道获得的。

小测验 3 的答案：Alice 的算法 （7.7 节）

不能使用。

例如，某条消息的散列值如下所示。

```
FE 5D BB CE A5 CE 7E 29 88 B8 C6 9B CF DF DE 89 0A DE 7C 2C F9 7F 75 D0 09 97
5F 4D 72 0D 1F A6
```

如果将上述散列值作为消息，并用 Alice 的算法进行计算，则得到的散列值如下所示。

```
FE 5D BB CE A5 CE 7E 29 88 B8 C6 9B CF DF DE 89 0A DE 7C 2C F9 7F 75 D0 09 97
5F 4D 72 0D 1F A6
```

这和原始的散列值是完全相同的，也就是说，对于特定的散列值，我们找到了另外一条具有相同散列值的消息。

或者我们假设消息 A 的长度为 512 比特，将消息 A 的前 256 比特和后 256 比特进行调换得到消息 B，则用 Alice 的算法进行计算后，消息 A 和消息 B 的散列值是相等的。

Alice 所设计的算法中，消息是以 256 比特为单位进行分组的，而这些分组之间无论如何交换位置，都不会影响最终得到的散列值。也就是说，这个算法不具备弱抗碰撞性。

小测验 4 的答案：单向散列函数的基础知识 （7.10 节）

× (1) SHA3-512 是一种能够将任意长度的数据转换为 512 比特的对称密码算法。

　　SHA3-512 是一种单向散列函数，而不是一种对称密码算法。

○ (2) 要找出和某条消息具备相同散列值的另一条消息是非常困难的。

　　正确。这一性质称为弱抗碰撞性。

○ (3) 要找出具有相同散列值但互不相同的两条消息是非常困难的。

　　正确。这一性质称为强抗碰撞性。

○ (4) SHA3-512 的散列值长度为 64 字节。

　　正确。SHA3-512 的散列值为 512 比特，1 字节等于 8 比特，因此散列值长度为 512 ÷ 8 = 64 字节。

× (5) 如果消息仅被改写了 1 比特，则散列值也仅发生 1 比特的改变。

　　如果将消息内容改写 1 比特，则散列值中大约一半的比特都会有很大概率产生变化。实际上，无论对消息改写多少比特，都会造成散列值中大约一半的比特有很大概率产生变化。

第 **8** 章

消息认证码——消息被正确传送了吗

8.1 本章学习的内容

本章中，我们将介绍消息认证码的相关知识。

使用消息认证码可以确认自己收到的消息是否就是发送者的本意，也就是说，使用消息认证码可以判断消息是否被篡改，以及是否有人伪装成发送者发送了该消息。

消息认证码是密码学家工具箱中 6 个重要的工具之一。我们来回忆一下，这 6 个重要工具分别是：对称密码、公钥密码、单向散列函数、消息认证码、数字签名和伪随机数生成器。

8.2 消息认证码

8.2.1 汇款请求是正确的吗

像以前一样，我们还是从一个 Alice 和 Bob 的故事开始讲起。不过，这一次 Alice 和 Bob 分别是两家银行，Alice 银行通过网络向 Bob 银行发送了一条汇款请求，Bob 银行收到的请求内容是：

从账户 A-5374 向账户 B-6671 汇款 1000 万元

当然，Bob 银行所收到的汇款请求内容必须与 Alice 银行所发送的内容是完全一致的。如果主动攻击者 Mallory 在中途将 Alice 银行发送的汇款请求进行了**篡改**，那么 Bob 银行就必须要能够识别出这种篡改，否则如果 Mallory 将收款账户改成了自己的账户，那么 1000 万元就会被盗走。

话说回来，这条汇款请求到底是不是 Alice 银行发送的呢？有可能 Alice 银行根本就没有发送过汇款请求，而是由主动攻击者 Mallory **伪装**成 Alice 银行发送的。如果汇款请求不是来自 Alice 银行，那么就绝对不能执行汇款。

现在我们需要关注的问题是汇款请求（消息）的"完整性"和"认证"这两个性质。

消息的**完整性**（integrity），就是我们在第 7 章中介绍过的"消息没有被篡改"这一性质，完整性也叫**一致性**。如果能够确认汇款请求的内容与 Alice 银行所发出的内容完全一致，就相当于是确认了消息的完整性，也就意味着消息没有被篡改。

消息的**认证**（authentication）指的是"消息来自正确的发送者"这一性质。如果能够确认汇款请求确实来自 Alice 银行，就相当于对消息进行了认证，也就意味着消息不是其他人伪装成发送者所发出的。

通过使用本章中要介绍的消息认证码，我们就可以同时识别出篡改和伪装，也就是既可以确认消息的完整性，也可以进行认证。

8.2.2　什么是消息认证码

消息认证码（Message Authentication Code）是一种确认完整性并进行认证的技术，取三个单词的首字母，简称为 **MAC**。

消息认证码的输入包括任意长度的**消息**和一个发送者与接收者之间**共享的密钥**，它可以输出固定长度的数据，这个数据称为 **MAC 值**。

根据任意长度的消息输出固定长度的数据，这一点和单向散列函数很类似。但是单向散列函数中计算散列值时不需要密钥，相对地，消息认证码中则需要使用发送者与接收者之间共享的密钥。

要计算 MAC 必须持有共享密钥，没有共享密钥的人就无法计算 MAC 值，消息认证码正是利用这一性质来完成认证的。此外，和单向散列函数的散列值一样，哪怕消息中发生 1 比特的变化，MAC 值也会产生变化，消息认证码正是利用这一性质来确认完整性的。

后面我们会讲到，消息认证码有很多种实现方法，大家可以暂且这样理解：**消息认证码是一种与密钥相关联的单向散列函数**（图 8-1）。

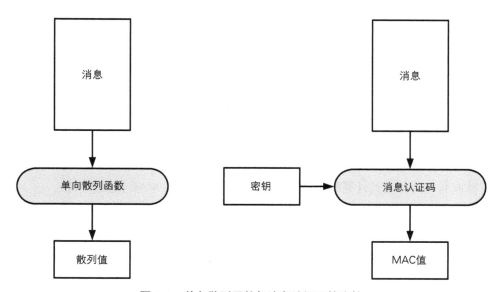

图 8-1　单向散列函数与消息认证码的比较

8.2.3 消息认证码的使用步骤

我们还是以 Alice 银行和 Bob 银行的故事为例，来讲解一下消息认证码的使用步骤（图 8-2）。

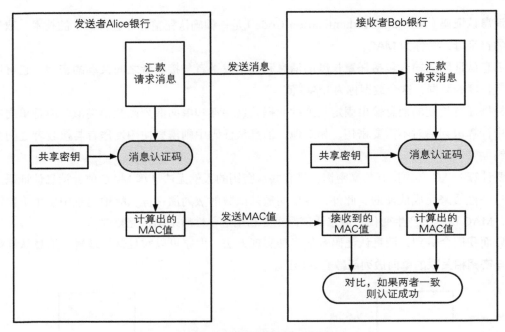

图 8-2 消息认证码的使用步骤

(1) 发送者 Alice 与接收者 Bob 事先共享密钥。

(2) 发送者 Alice 根据汇款请求消息计算 MAC 值（使用共享密钥）。

(3) 发送者 Alice 将汇款请求消息和 MAC 值两者发送给接收者 Bob。

(4) 接收者 Bob 根据接收到的汇款请求消息计算 MAC 值（使用共享密钥）。

(5) 接收者 Bob 将自己计算的 MAC 值与从 Alice 处收到的 MAC 值进行对比。

(6) 如果两个 MAC 值一致，则接收者 Bob 就可以断定汇款请求的确来自 Alice（认证成功）；如果不一致，则可以断定消息不是来自 Alice（认证失败）。

8.2.4 消息认证码的密钥配送问题

在消息认证码中，需要发送者和接收者之间共享密钥，而这个密钥不能被主动攻击者 Mallory 获取。如果这个密钥落入 Mallory 手中，则 Mallory 也可以计算出 MAC 值，从而就能够自由地进行篡改和伪装攻击，这样一来消息认证码就无法发挥作用了。

发送者和接收者需要共享密钥，这一点和我们在第 3 章中介绍的对称密码很相似。实际上，对称密码的**密钥配送问题**在消息认证码中也同样会发生。要解决密钥配送问题，我们需要像对称密码一样使用一些共享密钥的方法，例如公钥密码、Diffie-Hellman 密钥交换、密钥分配中心，或者使用其他安全的方式发送密钥等。至于使用哪种配送方法，则需要根据具体的目的来进行选择。

小测验 1　用对称密码进行认证　　　　　　　　　　　　（答案见 8.10 节）

听了消息认证码的介绍之后，Alice 心想："如果用对称密码将消息加密之后再发送的话，是不是就不需要消息认证码了呢？"Alice 是这样考虑的：

(1) 对称密码的密文只有使用和加密时相同的密钥才能正确解密；

(2) 如果解密密钥和加密密钥不同，解密之后也只能得到"看上去随机的杂乱消息"；

(3) 因此，只要解密之后得到的明文是正确的，就可以知道这条消息是由持有相同密钥的发送者加密的；

(4) 也就是说，只用对称密码就可以实现和消息认证码相同的功能。

请问 Alice 的想法正确吗？

8.3　消息认证码的应用实例

下面我们来介绍几个消息认证码在现实世界中应用的实例。

8.3.1　SWIFT

SWIFT 的全称是 Society for Worldwide Interbank Financial Telecommunication（环球银行金融电信协会），是于 1973 年成立的一个组织，其目的是为国际银行间的交易保驾护航。该组织成立时有 15 个成员国，2008 年时已经发展到 208 个成员国。

银行和银行之间是通过 SWIFT 来传递交易消息的。而为了确认消息的完整性以及对消息进行验证，SWIFT 中使用了消息认证码。这正好就是我们开头提到的 Alice 银行和 Bob 银行的场景。

在使用公钥密码进行密钥交换之前，消息认证码所使用的共享密钥都是由人来进行配送的。

8.3.2　IPsec

IPsec 是对互联网基本通信协议——IP 协议（Internet Protocol）增加安全性的一种方式。在 IPsec 中，对通信内容的认证和完整性校验都是采用消息认证码来完成的。

8.3.3 SSL/TLS

SSL/TLS 是我们在网上购物等场景中所使用的通信协议。SSL/TLS 中对通信内容的认证和完整性校验也使用了消息认证码。关于 SSL/TLS 我们将在第 14 章中详细介绍。

8.4 消息认证码的实现方法

消息认证码有很多种实现方法。

8.4.1 使用单向散列函数实现

使用 SHA-2 之类的**单向散列函数**可以实现消息认证码，其中一种实现方法称为 HMAC，具体步骤我们将在下节介绍。

8.4.2 使用分组密码实现

使用 AES 之类的**分组密码**可以实现消息认证码。

将分组密码的密钥作为消息认证码的共享密钥来使用，并用 CBC 模式（第 4 章）将消息全部加密。此时，初始化向量（IV）是固定的。由于消息认证码中不需要解密，因此将除最后一个分组以外的密文部分全部丢弃，而将最后一个分组用作 MAC 值。由于 CBC 模式的最后一个分组会受到整个消息以及密钥的双重影响，因此可以将它用作消息认证码。例如，AES-CMAC（RFC4493）就是一种基于 AES 来实现的消息认证码。

8.4.3 其他实现方法

此外，使用流密码和公钥密码等也可以实现消息认证码。

8.5 认证加密

2000 年以后，关于认证加密（缩写为 AE[①] 或 AEAD[②]）的研究逐步展开。认证加密是一种将对称密码与消息认证码相结合，同时满足机密性、完整性和认证三大功能的机制。

---

① AE：Authenticated Encryption
② AEAD：Authenticated Encryption with Associated Data

　　有一种认证加密方式叫作 Encrypt-then-MAC，这种方式是先用对称密码将明文加密，然后计算密文的 MAC 值。在 Encrypt-then-MAC 方式中，消息认证码的输入消息是密文，通过 MAC 值就可以判断"这段密文的确是由知道明文和密钥的人生成的"。使用这一机制，我们可以防止攻击者 Mallory 通过发送任意伪造的密文，并让服务器解密来套取信息的攻击（选择密文攻击，参见 5.7.5 节）。

　　除了 Encrypt-then-MAC 之外，还有其他一些认证加密方式，如 Encrypt-and-MAC（将明文用对称密码加密，并对明文计算 MAC 值）和 MAC-then-Encrypt（先计算明文的 MAC 值，然后将明文和 MAC 值同时用对称密码加密）。

▌GCM 与 GMAC

　　GCM（Galois/Counter Mode）是一种认证加密方式[1]。GCM 中使用 AES 等 128 比特分组密码的 CTR 模式（参见 4.7 节），并使用一个反复进行加法和乘法运算的散列函数来计算 MAC 值[2]。由于 CTR 模式的本质是对递增的计数器值进行加密，因此可通过对若干分组进行并行处理来提高运行速度。此外，由于 CTR 模式加密与 MAC 值的计算使用的是相同的密钥，因此在密钥管理方面也更加容易。专门用于消息认证码的 GCM 称为 GMAC。在《CRYPTREC 密码清单》[CRYPTREC] 中，GCM 和 CCM（CBC Counter Mode）都被列为了推荐使用的认证加密方式。

▪▪ 8.6　HMAC 的详细介绍

▌8.6.1　什么是 HMAC

　　HMAC 是一种使用单向散列函数来构造消息认证码的方法（RFC2104），其中 HMAC 的 H 就是 Hash 的意思。

　　HMAC 中所使用的单向散列函数并不仅限于一种，任何高强度的单向散列函数都可以被用于 HMAC，如果将来设计出新的单向散列函数，也同样可以使用。

　　使用 SHA-1、SHA-224、SHA-256、SHA-384、SHA-512 所构造的 HMAC，分别称为 HMAC-SHA1、HMAC-SHA-224、HMAC-SHA-256、HMAC-SHA-384、HMAC-SHA-512。

---

[1]　NIST Special Publication 800-38D, *Recommendation for Block Cipher Modes of Operation: Galois/Counter Mode (GCM) and GMAC*, 2007.

[2]　GCM 以法国数学家伽罗瓦（Galois）的名字命名，就是因为在计算散列值时使用了伽罗瓦域（有限域）2^{128} 中的加法和乘法运算。

8.6.2 HMAC 的步骤

HMAC 中是按照下列步骤来计算 MAC 值的（图 8-3）。

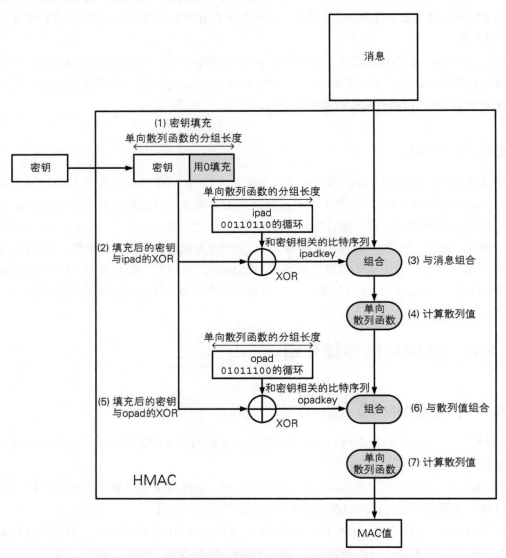

图 8-3 使用单向散列函数实现消息认证码的例子（HMAC）

■■■ (1) 密钥填充

如果密钥比单向散列函数的分组长度要短，就需要在末尾填充 0，直到其长度达到单向散列函数的分组长度为止。

如果密钥比分组长度要长，则要用单向散列函数求出密钥的散列值，然后将这个散列值用作 HMAC 的密钥。

■■■ (2) 填充后的密钥与 ipad 的 XOR

将填充后的密钥与被称为 ipad 的比特序列进行 XOR 运算。ipad 是将 00110110 这一比特序列（即 16 进制的 36）不断循环反复直到达到分组长度所形成的比特序列，其中 ipad 的 i 是 inner（内部）的意思。

XOR 运算所得到的值，就是一个和单向散列函数的分组长度相同，且**和密钥相关的比特序列**。这里我们将这个比特序列称为 ipadkey。

■■■ (3) 与消息组合

随后，将 ipadkey 与消息进行组合，也就是将和密钥相关的比特序列（ipadkey）附加在消息的开头。

■■■ (4) 计算散列值

将 (3) 的结果输入单向散列函数，并计算出散列值。

■■■ (5) 填充后的密钥与 opad 的 XOR

将填充后的密钥与被称为 opad 的比特序列进行 XOR 运算。opad 是将 01011100 这一比特序列（即 16 进制的 5C）不断循环反复直到达到分组长度所形成的比特序列，其中 opad 的 o 是 outer（外部）的意思。

XOR 运算所得到的结果也是一个和单向散列函数的分组长度相同，且和密钥相关的比特序列。这里我们将这个比特序列称为 opadkey。

> **专栏：HMAC 的伪代码**
>
> HMAC 可以用下列伪代码来描述。
>
> hash(opadkey || hash(ipadkey || message))
>
> 其中：
>
> ipadkey 为 key $\oplus$ ipad
>
> opadkey 为 key $\oplus$ opad
>
> 密钥记作 key
>
> 消息记作 message
>
> x 的散列值记作 hash(x)
>
> A 与 B 的组合记作 A || B
>
> 用这样的形式来描述的话，大家应该就能够理解为什么 ipadkey 是"内部"，而 opadkey 是"外部"了吧。因为 ipadkey 是在两层 hash 中的里面一层中出现的。

(6) 与散列值组合

将 (4) 的散列值拼在 opadkey 后面。

(7) 计算散列值

将 (6) 的结果输入单向散列函数，并计算出散列值。这个散列值就是最终的 MAC 值。

通过上述流程我们可以看出，最后得到的 MAC 值，一定是一个和输入的消息以及密钥都相关的长度固定的比特序列。

8.7 对消息认证码的攻击

8.7.1 重放攻击

狡猾的主动攻击者 Mallory 想到可以通过将事先保存的正确 MAC 值不断重放来发动攻击，如果这种攻击成功的话，就可以让 100 万元滚雪球般地变成 1 亿元。

(1) Mallory 窃听到 Alice 银行与 Bob 银行之间的通信。

(2)　Mallory 到 Alice 银行向自己在 Bob 银行中的账户 M-2653 汇款 100 万元。于是 Alice 银行生成了下列汇款请求消息：

　　　"向账户 M-2653 汇款 100 万元"

　　　Alice 银行为该汇款请求消息计算出正确的 MAC 值，然后将 MAC 和消息一起发送给 Bob 银行。

(3)　Bob 银行用收到的消息自行计算 MAC 值，并将计算结果与收到的 MAC 值进行对比。由于两个 MAC 值相等，因此 Bob 银行判断该消息是来自 Alice 银行的合法汇款请求，于是向 Mallory 的账户 M-2653 汇款 100 万元。

(4)　Mallory 窃听了 Alice 银行发给 Bob 银行的汇款请求消息以及 MAC 值，并保存在自己的计算机中。

(5)　Mallory 将刚刚保存下来的汇款请求消息以及 MAC 值再次发给 Bob 银行。

(6)　Bob 银行用收到的消息自行计算 MAC 值，并将计算结果与收到的 MAC 值进行对比。由于两个 MAC 值相等，因此 Bob 银行判断该消息是来自 Alice 银行的合法汇款请求（误解），于是向 Mallory 的账户 M-2653 汇款 100 万元。

(7)　Mallory 将 (5) 重复 100 次。

(8)　Bob 银行将 (6) 重复 100 次。

(9)　Bob 银行向 Mallory 的账户总计汇入 100 万元 × 100 = 1 亿元，这时 Mallory 将这笔钱取出来。

在这里，Mallory 并没有破解消息认证码，而只是将 Alice 银行的正确 MAC 值保存下来重复利用而已。这种攻击方式称为**重放攻击**（replay attack）（图 8-4）。

有几种方法可以防御重放攻击。

▨▨▨ 序号

约定每次都对发送的消息赋予一个递增的编号（序号），并且在计算 MAC 值时将序号也包含在消息中。这样一来，由于 Mallory 无法计算序号递增之后的 MAC 值，因此就可以防御重放攻击。这种方法虽然有效，但是对每个通信对象都需要记录最后一个消息的序号。

▨▨▨ 时间戳

约定在发送消息时包含当前的时间，如果收到以前的消息，即便 MAC 值正确也将其当做错误的消息来处理，这样就能够防御重放攻击。这种方法虽然有效，但是发送者和接收者的时钟必须一致，而且考虑到通信的延迟，必须在时间的判断上留下缓冲，于是多多少少还是会存在可以进行重放攻击的空间。

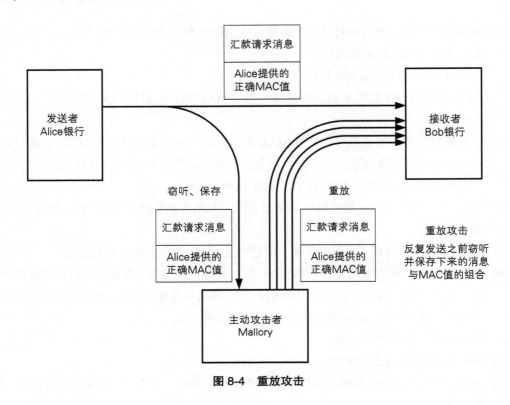

图 8-4　重放攻击

■■■ nonce

在通信之前，接收者先向发送者发送一个一次性的随机数，这个随机数一般称为 nonce。发送者在消息中包含这个 nonce 并计算 MAC 值。由于每次通信时 nonce 的值都会发生变化，因此无法进行重放攻击。这种方法虽然有效，但通信的数据量会有所增加。

8.7.2　密钥推测攻击

和对单向散列函数的攻击一样，对消息认证码也可以进行**暴力破解**（7.8.1 节）以及**生日攻击**（7.8.2 节）。

对于消息认证码来说，应保证**不能根据 MAC 值推测出通信双方所使用的密钥**。如果主动攻击者 Mallory 能够从 MAC 值反算出密钥，就可以进行篡改、伪装等攻击。例如 HMAC 中就是利用单向散列函数的单向性和抗碰撞性来保证无法根据 MAC 值推测出密钥的。

此外，在生成消息认证码所使用的密钥时，必须使用密码学安全的、高强度的伪随机数生成器。如果密钥是人为选定的，则会增加密钥被推测的风险。

8.8 消息认证码无法解决的问题

假设发送者 Alice 要向接收者 Bob 发送消息，如果使用了消息认证码，接收者 Bob 就能够断定自己收到的消息与发送者 Alice 所发出的消息是一致的，这是因为消息中的 MAC 值只有用 Alice 和 Bob 之间共享的密钥才能够计算出来，即便主动攻击者 Mallory 篡改消息，或者伪装成 Alice 发送消息，Bob 也能够识别出消息的篡改和伪装。

但是，消息认证码也不能解决所有的问题，例如"对第三方证明"和"防止否认"，这两个问题就无法通过消息认证码来解决。下面我们来逐一解释一下。

8.8.1 对第三方证明

假设 Bob 在接收了来自 Alice 的消息之后，想要向第三方验证者 Victor[①] 证明这条消息的确是 Alice 发送的，但是用消息认证码无法进行这样的证明，这是为什么呢？

首先，Victor 要校验 MAC 值，就需要知道 Alice 和 Bob 之间共享的密钥。

假设 Bob 相信 Victor，同意将密钥告诉 Victor，即便如此，Victor 也无法判断这条消息是由 Alice 发送的，因为 Victor 可以认为："即使 MAC 值是正确的，发送这条消息的人也不一定是 Alice，还有可能是 **Bob**。"

能够计算出正确 MAC 值的人只有 Alice 和 Bob，在他们两个人之间进行通信时，可以断定是对方计算了 MAC 值，这是因为共享这个密钥的双方之中，有一方就是自己。然而，对于第三方 Victor，Alice 或 Bob 却无法证明是对方计算了 MAC 值，而不是自己。

使用第 9 章中将要介绍的数字签名就可以实现对第三方的证明。

8.8.2 防止否认

假设 Bob 收到了包含 MAC 值的消息，这个 MAC 值是用 Alice 和 Bob 共享的密钥计算出来的，因此 Bob 能够判断这条消息的确来自 Alice。

但是，上面我们讲过，Bob 无法向验证者 Victor 证明这一点，也就是说，发送者 Alice 可以向 Victor 声称："我没有向 Bob 发送过这条消息。"这样的行为就称为**否认**（repudiation）。

Alice 可以说"这条消息是 Bob 自己编的吧""说不定 Bob 的密钥被主动攻击者 Mallory 给盗取了，我的密钥可是妥善保管着呢"等。说白了，就是 Alice 和 Bob 吵起来了。

即便 Bob 拿 MAC 值来举证，Victor 也无法判断 Alice 和 Bob 谁的主张才是正确的，也就是说，用消息认证码无法**防止否认**（nonrepudiation）。

---

① Victor 是一个代表验证者这一角色的名字，其中 Victor 的 V 是 Verify（验证）的意思。

在这种情况下，使用第 9 章中将要介绍的数字签名就可以实现防止否认。

8.9 本章小结

本章中我们介绍了消息认证码。

消息认证码是对消息进行认证并确认其完整性的技术。通过使用发送者和接收者之间共享的密钥，就可以识别出是否存在伪装和篡改行为。

消息认证码可以使用单向散列函数和对称密码等技术来实现，本章中我们重点介绍了通过单向散列函数来实现的 HMAC。

消息认证码中，由于发送者和接收者共享相同的密钥，因此会产生无法对第三方证明以及无法防止否认等问题。在下一章中，我们将介绍能够解决这些问题的数字签名。

小测验 2　消息认证码的基础知识　　　　　　　　　　　　　　（答案见 8.10 节）

下列说法中，请在正确的旁边画〇，错误的旁边画 ×。

(1) 使用消息认证码能够保证消息的机密性。

(2) 使用消息认证码能够识别出篡改行为。

(3) 使用消息认证码需要发送者和接收者之间共享的密钥。

(4) 使用消息认证码能够防止否认。

8.10　小测验的答案

小测验 1 的答案：用对称密码进行认证　　　　　　　　　　　　　（8.2.4 节）

Alice 的想法部分正确，但并非完全正确。

的确，使用对称密码来对消息进行认证是可能的，实际上也存在这样的方法，但是这样的方法是有局限性的。下面我们来解释一下 Alice 的想法的局限性。

假设我们要发送的明文就是随机的比特序列，我们将明文用对称密码加密之后发送出去，当接收者收到密文并进行解密时，明文看上去就是一串随机的比特序列。那么这段密文是来自正确的发送者呢？还是来自不正确的发送者（伪装的发送者）呢？

"正确的发送者用正确的密钥加密的随机比特序列"和"不正确的发送者用错误的密钥加密的任意比特序列"，两者在解密后看上去都是随机比特序列，因此无法对它们进行区别。

Alice 的思考过程 (1) ~ (4) 中，(3) 中的"解密之后得到的明文是正确的"这一点是有问题的。要判断"解密之后得到的明文是正确的"，就需要明文具备某种特定的结构（如存在头尾，或者是像英文文章一样存在概率偏向）。

如果使用消息认证码，即便发送的是随机比特序列，我们也能够正确地对消息进行认证。

可能有些读者认为发送随机比特序列这种事一般不会发生，我们再稍微补充说明一下。

假设我们要将一个商品编号进行加密并发送，为了便于说明，我们假设商品编号是一个 16 进制的数，即 00、01、02、…、FE、FF 中的一个（即长度为 1 字节的值），发送这些值的概率是完全相等的。

发送者对 1 字节的商品编号进行加密，得到 1 字节的密文，然后发送给接收者。接收者将 1 字节的密文解密，得到 1 字节的消息，我们假设解密之后得到的消息是 3E。

那么这条消息是来自正确的发送者呢？还是来自不正确的发送者（伪装的发送者）呢？接收者无法进行判断，因为 00 ~ FF 中的任何一个值都有可能被发送。因此，仅使用对称密码是无法进行认证的。

如果使用消息认证码，即便 00 ~ FF 中所有的值都有可能被作为消息发送，只要检查一下随消息一起发送的 MAC 值，就可以正确地进行认证了。

小测验 2 的答案：消息认证码的基础知识 （8.9 节）

× (1) 使用消息认证码能够保证消息的机密性。

> 使用消息认证码是无法保证消息的机密性的。

○ (2) 使用消息认证码能够识别出篡改行为。

○ (3) 使用消息认证码需要发送者和接收者之间共享的密钥。

× (4) 使用消息认证码能够防止否认。

> 使用消息认证码是无法防止否认的，因为持有密钥的不仅是发送者，接收者也持有相同的密钥，所以接收者可以自行编写消息并计算 MAC 值。从第三方的角度来看，仅通过校验消息和 MAC 值也无法判断该消息到底是由发送者发送的，还是由接收者自己编写的。

第 **9** 章

数字签名——消息到底是谁写的

9.1 羊妈妈的认证

大灰狼把黑色的爪子伸进门缝，说道：

"我是你们的妈妈，快快开门吧！"

七只小羊回答道：

"不是不是，妈妈的手是白色的，你的手是黑色的，你不是我们的妈妈！"

听了小羊们的话，大灰狼把它的爪子染成了白色，于是小羊们就被大灰狼的白爪子给骗了，便打开了门。

小羊们想要依靠手的颜色来进行认证，但却被大灰狼成功地进行了"伪装"。这是因为小羊们用来认证的"白色的手"是大灰狼也能够模仿出来的。

如果有一种"只有羊妈妈才能生成的信息"，那就可以实现更可靠的认证了吧。

9.2 本章学习的内容

本章中我们将学习数字签名的相关知识。数字签名是一种将相当于现实世界中的盖章、签字的功能在计算机世界中进行实现的技术。使用数字签名可以识别篡改和伪装，还可以防止否认。

9.3 数字签名

9.3.1 Alice 的借条

我们还是像以前一样，通过 Alice 和 Bob 的故事来了解一下需要使用数字签名的场景。

假设 Alice 需要向 Bob 借 100 万元。不过，Alice 和 Bob 离得很远，无法直接见面。通过银行汇款，Alice 可以立刻从 Bob 那里收到钱，但是 Alice 的借条应该怎样发送给 Bob 呢？可以用挂号信寄过去，不过那样需要花上一段时间，能不能用电子邮件来发送借条呢？比如：

"Bob，我向你借款 100 万元。——Alice"

显然，这样的邮件无法代替借条，Bob 看到这封邮件也不会轻易相信，因为电子邮件是很容易被伪造的。Alice 写的邮件有可能被**篡改**，也有可能是有人**伪装**成 Alice 发送了这封邮件，或者 Alice 也可以事后以"我不知道这张借条"为理由来进行**否认**。

9.3.2 从消息认证码到数字签名

■■■ 消息认证码的局限性

通过使用第 8 章中介绍的消息认证码，我们可以识别消息是否被篡改或者发送者身份是否被伪装，也就是可以校验消息的完整性，还可以对消息进行认证。然而，在出具借条的场景中却无法使用消息认证码，因为**消息认证码无法防止否认**。

消息认证码之所以无法防止否认，是因为消息认证码需要在发送者 Alice 和接收者 Bob 两者之间**共享同一个密钥**。正是因为密钥是共享的，所以能够使用消息认证码计算出正确 MAC 值的并不只有发送者 Alice，接收者 Bob 也可以计算出正确的 MAC 值。由于 Alice 和 Bob 双方都能够计算出正确的 MAC 值，因此对于第三方来说，我们无法证明这条消息的确是由 Alice 生成的。上述内容我们在第 8 章中已经讲解过了，这里算是复习一下吧。

■■■ 通过数字签名解决问题

下面请大家开动一下脑筋。假设发送者 Alice 和接收者 Bob 不需要共享一个密钥，也就是说，Alice 和 Bob **各自使用不同的密钥**。

我们假设 Alice 使用的密钥是一个只有 Alice 自己才知道的私钥。当 Alice 发送消息时，她用私钥生成一个"签名"。相对地，接收者 Bob 则使用一个和 Alice 不同的密钥对签名进行验证。使用 Bob 的密钥无法根据消息生成签名，但是用 Bob 的密钥却可以对 Alice 所计算的签名进行验证，也就是说可以知道这个签名是否是通过 Alice 的密钥计算出来的。如果真有这么一种方法的话，那么不管是识别篡改、伪装还是防止否认就都可以实现了吧？

实际上，这种看似很神奇的技术早就已经问世了，这就是**数字签名**（digital signature）[①]。

专栏：不要和邮件末尾的签名搞混

我们经常会在邮件的末尾附上一段文字来表明自己的名字和所在的公司等信息，这些文字也称为"签名"。邮件的签名和本章所说的数字签名（签名）是完全不同的两码事。在邮件末尾添加的签名是一串固定的文字，而本章所说的数字签名（签名）则是根据消息内容生成的一串"只有自己才能计算出来的数值"，因此数字签名（签名）的内容是随消息的改变而改变的。

---

① 数字签名也称为**电子签名**，或者简称为**签名**（signature）。

9.3.3 签名的生成和验证

让我们来稍微整理一下。

在数字签名技术中，出现了下面两种行为。

- 生成消息签名的行为
- 验证消息签名的行为

生成消息签名这一行为是由消息的发送者 Alice 来完成的，也称为"对消息签名"。生成签名就是根据消息内容计算数字签名的值，这个行为意味着"我认可该消息的内容"。

验证数字签名这一行为一般是由消息的接收者 Bob 来完成的，但也可以由需要验证消息的第三方来完成，这里的第三方在本书中被命名为**验证者 Victor**。验证签名就是检查该消息的签名是否真的属于 Alice，验证的结果可以是成功或者失败，成功就意味着这个签名是属于 Alice 的，失败则意味着这个签名不是属于 Alice 的。

在数字签名中，生成签名和验证签名这两个行为需要使用各自专用的密钥来完成。

Alice 使用"签名密钥"来生成消息的签名，而 Bob 和 Victor 则使用"验证密钥"来验证消息的签名。**数字签名对签名密钥和验证密钥进行了区分，使用验证密钥是无法生成签名的。这一点非常重要。**此外，**签名密钥只能由签名的人持有，而验证密钥则是任何需要验证签名的人都可以持有。**

刚才讲的这部分内容，是不是觉得似曾相识呢？

专栏：autograph 与 signature

在汉语中，我们通常把名人在纪念品上挥毫题上自己的大名也叫作"签名"。这种签名在英语中叫作 autograph，而带有"签署"之意的签名则叫作 signature，它们的语义是有所区别的。在本章中我们所讲的并不是 autograph，而是 signature。

没错，这就是我们在第 5 章中讲过的公钥密码嘛。公钥密码和上面讲的数字签名的结构非常相似。**在公钥密码中，密钥分为加密密钥和解密密钥，用加密密钥无法进行解密。**此外，**解密密钥只能由需要解密的人持有，而加密密钥则是任何需要加密的人都可以持有。**你看，数字签名和公钥密码是不是很像呢？

实际上，数字签名和公钥密码有着非常紧密的联系，简而言之，**数字签名就是通过将公钥密码"反过来用"而实现的。**下面我们来将密钥的使用方式总结成一张表（表 9-1）。

表 9-1　公钥密码与数字签名的密钥使用方式

	私钥	公钥
公钥密码	接收者解密时使用	发送者加密时使用
数字签名	签名者生成签名时使用	验证者验证签名时使用
谁持有密钥?	个人持有	只要需要，任何人都可以持有

9.3.4　公钥密码与数字签名

好像我们讲得有点快，下面我们再来详细讲一讲公钥密码与数字签名之间的关系。

要实现数字签名，我们可以使用第 5 章中介绍的公钥密码机制。公钥密码包括一个由公钥和私钥组成的密钥对，其中公钥用于加密，私钥用于解密（图 9-1）。

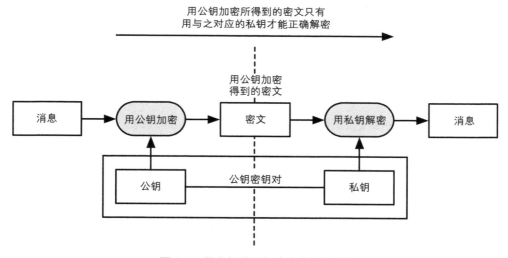

图 9-1　用公钥进行加密（公钥密码）

数字签名中也同样会使用公钥和私钥组成的密钥对，不过这两个密钥的用法和公钥密码是相反的，即**用私钥加密**相当于**生成签名**，而**用公钥解密**则相当于**验证签名**[1]。请大家通过比较两张图示来理解一下"反过来用"到底是什么样的情形（图 9-2）。

---

[1]　严格来说，RSA 算法中公钥加密和数字签名正好是完全相反的关系，但在其他算法中有可能不是这样完全相反的关系。

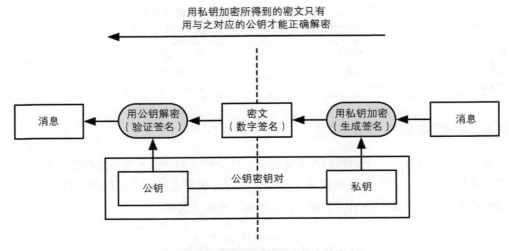

图 9-2   用私钥进行加密（数字签名）

那么为什么加密相当于生成签名，而解密相当于验证签名呢？要理解这个问题，我们需要回想一下公钥密码中讲过的知识，即组成密钥对的两个密钥之间存在严密的数学关系，它们是一对无法拆散的伙伴。

用公钥加密所得到的密文，只能用与该公钥配对的私钥才能解密；同样地，用私钥加密所得到的密文，也只能用与该私钥配对的公钥才能解密。也就是说，如果用某个公钥成功解密了密文，那么就能够证明这段密文是用与该公钥配对的私钥进行加密所得到的。

用私钥进行加密这一行为只能由持有私钥的人完成，正是基于这一事实，我们才可以将用私钥加密的密文作为签名来对待（图 9-3、图 9-4）。

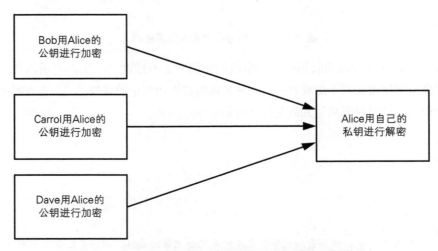

图 9-3   公钥密码中，任何人都能够进行加密（公钥密码）

由于公钥是对外公开的，因此任何人都能够用公钥进行解密，这就产生了一个很大的好处，即任何人都能够对签名进行验证。

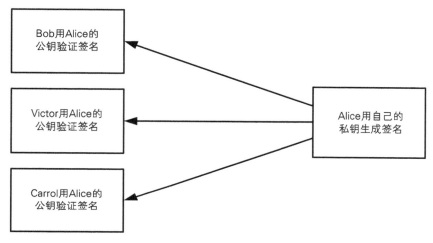

图 9-4　数字签名中，任何人都能够验证签名（数字签名）

小测验 1　公钥与私钥的作用　　　　　　　　　　　　　（答案见 9.13 节）

(1) Alice 要生成一段消息的数字签名，需要使用 Alice 的公钥还是私钥呢？

(2) 如果要验证 Alice 的签名，需要使用 Alice 的公钥还是私钥呢？

9.4　数字签名的方法

下面我们来具体介绍两种生成和验证数字签名的方法。

- 直接对消息签名的方法
- 对消息的散列值签名的方法

直接对消息签名的方法比较容易理解，但实际上并不会使用；对消息的散列值签名的方法稍微复杂一点，但实际中我们一般都使用这种方法。

9.4.1　直接对消息签名的方法

本节中，发送者 Alice 要对消息签名，而接收者 Bob 要对签名进行验证，我们来讲一下具体的方法。

Alice 需要事先生成一个包括公钥和私钥的密钥对，而需要验证签名的 Bob 则需要得到 Alice 的公钥。在此基础上，签名和验证的过程如下（图 9-5）。

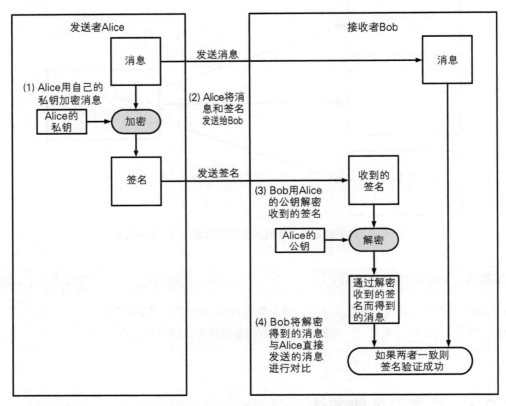

图 9-5 Alice 对消息签名，Bob 验证签名

(1) **Alice 用自己的私钥对消息进行加密。**

用私钥加密得到的密文就是 Alice 对这条消息的签名，由于只有 Alice 才持有自己的私钥，因此除了 Alice 以外，其他人是无法生成相同的签名（密文）的。

(2) **Alice 将消息和签名发送给 Bob。**

(3) **Bob 用 Alice 的公钥对收到的签名进行解密。**

如果收到的签名确实是用 Alice 的私钥进行加密得到的密文（签名），那么用 Alice 的公钥应该能够正确解密。如果收到的签名不是用 Alice 的私钥进行加密得到的密文，那么就无法用 Alice 的公钥正确解密（解密后得到的数据看起来是随机的）。

(4) **Bob 将签名解密后得到的消息与 Alice 直接发送的消息进行对比。**

如果两者一致，则签名验证成功；如果两者不一致，则签名验证失败。

看了上述讲解，各位读者的脑海中一定会冒出很多问号。为了讲解方便，我们稍后（9.5节）再集中回答这些疑问，请大家稍安勿躁。

9.4.2 对消息的散列值签名的方法

上一节中我们讲过了直接对消息签名的方法，但这种方法需要对整个消息进行加密，非常耗时，这是因为公钥密码算法本来就非常慢。那么，我们能不能生成一条很短的数据来代替消息本身呢？从密码学家的工具箱里面找找看，果然找到了一个跟我们的目的十分契合的工具，它就是第 7 章中介绍的**单向散列函数**。

于是我们不必再对整个消息进行加密（即对消息签名），而是只要先用单向散列函数求出消息的散列值，然后再将散列值进行加密（对散列值签名）就可以了。无论消息有多长，散列值永远都是这么短，因此对其进行加密（签名）是非常轻松的。

(1) Alice 用单向散列函数计算消息的散列值。

(2) Alice 用自己的私钥对散列值进行加密。

　　用私钥加密散列值所得到的密文就是 Alice 对这条散列值的签名，由于只有 Alice 才持有自己的私钥，因此除了 Alice 以外，其他人是无法生成相同的签名（密文）的。

(3) Alice 将消息和签名发送给 Bob。

(4) Bob 用 Alice 的公钥对收到的签名进行解密。

　　如果收到的签名确实是用 Alice 的私钥进行加密而得到的密文（签名），那么用 Alice 的公钥应该能够正确解密，解密的结果应该等于消息的散列值。如果收到的签名不是用 Alice 的私钥进行加密而得到的密文，那么就无法用 Alice 的公钥正确解密（解密后得到的数据看起来是随机的）。

(5) Bob 将签名解密后得到的散列值与 Alice 直接发送的消息的散列值进行对比。

　　如果两者一致，则签名验证成功；如果两者不一致，则签名验证失败。

整个过程如图 9-6 所示，请大家和上一节中的图 9-5 比较一下，看看在哪里用到了单向散列函数。

我们将数字签名中生成签名和验证签名的过程整理成一张时间流程图（图 9-7）。

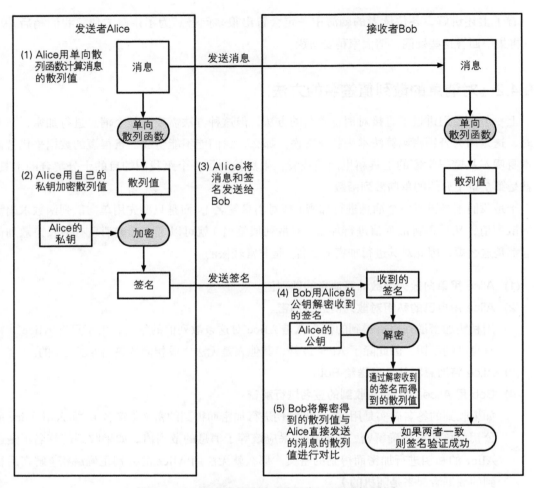

图 9-6 Alice 对消息的散列值签名，Bob 验证签名

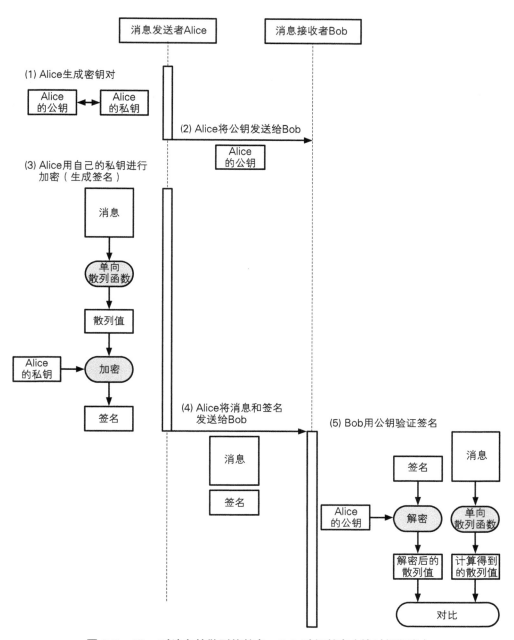

图 9-7 Alice 对消息的散列值签名，Bob 验证签名（按时间顺序）

9.5 对数字签名的疑问

上面我们对数字签名进行了基本的讲解，但恐怕很多读者并不十分认同，至少我在刚听到数字签名这个话题时，心中也产生了不少疑问。下面我们就设想一些读者可能会产生的疑问并进行解答。

9.5.1 密文为什么能作为签名使用

疑问

用私钥加密消息得到签名，然后再用公钥解密消息并验证签名，这个过程我理解了，但是密文为什么能够具备签名的意义呢？

解答

虽说实际进行的处理内容是用私钥进行加密，但这里的加密并非是为了保证机密性而进行的。

数字签名是利用了"没有私钥的人事实上无法生成使用该私钥所生成的密文"这一性质来实现的。这里所生成的密文并非被用于保证机密性，而是被用于代表一种**只有持有该密钥的人才能够生成的信息**。

这样的信息一般称为**认证符号**（authenticator），消息认证码也是认证符号的一种，数字签名也是一样。数字签名是通过使用私钥进行加密来产生认证符号的。

另外，七只小羊用来认证羊妈妈所使用的手的颜色也是一种认证符号（只是这个认证符号被大灰狼伪造了）。

9.5.2 数字签名不能保证机密性吗

疑问

从图 9-6 来看，消息没有经过加密就发送了，这样不就无法保证消息的机密性了吗？

解答

的确如此，数字签名的作用本来就不是保证机密性。

如果需要保证机密性，则可以不直接发送消息，而是将消息进行加密之后再发送。关于密码和签名的组合方法，我们会在第 13 章中详细介绍。

9.5.3 这种签名可以随意复制吗

■■■ 疑问

数字签名只不过是计算机上的一种数据，貌似很容易被复制。但如果可以轻易复制出相同的内容，那还能用作签名吗？

■■■ 解答

的确，虽然叫作签名，但它也仅仅是计算机上的一种普通的数据而已。数字签名可以附加在消息的末尾，也可以和消息分离，单独作为文件来发送，但无论如何，我们都可以像复制普通的文件一样，很容易地复制出任意个内容相同的副本。

但是，签名可以被复制，并不意味着签名就没有意义，因为签名所表达的意义是特定的签名者对特定的消息进行了签名，即便签名被复制，也并不会改变签名者和消息的内容。

在现实世界中，签名的原件是独一无二的，用复印机复印出来的副本和原件是有区别的，但在计算机中文件的副本与原件之间是无法区别的，这也许就是这一疑问产生的原因吧。然而，签名是不是原件并不重要，真正重要的是**特定的签名者与特定的消息绑定在了一起**这一事实。

无论将签名复制多少份，"是谁对这条消息进行了签名"这一事实是不会发生任何改变的。总之，签名可以被复制，但这并不代表签名会失去意义。

9.5.4 消息内容会不会被任意修改

■■■ 疑问

数字签名只不过是普通的数据，消息和签名两者都是可以任意修改的，这样的签名还有意义吗？

■■■ 解答

的确，签名之后也可以对消息和签名进行修改，但是这样修改之后，验证签名就会失败，进行验证的人就能够发现这一修改行为。数字签名所要实现的并不是**防止修改**，而是**识别修改**。修改没问题，但验证签名会失败。

■■■ **追问**

能不能同时修改消息和签名，使得验证签名能够成功呢？

■■■ **解答**

事实上是做不到的。

以对散列值签名为例，只要消息被修改 1 比特，重新计算的散列值就会发生很大的变化，要拼凑出合法的签名，必须在不知道私钥的前提下对新产生的散列值进行加密，事实上这是无法做到的，因为不知道私钥就无法生成用该私钥才能生成的密文。

这个问题相当于对数字签名的攻击，我们稍后会更加详细地讲解。

9.5.5　签名会不会被重复使用

■■■ **疑问**

如果得到了某人的数字签名，应该就可以把签名的部分提取出来附加在别的消息后面，这样的签名还有效吗？

■■■ **解答**

的确，可以将签名部分提取出来并附加到别的消息后面，但是验证签名会失败。

将签名提取出来这一行为，就好像是现实世界中把纸质合同上的签名拓下来一样。然而在数字签名中，签名和消息之间是具有对应关系的，消息不同签名内容也会不同，因此事实上是无法做到将签名提取出来重复使用的。

总之，将一份签名附加在别的消息后面，验证签名会失败。

9.5.6　删除签名也无法"作废合同"吗

■■■ **疑问**

如果是纸质的借据，只要将原件撕毁就可以作废。但是带有数字签名的借据只是计算机文件，将其删除也无法保证确实已经作废，因为不知道其他地方是否还留有副本。无法作废的签名是不是非常不方便呢？

■■■ **解答**

的确，带有数字签名的借据即便删除掉也无法作废，要作废带有数字签名的借据，可以重新创建一份相当于收据的文书，并让对方在这份文书上加上数字签名。

拿一个具体的例子来说，如果我们想要将过去使用过的公钥作废，就可以创建一份声明该公钥已作废的文书并另外加上数字签名。

也可以在消息中声明该消息的有效期并加上数字签名，例如公钥的证书就属于这种情况，关于这一点，我们将在第 10 章中详细介绍。

9.5.7　如何防止否认

■■■ 疑问

消息认证码无法防止否认，为什么数字签名就能够防止否认呢？

■■■ 解答

防止否认与"谁持有密钥"这一问题密切相关。

在消息认证码中，能够计算 MAC 值的密钥（共享密钥）是由发送者和接收者双方共同持有的，因此发送者和接收者中的任何一方都能够计算 MAC 值，发送者也就可以声称"这个 MAC 值不是我计算的，而是接收者计算的"。

相对地，在数字签名中，能够生成签名的密钥（私钥）是只有发送者才持有的，只有发送者才能够生成签名，因此发送者也就没办法说"这个签名不是我生成的"了。

当然，严格来说，如果数字签名的生成者说"我的私钥被别人窃取了"，也是有可能进行否认的，关于这个问题我们会在第 10 章中进行探讨。

9.5.8　数字签名真的能够代替签名吗

■■■ 疑问

纸质借据上如果不签名盖章的话，总是觉得不太放心。数字签名真的能够有效代替现实世界中的签名和盖章吗？

■■■ 解答

这个疑问应该说非常合理。

数字签名技术有很多优点，例如不需要物理交换文书就能够签订合同，以及可以对计算机上的任意数据进行签名等。然而，对于实际上能不能代替签名这个问题还是有一些不安的因素。其中一个很大的原因恐怕是签订合同、进行认证这样的行为是一种社会性的行为。

我们在对文件进行数字签名时，没有人会自己亲手去实际计算数字签名的算法，而只是在阅读软件给出的提示信息后按下按钮或者输入口令。

然而，这个软件真的值得信任吗？软件虽然会提示用户说"请对该文件签名"，但软件所提示的消息真的是经过这个软件本身进行签名的吗？有没有可能是这个软件本身感染了病毒，而病毒实际上对另外一份文件进行了签名呢？这样的危险我们还能够想到很多，而实际上它们确实有可能发生。

美国于 2000 年颁布了 **E-SIGN 法案**，日本也于 2001 年颁布了**电子签名及其认证业务的相关法律**（电子签名法）[①]。这些法律为将电子手段实现的签名与手写的签名和盖章同等处理提供了法律基础。然而在实际应用中，很有可能会产生与数字签名相关的问题以及围绕数字签名有效性的诉讼。

数字签名技术在未来将发挥重要的作用，但是单纯认为数字签名比普通的印章或手写签名更可信是很危险的。一种新技术只有先被人们广泛地认知，并对各种问题制定相应的解决办法之后，才能被社会真正地接受。

9.6　数字签名的应用实例

下面我们来介绍一些数字签名的具体应用实例。

9.6.1　安全信息公告

一些信息安全方面的组织会在其网站上发布一些关于安全漏洞的警告，那么这些警告信息是否真的是该组织所发布的呢？我们如何确认发布这些信息的网页没有被第三方篡改呢？

在这样的情况下就可以使用数字签名，即该组织可以对警告信息的文件施加数字签名，这样一来世界上的所有人就都可以验证警告信息的发布者是否合法。

信息发布的目的是尽量让更多的人知道，因此我们没有必要对消息进行加密，但是必须排除有人恶意伪装成该组织来发布假消息的风险。因此，我们不加密消息，而只是对消息加上数字签名，这种对明文消息所施加的签名，一般称为**明文签名**（clearsign）。

---

① 在相关法律方面，我国于 2005 年颁布实施了《中华人民共和国电子签名法》。——译者注

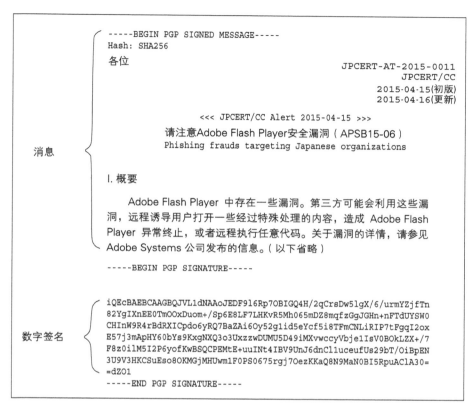

图 9-8　信息安全组织 JPCERT/CC 发布的安全公告示例（节选）

9.6.2　软件下载

我们经常会从网上下载软件，有时候是我们自己决定去下载某个软件，有时候则是我们所使用的软件自动去下载了另外一些软件。

无论哪种情况，我们都需要判断所下载的软件是否可以安全运行，因为下载的软件有可能被主动攻击者 Mallory 篡改，从而执行一些恶意的操作。例如，明明是下载了一个游戏软件，结果却可能是一个会删除硬盘上所有数据的程序，又或者可能是一个会将带有病毒的邮件发送给所有联系人的程序。

为了防止出现这样的问题，软件的作者可以对软件加上数字签名，而我们只要在下载之后验证数字签名，就可以识别出软件是否遭到了主动攻击者 Mallory 的篡改。

一种名为**带签名的 Applet** 的软件就是一个具体的例子。这种软件是用 Java 编写的（一种浏览器进行下载并执行的软件），并加上了作者的签名，而浏览器会在下载之后对签名进行验证。

此外，智能手机上广泛使用的 Android 操作系统中是无法安装没有数字签名的应用软件的。在签署数字签名时，为了识别应用开发者的身份，需要使用第 10 章中将要介绍的"证书"。不过这个证书只被用来识别应用开发者的身份等信息，并不是经过认证机构（Certificate Authority）签名的。

不过，数字签名只是能够检测软件是否被篡改过，而并不能保证软件本身不会做出恶意的行为。如果软件的作者本身具有恶意的话，那么再怎么加上数字签名也是无法防范这种风险的。

9.6.3 公钥证书

在验证数字签名时我们需要合法的公钥，那么怎么才能知道自己得到的公钥是否合法呢？我们可以将公钥当作消息，对它加上数字签名。像这样对公钥施加数字签名所得到的就是**公钥证书**，关于证书我们会在第 10 章详细介绍。

9.6.4 SSL/TLS

SSL/TLS 在认证服务器身份是否合法时会使用服务器证书，它就是加上了数字签名的服务器公钥。相对地，服务器为了对客户端（用户）进行认证也会使用客户端证书。关于 SSL/TLS 我们会在第 14 章详细介绍。

9.7 通过 RSA 实现数字签名

下面我们来用 RSA 的数字签名算法实际尝试一下签名的过程吧。RSA 公钥密码算法已经在第 5 章中详细介绍过了，因此在这里我们只讲解一下生成和验证签名的过程。此外，为了简单起见，我们不使用单向散列函数，而是直接对消息进行签名。

关于将 RSA 和单向散列函数相结合来进行数字签名的详细说明，请参见 RFC 3447（Public-Key Cryptography Standards（PKCS）#1）。

9.7.1 用 RSA 生成签名

在 RSA 中，被签名的消息、密钥以及最终生成的签名都是以数字形式表示的。在对文本进行签名时，需要事先将文本编码成数字。用 RSA 生成签名的过程可用下列公式来表述：

$$\text{签名} = \text{消息}^D \bmod N \qquad （用 RSA 生成签名）$$

这里所使用的 *D* 和 *N* 就是签名者的私钥。签名就是对消息的 *D* 次方求 mod *N* 的结果，也就是说将消息和自己相乘 *D* 次，然后再除以 *N* 求余数，最后求得的余数就是签名。

生成签名后，发送者就可以将消息和签名发送给接收者了。

9.7.2　用 RSA 验证签名

RSA 的签名验证过程可用下列公式来表述：

> **由签名求得的消息 = 签名^E mod *N*** 　　（用 RSA 验证签名）

这里所使用的 *E* 和 *N* 就是签名者的公钥。接收者计算签名的 *E* 次方并求 mod *N*，得到"由签名求得的消息"，并将其与发送者直接发送过来的"消息"内容进行对比。如果两者一致则签名验证成功，否则签名验证失败。

我们把刚才讲解的内容整理成表 9-2。关于这里出现的私钥（*D*、*N*）和公钥（*E*、*N*）的生成方法，请参见 5.6.4 节的内容。

表 9-2　RSA 的签名生成和验证

密钥对	公钥	数 *E* 和数 *N*
	私钥	数 *D* 和数 *N*
生成签名		签名 = 消息^D mod *N*（消息的 *D* 次方除以 *N* 的余数）
验证签名		由签名求得的消息 = 签名^E mod *N*（签名的 *E* 次方除以 *N* 的余数），将"由签名求得的消息"与"消息"进行对比

9.7.3　具体实践一下吧

下面我们来通过具体的数字，用 RSA 来实际生成和验证签名。在这里我们使用 5.6.5 节中生成的密钥对：

公钥：*E* = 5；*N* = 323
私钥：*D* = 29；*N* = 323

由于 *N* 为 323，因此消息需要为 0 ~ 322 这个范围内的整数。在这里假设我们需要对 123 这个消息进行签名。

■■■ 生成签名

下面我们用私钥 (*D*, *N*) = (29, 323) 来生成消息 123 的签名。

消息 ^{D} mod N = 123^{29} mod 323

$$= 157$$

签名是 157[①]。向接收者发送的内容为：

(消息 , 签名) = (123, 157)

这两个数字。

■■■ 验证签名

接受者收到的内容为：

(消息 , 签名) = (123, 157)

我们用公钥 (E, N) = (5, 323) 来计算由签名求得的消息。

签名 ^{E} mod N = 157^5 mod 323

$$= 123$$

我们得到的消息 123 与发送者直接发送过来的消息 123 是一致的，因此签名验证成功。

9.8 其他的数字签名

除了 RSA 之外还存在其他的数字签名算法，下面我们简单介绍一下 ElGamal、DSA、ECDSA 和 Rabin 这几种方式。

9.8.1 ElGamal 方式

ElGamal 方式是由 Taher ElGamal 设计的公钥算法，利用了在 mod N 中求离散对数的困难度。ElGamal 方式可以被用于公钥密码和数字签名。密码软件 GnuPG 中也曾使用过 ElGamal 方式，但由于 1.0.2 版本中数字签名的实现上存在漏洞，因此现在在 GnuPG 中 ElGamal 仅被用于公钥密码。

---

① 算式 123^{29} mod 323 的值可以参照 5.6.5 节的专栏中的方法，用 Windows 科学计算器来计算。

123^{29} mod 323 = (123^{10} mod 323) × (123^{10} mod 323) × (123^9 mod 323) mod 323

$$= 237 × 237 × 191 \text{ mod } 323$$

$$= 10728279 \text{ mod } 323$$

$$= 157$$

9.8.2 DSA

DSA（Digital Signature Algorithm）是一种数字签名算法，是由 NIST（National Institute of Standards and Technology，美国国家标准技术研究所）于 1991 年制定的数字签名规范（DSS）。DSA 是 Schnorr 算法与 ElGammal 方式的变体，只能被用于数字签名。

9.8.3 ECDSA

ECDSA（Elliptic Curve Digital Signature Algorithm）是一种利用椭圆曲线密码来实现的数字签名算法（NIST FIPS 186-3）。关于椭圆曲线密码的介绍请参见附录。

9.8.4 Rabin 方式

Rabin 方式是由 M. O. Rabin 设计的公钥算法，利用了在 mod N 中求平方根的困难度。Rabin 方式可以被用于公钥密码和数字签名。

9.9 对数字签名的攻击

9.9.1 中间人攻击

针对公钥密码的**中间人攻击**（man-in-the-middle attack）（5.7.4 节）对于数字签名来说也颇具威胁。

对数字签名的中间人攻击，具体来说就是主动攻击者 Mallory 介入发送者和接收者的中间，对发送者伪装成接收者，对接收者伪装成发送者，从而能够在无需破解数字签名算法的前提下完成攻击。

要防止中间人攻击，就需要确认自己所得到的公钥是否真的属于自己的通信对象。例如，我们假设 Bob 需要确认自己所得到的是否真的是 Alice 的公钥，Bob 可以给 Alice 打个电话，问一下自己手上的公钥是不是真的（如果电话通信也被 Mallory 控制，那这个方法就不行了）。

要在电话中把公钥的内容都念一遍实在是太难了，这里有一个简单的方法，即 Alice 和 Bob 分别用单向散列函数计算出散列值，然后在电话中相互确认散列值的内容即可。实际上，涉及公钥密码的软件都可以显示公钥的散列值，这个散列值称为**指纹**（fingerprint）。指纹的内容就是像下面这样的一串字节序列。

```
85 74 EC 5E BE DA 35 3E D3 24 3E 08 22 9C 30 BA 4B 7B B4 A3
```

上面介绍的内容是关于人与人之间如何对公钥进行认证的，实际上大多数情况下都是计算机程序之间来进行公钥的认证，这个时候就需要使用公钥的"证书"。

9.9.2 对单向散列函数的攻击

数字签名中所使用的单向散列函数必须具有抗碰撞性，否则攻击者就可以生成另外一条不同的消息，使其与签名所绑定的消息具有相同的散列值。

9.9.3 利用数字签名攻击公钥密码

在 RSA 中，生成签名的公式是：

签名 = 消息^D mod N

这个公式和公钥密码中解密的操作是等同的，也就是说可以将"请对消息签名"这一请求理解为"请解密消息"。利用这一点，攻击者可以发动一种巧妙的攻击，即利用数字签名来破译密文。

我们假设现在 Alice 和 Bob 正在进行通信，主动攻击者 Mallory 正在窃听。Alice 用 Bob 的公钥加密消息后发送给 Bob，发送的密文是用下面的公式计算出来的。

密文 = 消息^E mod N

Mallory 窃听到 Alice 发送的密文并将其保存下来，由于 Mallory 想要破译这段消息，因此他给 Bob 写了这样一封邮件。

Dear Bob：

我是一位密码学研究者，名叫 Mallory。

我现在正在进行关于数字签名的实验，

可否请您对附件中的数据签名并回复给我？

附件中的数据只是随机数据，不会造成任何问题。

感谢您的配合。

Mallory

Mallory 将刚刚窃听到的密文作为上述邮件的附件一起发送给 Bob，即：

附件数据 = 密文

Bob 看到了 Mallory 的邮件，发现附件数据的确只是随机数据（但其实这是 Alice 用 Bob 的公钥加密的密文）。

于是 Bob 对附件数据进行签名，具体情形如下。

签名 = 附件数据^D mod N　　　（RSA 生成签名）

　　　 = 密文^D mod N　　　　　（附件数据实际上是密文）

　　　 = 消息　　　　　　　　　 （进行了解密操作）

Bob 的本意是对随机的附件数据施加数字签名，但结果却无意中解密了密文。如果不小心将上述签名的内容（= 消息）发送给了 Mallory，那么 Mallory 不费吹灰之力就可以破译密文了。这种诱使接收者本人来进行解密的方法实在是非常大胆。

在上面的例子中，Bob 可能会察觉到签名的操作实际上是在对消息进行解密（如果使用混合密码系统的话，签名的结果也是随机数据，因此 Bob 可能不会察觉）。

对于这样的攻击，我们应该采取怎样的对策呢？首先，不要直接对消息进行签名，对散列值进行签名比较安全；其次，公钥密码和数字签名最好分别使用不同的密钥对。实际上，GnuPG 和 PGP 都可以生成多个密钥对。

然而，最重要的就是**绝对不要对意思不清楚的消息进行签名**，尤其是不要对看起来只是随机数据的消息进行签名。从签名的目的来说，这一点应该是理所当然的，因为谁都不会在自己看不懂的合同上签字盖章的。

9.9.4　潜在伪造

上面我们提到了随机消息，借这个话题我们来说一说潜在伪造。如果一个没有私钥的攻击者能够对有意义的消息生成合法的数字签名，那么这个数字签名算法一定是不安全的，因为这样的签名是可以被伪造的。

然而，即使签名的对象是无意义的消息（例如随机比特序列），如果攻击者能够生成合法的数字签名（即攻击者生成的签名能够正常通过校验），我们也应该将其当成是对这种签名算法的一种潜在威胁。这种情况称为对数字签名的**潜在伪造**。

在用 RSA 来解密消息的数字签名算法中，潜在伪造是可能的。因为我们只要将随机比特序列 S 用 RSA 的公钥加密生成密文 M，那么 S 就是 M 的合法数字签名（这与上一节中所提到的内容正好相反）。由于攻击者是可以获取公钥的，因此对数字签名进行潜在伪造也就可以实现了。

为了应对潜在伪造，人们在改良 RSA 的基础上开发出了一种签名算法，叫作 RSA-PSS（Probabilistic Signature Scheme）。RSA-PSS 并不是对消息本身进行签名，而是对其散列值进行签名。另外，为了提高安全性，在计算散列值的时候还要对消息加盐（salt）。关于 RSA-PSS 的技术规范请参见 2001 年的 RFC3447（Public-Key Cryptography Standards (PKCS) #1: RSA Cryptography Specifications Version 2.1）。

9.9.5 其他攻击

针对公钥密码的攻击方法大部分都能够被用于攻击数字签名，例如用暴力破解来找出私钥，或者尝试对 RSA 的 N 进行质因数分解等。

9.10 各种密码技术的对比

下面我们将数字签名技术与其他的密码技术进行一下比较。

9.10.1 消息认证码与数字签名

第 8 章中我们介绍了消息认证码，它和本章介绍的数字签名很相似，都是用来校验完整性和进行认证的技术。

可以通过对对称密码和公钥密码的对比来理解消息认证码与数字签名的区别。我们把对比的过程整理成表 9-3。

表 9-3　对称密码与公钥密码的对比，以及消息认证码与数字签名的对比

	对称密码	公钥密码
发送者	用共享密钥加密	用公钥加密
接收者	用共享密钥解密	用私钥解密
密钥配送问题	存在	不存在，但公钥需要另外认证
机密性	○	○

	消息认证码	数字签名
发送者	用共享密钥计算 MAC 值	用私钥生成签名
接收者	用共享密钥计算 MAC 值	用公钥验证签名
密钥配送问题	存在	不存在，但公钥需要另外认证
完整性	○	○
认证	○（仅限通信对象双方）	○（可适用于任何第三方）
防止否认	×	○

9.10.2 混合密码系统与对散列值签名

在混合密码系统中，消息本身是用对称密码加密的，而只有对称密码的密钥是用公钥密码加密的，即在这里对称密码的密钥就相当于消息。

另一方面，数字签名中也使用了同样的方法，即将消息本身输入单向散列函数求散列值，然后再对散列值进行签名，在这里散列值就相当于消息。

如果将两者的特点总结成简短的标语，我们可以说：对称密码的**密钥是机密性的精华**，单向散列函数的**散列值是完整性的精华**。关于上述思想，我们会在最后一章进行探讨。

9.11 数字签名无法解决的问题

用数字签名既可以识别出篡改和伪装，还可以防止否认。也就是说，我们同时实现了确认消息的完整性、进行认证以及否认防止。现代社会中的计算机通信从这一技术中获益匪浅。

然而，要正确使用数字签名，有一个大前提，那就是用于验证签名的**公钥必须属于真正的发送者**。即便数字签名算法再强大，如果你得到的公钥是伪造的，那么数字签名也会完全失效。

现在我们发现自己陷入了一个死循环——数字签名是用来识别消息篡改、伪装以及否认的，但是为此我们又必须从没有被伪装的发送者得到没有被篡改的公钥才行。

为了能够确认自己得到的公钥是否合法，我们需要使用**证书**。所谓证书，就是将公钥当作一条消息，由一个可信的第三方对其签名后所得到的公钥。

当然，这样的方法只是把问题转移了而已。为了对证书上施加的数字签名进行验证，我们必定需要另一个公钥，那么如何才能构筑一个可信的数字签名链条呢？又由谁来颁发可信的证书呢？到这一步，我们就已经踏入了社会学的领域。我们需要让公钥以及数字签名技术成为一种社会性的基础设施，即**公钥基础设施**（Public Key Infrastructure），简称**PKI**。关于证书和PKI我们将在第10章中介绍。

9.12 本章小结

本章中我们介绍了数字签名的相关知识，学习了如何逆向使用公钥密码来实现数字签名，并使用RSA具体实践了数字签名的生成和验证。此外，我们还探讨了针对数字签名的攻击方法以及数字签名与消息认证码之间的关系。

通过数字签名我们可以识别篡改和伪装，还可以防止否认。数字签名是一种非常重要的认证技术，但前提是用于验证签名的发送者的公钥没有被伪造。要确认公钥是否合法，可以对公钥施加数字签名，这就是证书。下一章我们将学习证书的相关知识。

小测验 2　数字签名的基础知识　　　　　　　　　　　　　　　（答案见 9.13 节）

下列说法中，请在正确的旁边画〇，错误的旁边画 ×。

(1) 要验证数字签名，需要使用签名者的私钥。

(2) RSA 可以用作数字签名算法。

(3) 使用数字签名可以保护消息的机密性，不用担心被窃听。

9.13　小测验的答案

小测验 1 的答案：公钥与私钥的作用　　　　　　　　　　　　　　（9.3.4 节）

(1) Alice 在生成消息的数字签名时，需要使用 Alice 的私钥。

(2) 如果要验证 Alice 的签名，则需要使用 Alice 的公钥。

小测验 2 的答案：数字签名的基础知识　　　　　　　　　　　　　（9.12 节）

× (1) 要验证数字签名，需要使用签名者的私钥。

　　　验证签名需要使用公钥而不是私钥。

〇 (2) RSA 可以用作数字签名算法。

× (3) 使用数字签名可以保证消息的机密性，不用担心被窃听。

　　　数字签名无法保证消息的机密性。

第 **10** 章

证书——为公钥加上数字签名

◼️ 10.1　本章学习的内容

第 5 章中我们学习了公钥密码，第 9 章中我们学习了数字签名。无论是公钥密码还是数字签名，其中公钥都扮演了重要的角色。然而，如果不能判断自己手上的公钥是否合法，就有可能遭到中间人攻击（5.7.4 节）。本章要介绍的证书，就是用来对公钥合法性提供证明的技术。

在本章中，我们首先来介绍一下什么是证书，以及证书的应用场景，然后我们会介绍 X.509 证书规范，以及利用证书来进行公钥传输的公钥基础设施（PKI）和认证机构。

◼️ 10.2　证书

◼️ 10.2.1　什么是证书

要开车得先考驾照，驾照上面记有本人的照片、姓名、出生日期等个人信息，以及有效期、准驾车辆的类型等信息，并由公安局在上面盖章。我们只要看到驾照，就可以知道公安局认定此人具有驾驶车辆的资格。

公钥证书（Public-Key Certificate，PKC）其实和驾照很相似，里面记有姓名、组织、邮箱地址等个人信息，以及属于此人的公钥，并由**认证机构**（Certification Authority、Certifying Authority，CA）施加数字签名。只要看到公钥证书，我们就可以知道认证机构认定该公钥的确属于此人。公钥证书也简称为**证书**（certificate）。

可能很多人都没听说过认证机构，认证机构就是能够认定"公钥确实属于此人"并能够生成数字签名的个人或者组织。认证机构中有国际性组织和政府所设立的组织，也有通过提供认证服务来盈利的一般企业，此外个人也可以成立认证机构。有名的认证机构包括 VeriSign[①] 等，稍后我们将使用赛门铁克的试用版 Class1 Digital ID 服务来生成 Bob 的证书。关于认证机构我们将在后文中详细介绍（10.4.3 节）。

◼️ 10.2.2　证书的应用场景

下面我们来通过证书的代表性应用场景来理解证书的作用。

图 10-1 展示了 Alice 向 Bob 发送密文的场景，在生成密文时所使用的 Bob 的公钥是通过认证机构获取的。

---

① 　其证书和 PKI 等业务已被赛门铁克（Symantec）收购。

认证机构必须是可信的，对于"可信的第三方"，本书中会使用 Trent 这个名字，这个词是从 trust（信任）一词演变而来的。

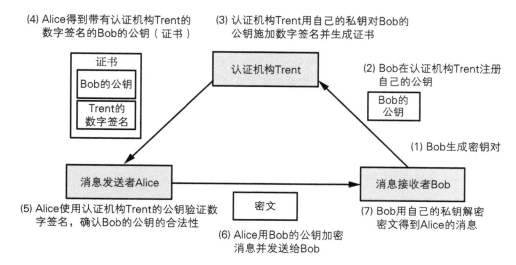

图 10-1　Alice 利用认证机构 Trent 向 Bob 发送密文的示例

下面让我们对照着图 10-1 来看一看这些步骤具体都做了些什么。

(1) Bob 生成密钥对

要使用公钥密码进行通信，首先需要生成密钥对。Bob 生成了一对公钥和私钥，并将私钥自行妥善保管。

在这里，密钥对是由 Bob 自己生成的，也可以由认证机构代为生成（10.4.3 节）。

(2) Bob 在认证机构 Trent 注册自己的公钥

在第 5 章中，Bob 直接将自己的公钥发给了 Alice（5.4.3 节），但是在这里 Bob 则将公钥发送给了认证机构 Trent，这是因为 Bob 需要请认证机构 Trent 对他的公钥加上数字签名（也就是生成证书）。

Trent 收到 Bob 的公钥后，会确认所收到的公钥是否为 Bob 本人所有（参见专栏"身份确认和认证业务准则"）。

(3) 认证机构 Trent 用自己的私钥对 Bob 的公钥施加数字签名并生成证书

　　Trent 对 Bob 的公钥加上数字签名。为了生成数字签名，需要 Trent 自身的私钥，因此 Trent 需要事先生成好密钥对。

(4) Alice 得到带有认证机构 Trent 的数字签名的 Bob 的公钥（证书）

　　现在 Alice 需要向 Bob 发送密文，因此她从 Trent 处获取证书。证书中包含了 Bob 的公钥，并带有 Trent 对该公钥签署的数字签名。

(5) Alice 使用认证机构 Trent 的公钥验证数字签名，确认 Bob 的公钥的合法性

　　Alice 使用认证机构 Trent 的公钥对证书中的数字签名进行验证。如果验证成功，就相当于确认了证书中所包含的公钥的确是属于 Bob 的。到这里，Alice 就得到了合法的 Bob 的公钥。

(6) Alice 用 Bob 的公钥加密消息并发送给 Bob

　　Alice 用 Bob 的公钥加密要发送的消息，并将消息发送给 Bob。尽管这里写的是"用公钥加密"，但使用第 6 章中介绍的混合密码系统来加密也是可以的。

(7) Bob 用自己的私钥解密密文得到 Alice 的消息

　　Bob 收到 Alice 发送的密文，然后用自己的私钥解密，这样就能够看到 Alice 的消息了。

　　上面就是利用认证机构 Trent 进行公钥密码通信的流程。其中 (1)、(2)、(3) 几个步骤仅在注

册新公钥时才会进行，并不是每次通信都需要。此外，步骤 (4) 仅在 Alice 第一次用公钥密码向 Bob 发送消息时才需要进行，只要 Alice 将 Bob 的公钥保存在电脑中，在以后的通信中就可以直接使用了。

看了上面的介绍，细心的读者可能已经在脑海中设想出了各种各样的攻击方法。关于攻击方法，我们将稍后探讨。

小测验 1　认证机构忙得不可开交?　　　　　　　　　　（答案见 10.8 节）

看了关于认证机构的介绍，Alice 想:

我有点明白认证机构到底是什么了。不过，每次收到带有数字签名的邮件都要让认证机构 Trent 来验证数字签名，Trent 是不是会忙得不可开交呢?

Alice 的想法是错误的，这是为什么呢?

10.3　实际生成一张证书

下面我们来使用赛门铁克的 Digital ID 免费试用服务来实际生成一张 Bob 的证书吧。

10.3.1　赛门铁克的 Digital ID 免费试用服务

赛门铁克提供了面向个人的证书（称为 Digital ID）服务，可供用户免费试用 25 天 [1]。通过 Web 浏览器就可以马上颁发证书，身份确认是通过确认邮件来进行的（相当于 VeriSign Class 1）。

10.3.2　生成证书

在赛门铁克的网站上输入邮箱地址，就可以生成证书（图 10-2）。在这里输入的邮箱地址必须是有效的，因为生成证书的后续步骤需要根据赛门铁克所发送的邮件来完成。这种方式其实就相当于通过"接收电子邮件"来对本人身份进行确认。

---

[1]　Symantec Digital IDs for Secure Email

图 10-2　生成证书

接下来，根据赛门铁克发送的邮件中的指示，在一个自助页面中生成密钥对（Generate Key & Install），然后将证书保存下来（Install Certificate），这样我们便得到了一个名叫 SelfService. action.p7s 的证书文件。

10.3.3　显示证书

下面让我们用密码软件 GnuPG 中附带的 gpgsm 命令来显示一下上一节中生成的 Bob 的证书的内容（图 10-3）。

```
$ gpgsm --import SelfService.action.p7s  ←导入证书文件
$ gpgsm --dump-cert          ←显示证书内容
-------------------------------
（VeriSign 颁发的证书，对自己的公钥进行认证）
        ID: 0xE98E46A5
       S/N: 008B5B75568454850B00CFAF3848CEB1A4
    Issuer: CN=VeriSign Class 1 Public Primary Certification Authority - G3,
            OU=(c) 1999 VeriSign\, Inc. - For authorized use only,
            OU=VeriSign Trust Network,O=VeriSign\, Inc.,C=US
```

图 10-3　Bob 的证书

```
    Subject: CN=VeriSign Class 1 Public Primary Certification Authority - G3,
             OU=(c) 1999 VeriSign\, Inc. - For authorized use only,
             OU=VeriSign Trust Network,O=VeriSign\, Inc.,C=US
    sha1_fpr: 20:42:85:DC:F7:EB:76:41:95:57:8E:13:6B:D4:B7:D1:E9:8E:46:A5
    md5_fpr: B1:47:BC:18:57:D1:18:A0:78:2D:EC:71:E8:2A:95:73
     certid: DA62F1E6F18D41B7E75FB8EB2501316D60ACDA61.008B5B75568454850B00CFAF38
             48CEB1A4
    keygrip: EBA322AB5D8C9F6EB72E1E488FB5052211990B48
   notBefore: 1999-10-01 00:00:00
    notAfter: 2036-07-16 23:59:59
    hashAlgo: 1.2.840.113549.1.1.5 (sha1WithRSAEncryption)
    keyType: 2048 bit RSA
    （中间省略）
```

（VeriSign 颁发的证书，对赛门铁克的公钥进行认证）

```
         ID: 0xACDDA6CD
        S/N: 38AB002FFFAE96B756FF395AFB5DE71B
     Issuer: CN=VeriSign Class 1 Public Primary Certification Authority - G3,
             OU=(c) 1999 VeriSign\, Inc. - For authorized use only,
             OU=VeriSign Trust Network,
             O=VeriSign\, Inc.,C=US
    Subject: CN=Symantec Class 1 Individual Subscriber CA - G4,
             OU=Persona Not Validated,
             OU=Symantec Trust Network,
             O=Symantec Corporation,C=US
    sha1_fpr: 2F:75:63:CB:C7:F7:61:15:47:1C:AD:B8:53:C9:E4:19:AC:DD:A6:CD
    md5_fpr: 95:F9:7C:80:56:AA:4C:18:90:99:DC:94:E2:47:51:E4
     certid: DA62F1E6F18D41B7E75FB8EB2501316D60ACDA61.38AB002FFFAE96B756FF395AFB
             5DE71B
    keygrip: 75FC6C5489331C92445313842FE8F75B984AF245
   notBefore: 2011-09-01 00:00:00
    notAfter: 2021-08-31 23:59:59
    hashAlgo: 1.2.840.113549.1.1.5 (sha1WithRSAEncryption)
    keyType: 2048 bit RSA
   subjKeyId: ADF9C393722DB5B92861E4A4D760D5C40A5E1A01
   authKeyId: 008B5B75568454850B00CFAF3848CEB1A4
             CN=VeriSign Class 1 Public Primary Certification Authority - G3,
             OU=(c) 1999 VeriSign\, Inc. - For authorized use only,
             OU=VeriSign Trust Network,
             O=VeriSign\, Inc.,C=US
    keyUsage: certSign crlSign
    （中间省略）
```

（赛门铁克颁发的证书，对 Bob 的公钥进行认证）

```
         ID: 0xC12FA0E1
```

图 10-3 （续）

```
        S/N: 24F1FD364C078EA7EDAC7886F0FF6DB2
     Issuer: CN=Symantec Class 1 Individual Subscriber CA - G4,
             OU=Persona Not Validated,
             OU=Symantec Trust Network,
             O=Symantec Corporation,C=US
    Subject: O=Symantec Corporation,
             OU=Symantec Trust Network,
             OU=Persona Not Validated,
             OU=S/MIME,1.2.840.113549.1.9.1=#626F626279406879756B692E636F6D,
             CN=Persona Not Validated - 1434089220087
        aka: <bobby@example.com>
   sha1_fpr: 39:28:FE:1B:6F:CE:42:F7:D6:E1:95:CF:71:57:C6:0F:C1:2F:A0:E1
    md5_fpr: 95:2B:83:B5:FF:E8:02:EF:9D:AB:EC:30:37:D2:39:FD
     certid: 2BE81DBC305B0007345579C660DC6FEC5DC216EE.24F1FD364C078EA7EDAC7886F0
             FF6DB2
    keygrip: 50D27DA6A017221A2517129A4DE8C646B78E8F43
   notBefore: 2015-06-12 00:00:00
   notAfter: 2015-07-07 23:59:59
   hashAlgo: 1.2.840.113549.1.1.5 (sha1WithRSAEncryption)
    keyType: 2048 bit RSA
  subjKeyId: EAD8D26B0695D66A62D91D95C794BD679CB4C740
  authKeyId: [none]
authKeyId.ki: ADF9C393722DB5B92861E4A4D760D5C40A5E1A01
   keyUsage: digitalSignature keyEncipherment
 extKeyUsage: emailProtection
             clientAuth
   policies: 2.16.840.1.113733.1.7.23.1
chainLength: not a CA
（以下省略）
```

图 10-3 （续）

10.3.4 证书标准规范

　　证书是由认证机构颁发的，使用者需要对证书进行验证，因此如果证书的格式千奇百怪那就不方便了。于是，人们制定了证书的标准规范，其中使用最广泛的是由 ITU（International Telecommunication Union, 国际电信联盟）和 ISO（International Organization for Standardization, 国际标准化组织）制定的 X.509 规范（RFC3280）。很多应用程序都支持 X.509 并将其作为证书生成和交换的标准规范。

　　X.509 证书所包含的构成要素与刚刚生成的 Bob 的证书之间的大致对应关系如表 10-1 所示。

表 10-1　Bob 的证书

证书序列号	S/N: 24F1FD364C078EA7EDAC7886F0FF6DB2
证书颁发者	Issuer: CN=Symantec Class 1 Individual Subscriber CA - G4,...
公钥所有者	Subject: ... aka: <bobby@example.com>
SHA-1 指纹	sha1_fpr: 39:28:FE:1B:6F:CE:42:F7:D6:E1:95:CF:71:57:C6:0F:C1:2F:A0:E1
MD5 指纹	md5_fpr: 95:2B:83:B5:FF:E8:02:EF:9D:AB:EC:30:37:D2:39:FD
证书 ID	certid: 2BE81DBC305B0007345579C660DC6FEC5DC216EE.24F1FD364C078EA7EDAC7886F0FF6DB2
有效期（起始时间）	notBefore: 2015-06-12 00:00:00
有效期（结束时间）	notAfter: 2015-07-07 23:59:59
散列算法	hashAlgo: 1.2.840.113549.1.1.5 (sha1WithRSAEncryption)
密钥类型	keyType: 2048 bit RSA
密钥 ID	subjKeyId: EAD8D26B0695D66A62D91D95C794BD679CB4C740
密钥用途	keyUsage: digitalSignature keyEncipherment

10.4　公钥基础设施（PKI）

仅制定证书的规范还不足以支持公钥的实际运用，我们还需要很多其他的规范，例如证书应该由谁来颁发，如何颁发，私钥泄露时应该如何作废证书，计算机之间的数据交换应采用怎样的格式等。这一节我们将介绍能够使公钥的运用更加有效的公钥基础设施。

10.4.1　什么是公钥基础设施

公钥基础设施（Public-Key Infrastructure）是为了能够更有效地运用公钥而制定的一系列规范和规格的总称。公钥基础设施一般根据其英语缩写而简称为 PKI。

PKI 只是一个总称，而并非指某一个单独的规范或规格。例如，RSA 公司所制定的 PKCS（Public-Key Cryptography Standards，公钥密码标准）系列规范也是 PKI 的一种，而互联网规格 RFC（Request for Comments）中也有很多与 PKI 相关的文档。此外，上一节中我们提到的 X.509 这样的规范也是 PKI 的一种。在开发 PKI 程序时所使用的由各个公司编写的 API（Application Programming Interface，应用程序编程接口）和规格设计书也可以算是 PKI 的相关规格。

因此，根据具体所采用的规格，PKI 也会有很多变种，这也是很多人难以整体理解 PKI 的原因之一。

为了帮助大家整体理解 PKI，我们来简单总结一下 PKI 的基本组成要素（用户、认证机构、仓库）以及认证机构所负责的工作。

关于 PKI 的详细内容，可以参考独立行政法人信息处理推进机构（IPA）关于 PKI 相关技术的说明。

10.4.2 PKI 的组成要素

PKI 的组成要素主要有以下 3 个。

- **用户**——使用 PKI 的人
- **认证机构**——颁发证书的人
- **仓库**——保存证书的数据库

不过，由于 PKI 中用户和认证机构不仅限于"人"（也有可能是计算机），因此我们可以给他们起一个特殊的名字，叫作**实体**（entity）。实体就是进行证书和密钥相关处理的行为主体。当然，本书中的讲解也不会特别拘泥于这个术语（图 10-4）。

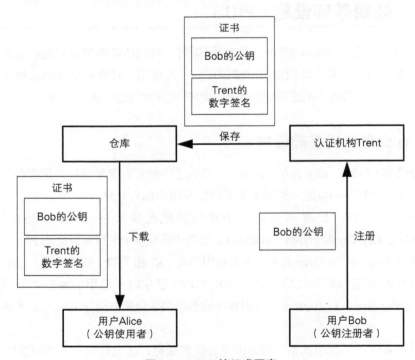

图 10-4 PKI 的组成要素

■■■ 用户

　　用户就是像 Alice、Bob 这样使用 PKI 的人。用户包括两种：一种是希望使用 PKI 注册自己的公钥的人，另一种是希望使用已注册的公钥的人。我们来具体看一下这两种用户所要进行的操作。

　　【注册公钥的用户所进行的操作】

- 生成密钥对（也可以由认证机构生成）
- 在认证机构注册公钥
- 向认证机构申请证书
- 根据需要申请作废已注册的公钥
- 解密接收到的密文
- 对消息进行数字签名

　　【使用已注册公钥的用户所进行的操作】

- 将消息加密后发送给接收者
- 验证数字签名

■■■ 认证机构（CA）

　　认证机构（Certification Authority，CA）是对证书进行管理的人。在本章开头的例子（图 10-1）中，我们给它起了一个名字叫作 Trent。认证机构具体所进行的操作如下。

- 生成密钥对（也可以由用户生成）
- 在注册公钥时对本人身份进行认证
- 生成并颁发证书
- 作废证书

　　认证机构的工作中，公钥注册和本人身份认证这一部分可以由**注册机构**（Registration Authority，RA）来分担。这样一来，认证机构就可以将精力集中到颁发证书上，从而减轻了认证机构的负担。不过，引入注册机构也有弊端，比如说认证机构需要对注册机构本身进行认证，而且随着组成要素的增加，沟通过程也会变得复杂，容易遭受攻击的点也会增加。

■■■ 仓库

　　仓库（repository）是一个保存证书的数据库，PKI 用户在需要的时候可以从中获取证书，它的作用有点像打电话时用的电话本。在本章开头的例子中，尽管没特别提到，但 Alice 获取 Bob 的证书时，就可以使用仓库。仓库也叫作**证书目录**。

10.4.3 认证机构的工作

下面我们来详细看一下认证机构所负责的工作。

生成密钥对

生成密钥对有两种方式：一种是由 PKI 用户自行生成，一种是由认证机构来生成。

在认证机构生成用户密钥对的情况下，认证机构需要将私钥发送给用户，具体的方法在 RFC7292（PKCS #12：Personal Information Exchange Syntax V1.1）中进行了规定。

注册证书

在用户自行生成密钥对的情况下，用户会请求认证机构来生成证书。申请证书时所使用的规范是由 RFC2986（PKCS #10：Certification Request Syntax Specification Version 1.7）等定义的。

认证机构根据其认证业务准则（Certification Practice Statement，CPS）对用户的身份进行认证，并生成证书。在生成证书时，需要使用认证机构的私钥来进行数字签名。生成的证书格式是由 X.509 定义的。

作废证书与 CRL

当用户的私钥丢失、被盗时，认证机构需要对证书进行**作废**（revoke）。此外，即便私钥安然无恙，有时候也需要作废证书，例如员工从公司离职导致其失去私钥的使用权限，或者是名称变更导致和证书中记载的内容不一致等情况。

纸质证书只要撕毁就可以作废了，但这里的证书是数字信息，即便从仓库中删除也无法作废，因为用户会保存证书的副本，但认证机构又不能入侵用户的电脑将副本删除。

要作废证书，认证机构需要制作一张**证书作废清单**（Certificate Revocation List），简称为 **CRL**。

CRL 是认证机构宣布作废的证书一览表，具体来说，是一张已作废的证书序列号的清单，并由认证机构加上数字签名。证书序列号是认证机构在颁发证书时所赋予的编号，在证书中都会记载。

PKI 用户需要从认证机构获取最新的 CRL，并查询自己要用于验证签名（或者是用于加密）的公钥证书是否已经作废。这个步骤是非常重要的。

假设我们手上有 Bob 的证书，该证书有合法的认证机构签名，而且也在有效期内，但仅凭这些还不能说明该证书一定是有效的，还需要**查询认证机构最新的 CRL，并确认该证书是否有效**。一般来说，这个检查不是由用户自身来完成的，而是应该由处理该证书的软件来完成，但有很多软件并没有及时更新 CRL。

对于 CRL 的攻击方法我们将稍后探讨。

10.4.4　证书的层级结构

到这里为止，认证机构已经对用户的公钥进行了数字签名，并生成了证书。接下来用户需要使用认证机构的公钥，对证书上的数字签名进行验证。

那么，对于用来验证数字签名的认证机构的公钥，怎样才能判断它是否合法呢？对于认证机构的公钥，可以由其他的认证机构施加数字签名，从而对认证机构的公钥进行验证，即生成一张**认证机构的公钥证书**。

一个认证机构来验证另一个认证机构的公钥，这样的关系可以迭代好几层。这样一种认证机构之间的层级关系，我们可以用某公司的内部 PKI 来类比。例如，某公司的组织结构如下，每一层组织都设有认证机构。

东京总公司（东京总公司认证机构）
↓
北海道分公司（北海道分公司认证机构）
↓
札幌办事处（札幌办事处认证机构）

假设 Bob 是札幌办事处的一名员工，札幌办事处员工的公钥都是由札幌办事处认证机构颁发的（因为这样更容易认证本人身份）。

对于札幌办事处认证机构的公钥，则由北海道分公司认证机构颁发证书，而对于北海道分公司认证机构的公钥，则由东京总公司认证机构颁发证书，以此类推……。不过这个链条不能无限延伸，总要有一个终点，如果这个终点就是东京总公司认证机构（即不存在更高一层的认证机构）的话，该认证机构一般就称为**根 CA**（Root CA）。而对于东京总公司认证机构，则由东京总公司认证机构自己来颁发证书[①]，这种对自己的公钥进行数字签名的行为称为**自签名**（self-signature）。

东京总公司（东京总公司认证机构 = 根 CA）
↓
北海道分公司（北海道分公司认证机构）
↓
札幌办事处（札幌办事处认证机构）
↓
札幌办事处员工 Bob

---

① 对于东京总公司认证机构的公钥，也可以由其他的认证机构来进行认证。由于多个认证机构形成了层级关系，因此它们所颁发的证书也会具有层级关系。

现在我们假设 Alice 要验证札幌办事处员工 Bob 的数字签名，那么 Alice 需要执行如下步骤。

首先从最高级的认证机构（根 CA）开始。如果连根 CA 的公钥都不合法的话，那么就无法验证证书了，因此我们假设 Alice 所持有的东京总公司认证机构的公钥是合法的。

接下来，Alice 取得北海道分公司认证机构的公钥证书，这个证书上面带有东京总公司认证机构的数字签名。Alice 用合法的东京总公司认证机构的公钥对数字签名进行验证。如果验证成功，则说明 Alice 获得了合法的北海道分公司认证机构的公钥。

再接下来，Alice 取得札幌办事处认证机构的公钥证书，这个证书上面带有北海道分公司认证机构的数字签名。Alice 用合法的北海道分公司认证机构的公钥对数字签名进行验证。如果验证成功，则说明 Alice 获得了合法的札幌办事处认证机构的公钥。

最后，Alice 取得札幌办事处员工 Bob 的公钥证书，这个证书上面带有札幌办事处认证机构的数字签名。Alice 用合法的札幌办事处认证机构的公钥对数字签名进行验证。如果验证成功，则说明 Alice 获得了合法的札幌办事处员工 Bob 的公钥。

上面就是 Alice 对 Bob 的数字签名进行验证的整个过程。当然，如此复杂的验证链条不会是由人来操作的，而是由电子邮件或者浏览器等软件自动完成的（图 10-5）。

10.4.5　各种各样的 PKI

公钥基础设施（PKI）这个名字总会引起一些误解，比如说"面向公众的权威认证机构只有一个"，或者"全世界的公钥最终都是由一个根 CA 来认证的"，其实这些都是不正确的。

认证机构只要对公钥进行数字签名就可以了，因此任何人都可以成为认证机构，实际上世界上已经有无数个认证机构了。

国家、地方政府、医院、图书馆等公共组织和团体可以成立认证机构来实现 PKI，公司也可以出于业务需要在内部实现 PKI，甚至你和你的朋友也可以以实验为目的来构建 PKI。

日本所规定的 PKI 称为**政府认证基础设施**（GPKI）。在 GPKI 中，规定了认证机构的层级、业务规则、公钥注册及证书颁发等业务的具体办法。

在公司内部使用的情况下，认证机构的层级可以像上一节中一样和公司的组织层级一一对应，也可以不一一对应。例如，如果公司在东京、大阪、北海道和九州都成立了分公司，也可以采取各个分公司之间相互认证的结构。在认证机构的运营方面，可以购买用于构建 PKI 的软件产品由自己公司运营，也可以使用外部认证服务。具体要采取怎样的方式，取决于目的和规模，并没有一定之规。

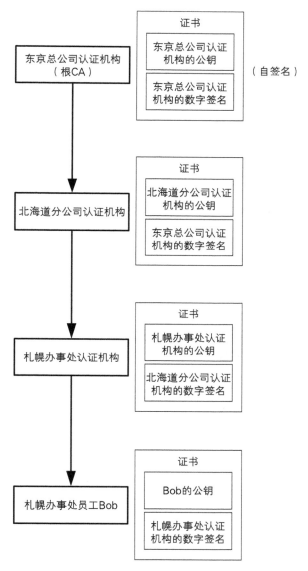

图 10-5 认证机构的层级

■ 10.5 对证书的攻击

　　本节中我们将思考针对证书的攻击方法及其对策。由于证书实际上使用的就是数字签名技术，因此针对数字签名的所有攻击方法对证书都有效。下面我们主要来看一看针对 PKI 的攻击。

10.5.1 在公钥注册之前进行攻击

证书是认证机构对公钥及其持有者的信息加上数字签名的产物，由于加上数字签名之后会非常难以攻击，因此我们可以考虑**对施加数字签名之前的公钥进行攻击**。

假设 Bob 生成了密钥对，并准备在认证机构注册自己的公钥。在认证机构进行数字签名之前，主动攻击者 Mallory 将公钥替换成了自己的。这样一来，认证机构就会对"Bob 的个人信息"和"Mallory 的公钥"这个组合进行数字签名。

要防止这种攻击，我们可以采用下面的做法。例如 Bob 可以在将公钥发送给认证机构进行注册时，使用认证机构的公钥对 Bob 的公钥进行加密。此外，认证机构在确认 Bob 的身份时，也可以将公钥的指纹一并发送给 Bob 请他进行确认。

专栏：基于 ID 的密码

为了确保机密性我们需要密钥，为了解决密钥的配送问题我们又需要公钥密码，而为了防止公钥被伪造我们又需要证书……在这一信任的链条中，最后的终点是"对根 CA 的信任"。

不过，也有一些研究采用了另外一种思路，比如**基于 ID 的密码**（ID Based Encryption，IBE）[①]。这里的 ID 指的是"某种能够确定身份的信息"，一般指的是像邮箱地址、通信地址、姓名等能够确定某个具体的人的身份的信息。基于 ID 的密码是一种只需要明文和 ID 就可以完成加密的密码算法，我们也可以简单地理解为是一种直接用 ID 来生成公钥的方法。

举个例子，假设我们现在将邮箱地址作为 ID 来使用。当 Alice 向 Bob 发送密文时，Alice 可以根据自己所知道的 Bob 的邮箱地址来生成 Bob 的公钥，并使用这一公钥生成密文。在这一场景中，我们不需要使用证书来证明 Bob 的公钥的合法性，因为 Alice 是使用自己已经认可的 Bob 的邮箱地址来生成公钥的。也就是说，基于 ID 的密码所依赖的是"对 ID 本身的信任"，因此就不需要证书了。

当然，基于 ID 的密码也不是十全十美的。基于 ID 的密码虽然不需要认证机构，但却需要另一种机构，称为**私钥生成机构**（Private Key Generator，PKG）。只有私钥生成机构才能够生成与 ID 相对应的用于解密的私钥。由于 ID 是公开信息，所有人都有可能知道，因此如果所有人都能根据 ID 生成解密私钥的话，那就会出问题了。

总之，私钥生成机构负责根据 ID 生成私钥，并将私钥安全发送给合法的接收者。另外，由于私钥生成机构拥有对所有密文的解密权限，因此自身的安全性需要特别注意。

好不容易可以不需要认证机构了，但又多出来一个私钥生成机构，是不是感觉绕了一圈又

---

① CRYPTREC：Research report on ID-based cryptography，2008 年。

兜回来了？尽管如此，基于 ID 的密码还是有它的一些优点的，例如发送者无需在加密之前取得接收者的公钥，接收者在真正进行解密操作之前也无需管理自己的私钥。综上所述，基于 ID 的密码具备一些与 PKI 不同的性质，因此在今后也将会受到一定的关注。

10.5.2 注册相似人名进行攻击

证书是认证机构对公钥及其持有者的信息加上数字签名的产物，对于一些相似的身份信息，计算机可以进行区别，但人类**往往很容易认错**，而这就可以被用来进行攻击。

例如，假设 Bob 的用户信息中名字的部分是：

Name = Bob　　　　　（首字母大写）

而 Mallory 用另一个类似的用户信息：

Name = BOB　　　　　（所有字母大写）

注册了另一个不同的公钥。这个公钥的名字叫作 BOB，但实际上却是 Mallory 的公钥。

随后，Mallory 伪装成 Bob，将

Name = BOB

的公钥发送给 Alice。Alice 看到证书中的用户信息，很可能就会将 BOB 误认为是自己要发送消息的对象 Bob。

要防止这种攻击，认证机构必须确认证书中所包含的信息是否真的是其持有者的个人信息，当本人身份确认失败时则不向其颁发证书。认证机构的认证业务规则（参见 10.2.2 节的专栏）中就规定了这样的方针。

10.5.3 窃取认证机构的私钥进行攻击

主动攻击者 Mallory 想出了一个大胆的攻击方法，那就是**窃取认证机构的私钥**。如果得到了认证机构的私钥，那么任何人就都可以以该认证机构的身份颁发证书了。

要窃取认证机构的私钥，需要入侵认证机构的计算机，或者收买有权访问认证机构私钥的人。认证机构是否妥善保卫自己的私钥，是与该认证机构所颁发的证书的可信度密切相关的。认证机构之所以称为认证机构，是因为它的数字签名是可信的，因此认证机构必须花费大量的精力来防止自己的私钥被窃取。

一般来说，当发现主动攻击者 Mallory 利用认证机构的私钥签发的证书时，就可以断定认

证机构的私钥被窃取了。由于认证机构记录了自己签发的证书的序列号，因此能够判断某个证书是不是该认证机构自己签发的。

如果认证机构的私钥被窃取（泄露），认证机构就需要将私钥泄露一事**通过 CRL 通知用户**。

10.5.4 攻击者伪装成认证机构进行攻击

主动攻击者 Mallory 又想出了一个更加大胆的方法，那就是 **Mallory 自己伪装成认证机构的攻击**。

运营认证机构既不需要登记，也不需要盖楼房，只要有运营认证机构的软件，任何人都可以成为认证机构。当然，你的认证机构是否被其他认证机构所认可就是另外一码事了。

现在 Mallory 成立了一个认证机构，然后对自己的公钥颁发了一张证书，并称"这是 Bob 的公钥"。之后，他将这个证书发送给 Alice。

Alice 收到证书后使用认证机构 Mallory 的公钥进行验证，验证当然会成功，因为这个证书就是认证机构 Mallory 颁发的合法的证书。Alice 验证证书成功，于是她相信了这个公钥，并将准备发送给 Bob 的消息用这个公钥进行了加密。随后 Mallory 截获密文，就可以将内容解密了，因为 Mallory 持有用于解密的密钥（私钥）。

从上面的例子可以看出，**如果认证机构本身不可信，即便证书合法，其中的公钥也不能使用**。虽然这一点是理所当然的，但是要防范这种攻击却需要 Alice 自己多加留心才行，她必须要注意自己所得到的证书是哪个认证机构颁发的，这个认证机构是否可信。

10.5.5 钻 CRL 的空子进行攻击 (1)

从公钥失效到 Alice 收到证书作废清单（CRL）需要经过一段时间，主动攻击者 Mallory 可以**利用 CRL 发布的时间差来发动攻击**。

某天深夜，Mallory 入侵了 Bob 的电脑，窃取了 Bob 的私钥。接下来，Mallory 伪装成 Bob 给 Alice 写了一封邮件，邮件中要求 Alice 把钱转账到 Mallory 的账户。当然，Mallory 使用了刚刚窃取到的私钥对邮件进行了数字签名。

> Dear Alice ：
>   请向账户 M-2653 转账 100 万元。
>   From Bob（其实是 Mallory）
>   [Bob 的数字签名]

第二天早上，Bob 发现自己的电脑被入侵，而且私钥被盗，于是 Bob 马上联系认证机构 Trent，通知自己的公钥已经失效。

接到这个消息，Trent 将 Bob 的密钥失效一事制作成 CRL 并发布出来。

另一方面，Alice 收到了 Bob（其实是 Mallory 伪装的）发来的邮件，于是准备向指定账号转账。不过在此之前，Alice 需要验证数字签名。她用 Bob 的公钥进行验证，结果成功了，而且 Bob 的公钥带有认证机构 Trent 颁发的证书。于是 Alice 相信了邮件中的内容，进行了转账操作。过了一段时间，Alice 收到了认证机构 Trent 发布的最新版 CRL，发现 Bob 的证书其实已经失效了，她深受打击。

要防御上述这样利用 CRL 发布的时间差所发动的攻击是非常困难的。在上面的故事中，Bob 察觉到自己的私钥被盗了，但实际上，大多数情况下都是在发现自己没有签名的文件上附带了签名时，才发现私钥被盗的。即便 Bob 用最短的时间通知 Trent，发布 CRL 也是需要时间的，在这段时间内，Mallory 完全可以为所欲为。况且，等 Alice 真的收到 CRL 又要经过一段时间。

因此，对于这种攻击的对策是：

- 当公钥失效时尽快通知认证机构（Bob）
- 尽快发布 CRL（Trent）
- 及时更新 CRL（Alice）

这些对策和信用卡的运营方法很相似。此外，我们还需要做到：

- 在使用公钥前，再次确认公钥是否已经失效（Alice）

10.5.6 钻 CRL 的空子进行攻击 (2)

虽然数字签名能够防止否认，但**通过钻 CRL 的空子，就有可能实现否认**，这种方法实际上是"钻 CRL 的空子进行攻击 (1)"的另一种用法。

在下面的故事中，Bob 是一个坏人，他设想了一个从 Alice 手上骗钱的计划。

首先，Bob 用假名字开设了一个账户 X-5897，然后他写了一封邮件给 Alice，请她向这个账号转账。邮件使用 Bob（自己）的私钥进行数字签名。

Dear Alice：

　　请向账户 X-5897 转账 100 万元。

　　　　　　From Bob（真的是 Bob）

　　　　　　　[Bob 的数字签名]

Bob 将这封邮件发送给 Alice 之后，又向认证机构 Trent 发送了一封邮件告知自己的公钥已经失效。

尊敬的认证机构 Trent：

因我的私钥被盗，请将我的公钥作废。

From Bob（真的是 Bob）

[Bob 的数字签名]

在从 Trent 处收到新的 CRL 之前，Alice 已经验证了签名并执行了转账。

Bob 赶快从自己用假名字开设的账户 X-5897 中把钱取出来。

收到 Trent 的 CRL 之后，Alice 大为震惊，于是她尝试联系 Bob。

Dear Bob：

我转给你的钱去哪儿了呢？

我可是按照有你签名的邮件进行转账的……

From Alice

Bob 装作不知道这件事，给 Alice 回信。

Dear Alice：

我的私钥被 Mallory 窃取了，因此我的数字签名已经失效了。

看来你没有及时收到 Trent 的 CRL 吧。

现在钱估计已经被 Mallory 盗走了，真是抱歉。

From Bob

Bob 实际上就是在否认这件事。

要完全防止这种攻击是很困难的。尽管我们可以将签名的时间（timestamp）和发送公钥作废请求的时间进行对比，但是私钥泄露之后很久才发现也是很正常的，因此这种对比也没有什么意义。

在这个故事中，通过公钥、证书等技术无法识别出 Bob 的犯罪行为，必须要依靠刑事侦查才行。

为了快速确认证书是否已经失效，人们设计了一种名为 OCSP 的协议，详情请参见 RFC2560（X.509 Internet Public Key Infrastructure Online Certificate Status Protocol）。

10.5.7 Superfish

2015 年，PC 厂商联想（Lenovo）公司所销售的计算机发生了一起严重的事件，联想公司在其计算机中预装的广告软件 Superfish 可能会带来安全问题。

Superfish 是一款广告软件，它能够通过监听和收集用户通信中的个人信息来有针对性地展示广告。为了实现这一功能，Superfish 会在系统中安装根证书，并劫持浏览器与服务器之间的通信，将网站的证书替换成自己的证书。也就是说，这是一种典型的通过中间人攻击的方式来监听通信内容的行为。

为了能够针对任意网站动态生成证书，Superfish 内置了用于生成数字签名的私钥。也就是说，用户的计算机变成了一个不可信的认证机构 Trent，而且生成签名所需的口令只是一个简单的单词。这样一来，恶意软件就可以利用 Superfish 随意生成伪造的网站证书，使得钓鱼网站在用户的浏览器上看起来就像真正的网站一样，如果用户因此访问了假冒的银行网站，后果一定不堪设想。

一般来说，我们都会注意新安装的软件是否可信，平时也会注意预防计算机病毒，但却基本上不会去怀疑我们所购买的计算机上预装的软件。对于 Superfish 这样的事件，消费者的应对措施也只能是购买可信的厂商所销售的硬件产品罢了。关于“信任”的话题，我们将会在第 15 章深入探讨。

10.6　关于证书的 Q&A

为了加深对证书的理解，下面我们来整理一些 Q&A。

10.6.1　为什么需要证书

疑问

我不理解证书的必要性。通过认证机构的证书来获取公钥，和直接获取公钥到底有什么不一样呢？

回答

在通过不可信的途径（例如邮件）获取公钥时，可能会遭到 5.7.4 节中所提到的中间人攻击。Alice 本来想要获取的是 Bob 的公钥，但实际上得到的却可能是主动攻击者 Mallory 的公钥。

如果从认证机构获取公钥，**就可以降低遭到中间人攻击的风险**。因为带有证书的公钥是经过认证机构进行数字签名的，事实上无法被篡改。但现在的问题是，我们又该如何获取认证机构本身的公钥呢？

如果将上面这个问题替换成"我自己现在所持有的公钥中，哪一个最可信"这样一个问题，也许更容易理解。例如，**如果 Alice 和 Bob 本人见面，Bob 直接将自己的公钥交给 Alice 的话，就不需要认证机构了**，这是因为 Alice 可以确信自己所得到的就是 Bob 的公钥。

然而，正如本章开头的故事中所描述的那样，在 Alice 和 Bob 无法直接见面的情况下，或者是即便直接见面 Alice 也无法确信对方就是 Bob 本人的情况下，认证机构和证书的存在就有意义了。因为 Alice 得到带有认证机构数字签名的 Bob 的公钥，就表示 Alice 将对 Bob 本人身份的确认这项工作委托给了认证机构。认证机构则将认可该公钥确实属于 Bob 这一事实通过证书（即对公钥进行的数字签名）传达给 Alice。

上述内容的要点总结如下。

- 如果能够取得可信的公钥，则不需要认证机构
- 当持有可信的认证机构公钥，并相信认证机构所进行的身份确认的情况下，则可以信任该认证机构颁发的证书以及通过该途径取得的公钥

10.6.2　通过自己的方法进行认证是不是更安全

▓▓▓ 疑问

无论是证书的格式还是 PKI，使用公开的技术总觉得不放心。我觉得使用公开的技术就等于为攻击者提供了用于攻击的信息，相比之下，还是使用公司自己开发的保密的认证方法更安全吧？

▓▓▓ 回答

不，这是错误的。

自己开发保密的认证方法是犯了典型的隐蔽式安全（security by obscurity）错误。本书中已经多次强调，私下开发安全相关的技术是非常危险的。仅靠一家公司的力量无法开发出足以抵御攻击的安全技术，这一点不仅限于密码技术，对于数字签名和证书等认证技术也同样适用。

使用公开的技术的确会为攻击者提供用于攻击的信息，但与此同时，全世界的安全专家也在为这些公开的技术寻找漏洞。

下面我们来更深入地思考一下关于使用公开的技术的问题。

请注意，使用公开的技术和把自己公司采用的技术公开是两码事。

采用已经公开的，并积累了大量成果的技术是正确的决定，然而并不需要将自己公司所采用的技术的细节公开出来。我们拿员工访问公司内部网络的方法为例。验证员工的合法身份可

以采用公开的，积累了大量成果的技术，但是我们并不需要将这些细节公开出来，而是只要告知相关的员工就可以了。这样我们就可以将风险控制到最小，万一有人恶意将技术的详细信息公开出来，也不会产生严重的问题，因为我们所使用的技术原本就是公开的。

反过来说，如果我们使用的技术是依靠对细节的保密来保证安全的，那么一旦有人恶意泄露技术细节，就会造成严重的问题。

靠隐蔽来保证安全是错误的——这个观点在本书中已经反复强调了多次，因为尽管这个观点和人们的直觉相悖，但却是非常重要的。

10.6.3　为什么要相信认证机构

疑问

我已经明白认证机构的作用了，但是我总觉得这件事说来说去还是一个死循环。为了相信公钥，就必须相信为该公钥颁发证书的认证机构，但是我为什么要相信这个认证机构呢？就算有另一个认证机构为它做证明，那我为什么又要相信那个"另一个认证机构"呢？

回答

这个问题很好。

这个问题关系到"信任是如何产生的"这一本质性问题。为什么我们要把钱存进银行呢？为什么我们钱包里的钞票能够在商店里使用呢？为什么我们会相信饭店里提供的食物是安全的呢？我们在每天的生活中还会遇到很多像这样"在某种程度上可信"的例子，那么这种"可信"的感觉到底是怎样产生的呢？

一言以蔽之，就是"感觉貌似是可信的""从经验上看是可信的"这一类的理由。我们之所以信任某家银行，是因为电视和报纸等众多的媒体上都能看到它的名字和评价，才会让人产生可信的感觉。

认证机构是否让人感到可信，和银行也是一样的。如果各种媒体都报道过某家认证机构，而且说这家机构的业务非常正规，那么这家认证机构就会让人觉得可信。对于公司内部的认证机构，只要公司发出过官方通知，而且你的上司也跟你说"这个就是我们公司的认证机构"，那么它对你就是可信的。如果是一个陌生人通过邮件发给你一个网址，就算上面写着"这个是某公司的认证机构"，我们也不能相信。

在能够处理证书的电子邮件软件和 Web 浏览器中，已经包含了一些有名的认证机构的证书。我们平常在使用时也不会再自行检查那些软件中已经内置的证书，这是因为我们信任这个软件的作者，我们会认为有名的软件应该不会嵌入一些恶意认证机构的证书（就算没有真的这样认为，从结果上也表明了这样一种态度）。

通过上面的思考我们可以看出，即便认证机构是具有层级结构的，但实际上支撑"信任"关系的也并不只是单纯的层级而已。不管证书的链条是否具有层级结构，我们之所以信任某个认证机构，是因为那是我们基于多个可信的情报源所做出的判断。

10.7　本章小结

本章中我们从使用证书的场景开始，学习了证书标准规范 X.509、颁发证书的认证机构，以及公钥基础设施（PKI）的相关知识。同时我们还介绍了对 PKI 的攻击方法和对策。

从结果来看，尽管我们已经进入了数字社会，但依然没有建立起一种完美的信任关系。数字签名技术本身是可信的，而且只要使用证书就能够获得可信的公钥，然而我们也不能忘记，在信任的背后还隐藏着各种各样的前提条件，比如进行签名的认证机构本身是否可信，认证机构对本人身份的认证又是否正确，证书是否已经被登记在 CRL 上进行了作废……

即使是计算机也不可能无中生有。无论是数字签名、证书，还是认证机构的层级结构，**都不可能在完全不可信的状态下创造出信任关系**。只有以某种已经存在的信任关系为种子，比如电子邮件能够送达、电话能够打通、住址是真实的、有本人的身份证明、身份证明上的照片和本人的相貌一致等，才能够引申出其他的信任关系。

本章中，我们将视线转向了"社会"这一巨大的实体。在下一章中，我们将转换视角，看一看我们用来保卫自己信息安全时所使用的一种短比特序列——密钥。

小测验 2　证书的基础知识　　　　　　　　　　　　　　（答案见 10.8 节）

下列关于证书和 PKI 的说法中，请在正确的旁边画〇，错误的旁边画 ×。

(1) 证书是认证机构将用户的公钥进行加密之后的产物。

(2) 要确认证书中所包含的公钥是否合法，需要得到认证机构的公钥。

(3) 世界上颁发的所有证书，沿着认证机构的层级关系都能够找到唯一的根 CA。

(4) 用户发现自己的私钥泄露之后，需要立刻联系注册相应公钥的认证机构。

(5) 用户需要定期从认证机构获取 CRL。

10.8 小测验的答案

小测验 1 的答案：认证机构忙得不可开交？ （10.2.2 节）

因为对每封邮件中附带的签名进行验证的并不是认证机构，而是公钥的用户。

认证机构在生成证书时，会对公钥是否真的属于 Bob 进行认证，然后将认证的结果以证书的形式进行颁发。随后，使用证书中所包含的 Bob 的公钥对邮件中的数字签名进行验证的是 PKI 用户，而并不是认证机构。

从这个意义上来说，认证机构叫作"证书颁发机构"应该更加符合其真正的角色。

小测验 2 的答案：证书的基础知识 （10.7 节）

× (1) 证书是认证机构将用户的公钥进行加密之后的产物。

认证机构所做的工作并不是加密，而是对公钥加上数字签名。

○ (2) 要确认证书中所包含的公钥是否合法，需要得到认证机构的公钥。

× (3) 世界上颁发的所有证书，沿着认证机构的层级关系都能够找到唯一的根 CA。

因为任何人都能够成立单独的认证机构，因此证书并非都拥有一个共同的根 CA。

○ (4) 用户发现自己的私钥泄露之后，需要立刻联系注册相应公钥的认证机构。

正确。如果不这样的做的话，就可能会有人伪装成你的身份来生成数字签名，或者解密发送给你的密文。

○ (5) 用户需要定期从认证机构获取 CRL。

正确。如果不这样做的话，就可能会产生用已经失效的公钥验证签名或者进行加密的风险。

第3部分

密钥、
随机数与
应用技术

第 **11** 章

密钥——秘密的精华

密码的本质就是将较长的秘密——消息——变成较短的秘密——密钥。

——布鲁斯·施奈尔《网络信息安全的真相》（*Secrets and Lies: Digital Security in a Networked World*）（p144）

11.1 本章学习的内容

在密码技术中，密钥扮演着十分重要的角色。如果窃听者能够获得用于解密的密钥，则密文的机密性就无法得到保证；如果攻击者能够获得用于数字签名的私钥，就可以发动伪装攻击。

在之前的章节中我们多多少少已经接触了一些关于密钥的知识，本章我们将对下列知识点进行整理。

- 什么是密钥
- 各种不同的密钥
- 密钥的管理

在此基础上，我们还将学习下列关于密钥的知识。

- Diffie-Hellman 密钥交换
- 基于口令的密码（PBE）
- 如何生成安全的口令

11.2 什么是密钥

11.2.1 密钥就是一个巨大的数字

在使用对称密码、公钥密码、消息认证码、数字签名等密码技术使用，都需要一个称为**密钥**（key）的巨大数字。然而，数字本身的大小并不重要，重要的是**密钥空间的大小**，也就是可能出现的密钥的总数量，因为密钥空间越大，进行暴力破解就越困难。密钥空间的大小是由**密钥长度**决定的。

为了让大家对密钥有一个直观的认识，我们来列举一些各种长度的密钥。

■■■ DES 的密钥

对称密码 DES 的密钥的实质长度为 56 比特（7 字节）[①]。

例如，一个 DES 密钥用二进制可以表示为：

01010001 11101100 01001011 00010010 00111101 01000010 00000011

用十六进制则可以表示为：

51 EC 4B 12 3D 42 03

而用十进制则可以表示为：

23059280286262269955

在下面的讲解中，我们将统一使用十六进制来表示。

■■■ 三重 DES 的密钥

在对称密码三重 DES 中，包括使用两个 DES 密钥的 DES-EDE2 和使用三个 DES 密钥的 DES-EDE3 两种方式。

DES-EDE2 的密钥的实质长度为 112 比特（14 字节），比如下面这个数字：

51 EC 4B 12 3D 42 03 30 04 D8 98 95 93 3F

DES-EDE3 的密钥的实质长度为 168 比特（21 字节），比如下面这个数字：

51 EC 4B 12 3D 42 03 30 04 D8 98 95 93 3F 24 9F 61 2A 2F D9 96

■■■ AES 的密钥

对称密码 AES 的密钥长度可以从 128、192 和 256 比特中进行选择，当密钥长度为 256 比特时，其长度如下面这个数字：

51 EC 4B 12 3D 42 03 30 04 D8 98 95 93 3F 24 9F 61 2A 2F D9 96 B9 42 DC
FD A0 AE F4 5D 60 51 F1

---

① 之所以在长度前面加上"实质"一词，是因为在 DES 和三重 DES 的密钥中附加了一些用于识别通信错误的校验比特。由于这些校验比特对实际的密钥空间没有影响，因此我们在本节中所说的密钥长度不包含校验比特。

11.2.2　密钥与明文是等价的

正如上一节中所提到的，密钥仅仅是一个比特序列（字节序列），但它所具有的价值却超乎我们的想象。下面我们以对称密码的密钥为例，来思考一下密钥的价值。

假设 Alice 使用对称密码和密钥对明文进行了加密。Alice 之所以要加密明文是因为她需要保密，而将明文转化为密文就可以保密了，因为即便密文被窃听者 Eve 截获，Eve 也无法得知明文的内容。然而，如果密钥落入 Eve 手里会怎样呢？Eve 可以用密钥将密文转化为明文，也就能够知道明文的内容了。

结果，对于窃听密文的 Eve 来说，得到密钥和得到明文是等价的。换言之，**密钥和明文是等价的**。假设明文具有 100 万元的价值，那么用来加密这段明文的密钥也就具有 100 万元的价值；如果明文值 1 亿元，密钥就也值 1 亿元；如果明文的内容是生死攸关的，那么密钥也同样是生死攸关的 [①]。

11.2.3　密码算法与密钥

本书中反复提到，依靠隐藏密码算法本身的设计来确保信息的机密性是非常危险的。如果需要一个高强度的密码算法，不应该自行开发，而是应该使用一个经过全世界密码学家共同验证的密码算法。

信息的机密性不应该依赖于密码算法本身，而是应该依赖于妥善保管的密钥。这是密码世界的常识之一。

11.3　各种不同的密钥

我们所说的密钥其实分为很多种类，下面我们来整理一下。

11.3.1　对称密码的密钥与公钥密码的密钥

在**对称密码**中，加密和解密使用同一个密钥。由于发送者和接收者之间需要共享密钥，因此对称密码又称为**共享密钥密码**。对称密码中所使用的密钥必须对发送者和接收者以外的人保密，否则第三方就能够解密密文了（图 11-1）。

---

① 说"明文的内容生死攸关"可不是信口开河，大家想象一下战争中的军事情报就可以理解了。

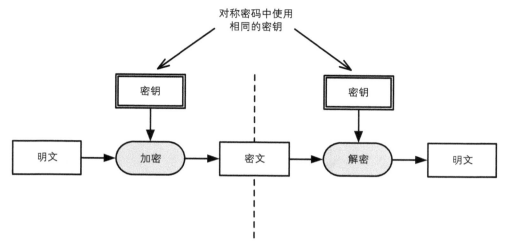

图 11-1　对称密码中，加密和解密使用同一个密钥

在**公钥密码**中，加密和解密使用的是不同的密钥。用于加密的密钥称为**公钥**，顾名思义它是可以被公开的；用于解密的密钥称为**私钥**，只有需要进行解密的接收者才持有私钥，私钥也称为**秘密密钥**。相对应的公钥和私钥之间具有深刻的数学关系，因此也称为**密钥对**（图 11-2）。

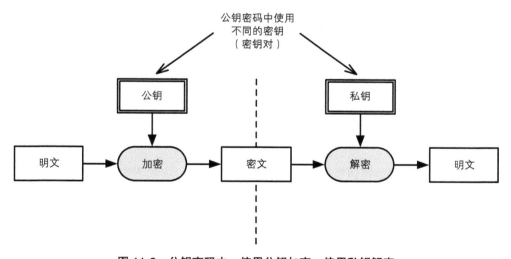

图 11-2　公钥密码中，使用公钥加密，使用私钥解密

11.3.2　消息认证码的密钥与数字签名的密钥

在**消息认证码**中，发送者和接收者使用共享的密钥来进行认证。消息认证码只能由持有合法密钥的人计算出来。将消息认证码附加在通信报文后面，就可以识别通信内容是否被篡改或伪装。由于"持有合法的密钥"就是发送者和接收者合法身份的证明,因此消息认证码的密钥必须对发送者和接收者以外的人保密,否则就会产生篡改和伪装的风险(图 11-3)。

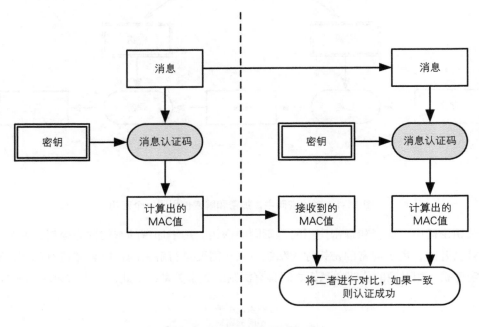

图 11-3　消息认证码的密钥

在**数字签名**中,签名的生成和验证使用不同的密钥。只有持有私钥的本人才能够生成签名,但由于验证签名使用的是公钥,因此任何人都能够验证签名(图 11-4)。

11.3.3　用于确保机密性的密钥与用于认证的密钥

对称密码和公钥密码的密钥都是**用于确保机密性的密钥**。如果不知道用于解密的合法密钥,就无法得知明文的内容。

相对地,消息认证码和数字签名所使用的密钥,则是**用于认证的密钥**。如果不知道合法的密钥,就无法篡改数据,也无法伪装本人的身份。

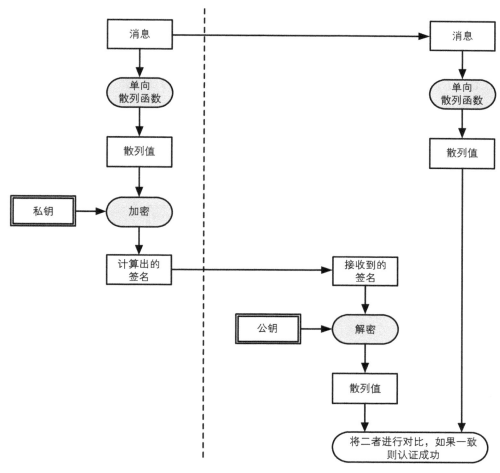

图 11-4　数字签名的密钥

11.3.4　会话密钥与主密钥

刚刚我们关注的是密钥的用途，下面我们来关注一下密钥被使用的次数。

当我们访问以 https:// 开头的网页时，Web 服务器和浏览器之间会进行基于 SSL/TLS 的加密通信。在这样的通信中所使用的密钥是仅限于本次通信的一次性密钥，下次通信时就不能使用了。像这样每次通信只能使用一次的密钥称为**会话密钥**（session key）。

只能一次性使用的密钥有哪些好处呢？由于会话密钥只在本次通信中有效，万一窃听者获取了本次通信的会话密钥，也只能破译本次通信的内容。由于在下次通信中会使用新的密钥，因此其他通信的机密性不会受到破坏。

虽然每次通信都会更换会话密钥，但如果用来生成密钥的伪随机数生成器品质不好，窃听者就有可能预测出下次生成的会话密钥，这样就会产生通信内容被破译的风险。

相对于每次通信都更换的会话密钥，一直被重复使用的密钥称为**主密钥**（master key）。

11.3.5 用于加密内容的密钥与用于加密密钥的密钥

下面我们来关注一下使用密钥加密的对象。

一般来说，加密的对象是用户直接使用的信息（内容），这样的情况下所使用的密钥称为 CEK（Contents Encrypting Key，内容加密密钥）；相对地，用于加密密钥的密钥则称为 KEK（Key Encrypting Key，密钥加密密钥）。图 11-5 中展示了 CEK 和 KEK 的一种用法。

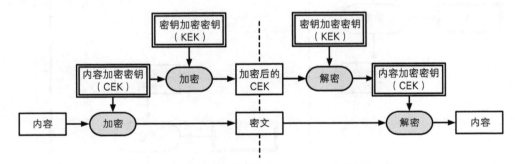

图 11-5　用于加密内容的密钥（CEK）与用于加密密钥的密钥（KEK）

将密钥进行加密好像有点奇怪，但通过像图 11-5 中这样的两段式方法，可以减少需要保管的密钥数量。

在很多情况下，之前提到的会话密钥都是被作为 CEK 使用的，而主密钥则是被作为 KEK 使用的。后面提到的"保存密钥"（11.4.4 节）以及"基于口令的密码"（11.6.1 节）中也会出现 KEK 密钥。

11.4　密钥的管理

11.4.1　生成密钥

■■■ 用随机数生成密钥

生成密钥的最好方法就是**使用随机数**，因为密钥需要具备不易被他人推测的性质。在可能的情况下最好使用能够生成密码学上的随机数的硬件设备，但一般我们都是使用伪随机数生成器这一专门为密码学用途设计的软件。

在生成密钥时，不能自己随便写出一些像"3F　23　52　28　E3 …"这样的数字。因为尽管你想生成的是随机的数字，但无论如何都无法避免人为的偏差，而这就会成为攻击者的目标。

在这里需要提醒会编程的读者注意。尽管生成伪随机数的算法有很多种，但**密码学用途的伪随机数生成器必须是专门针对密码学用途而设计的**。例如，有一些伪随机数生成器可以用于游戏和模拟算法，尽管这些伪随机数生成器所生成的数列看起来也是随机的，但只要不是专门为密码学用途设计的，就不能用来生成密钥，因为这些伪随机数生成器不具备不可预测性这一性质，关于这一点我们将在第 12 章中详细探讨。

■■■ 用口令生成密钥

有时我们也会使用人类可以记住的**口令**（ password 或 passphrase ）来生成密钥。passphrase 指的是一种由多个单词组成的较长的 password，在本章中我们将两者统称为口令。

严格来说，我们很少直接用口令来作为密钥使用，一般都是将口令输入单向散列函数，然后将得到的散列值作为密钥使用。

在使用口令生成密钥时，为了防止字典攻击（11.6.4 节），需要在口令上面附加一串称为**盐**（ salt ）的随机数，然后再将其输入单向散列函数。这种方法称为"基于口令的密码"（ Password Based Encryption，PBE ），关于 PBE 我们稍后将详细介绍。

11.4.2　配送密钥

在使用对称密码时，如何在发送者和接收者之间共享密钥是一个重要的问题（即**密钥配送问题**）。在第 5 章中我们已经举例进行了介绍，要解决密钥配送问题，可以采用**事先共享密钥**、**使用密钥分配中心**、**使用公钥密码**等方法。除上述方法之外，还有一种解决密钥配送问题的方法称为 Diffie-Hellman **密钥交换**，我们将稍后介绍。

11.4.3　更新密钥 [①]

有一种提高通信机密性的技术被称为**密钥更新**（ key updating ），这种方法就是在使用共享密钥进行通信的过程中，定期（例如每发送 1000 个字）改变密钥。当然，发送者和接收者必须同时用同样的方法来改变密钥才行。

在更新密钥时，发送者和接收者使用单向散列函数计算当前密钥的散列值，并将这个散列值用作新的密钥。简单说，就是**用当前密钥的散列值作为下一个密钥**。

进行密钥更新有哪些好处呢？我们假设在通信过程中的某个时间点上，密钥被窃听者获取了，那么窃听者就可以用这个密钥将之后的通信内容全部解密。但是，窃听者却无法解密更新

---

① 本节内容参考了《信息安全工程》（ *Security Engineering* ）[Anderson] 一书。

密钥这个时间点之前的通信内容，因为这需要用单向散列函数的输出（即当前密钥）反算出单向散列函数的输入（即上一个密钥）。由于单向散列函数具有单向性，因此就保证了这样的反算是非常困难的。

这种防止破译过去的通信内容的机制，称为**后向安全**（backward security）。

11.4.4　保存密钥

由于会话密钥在通信过程中仅限使用一次，因此我们不需要保存这种密钥。然而，当密钥需要重复使用时，就必须要考虑**保存密钥**的问题了。

■■■　人类无法记住密钥

首先我们必须要理解一个重要的事实，那就是人类是**无法记住具有实用长度的密钥**的。例如，像下面这样一个 AES 的 128 比特密钥，一般人是很难记住的。

```
51 EC 4B 12 3D 42 03 30 04 D8 98 95 93 3F 24 9F
```

就算咬咬牙勉强记住了，也只不过是记住了一个密钥而已。但如果要自如地记住多个密钥并且保证不忘记，实际上是不可能做到的。

■■■　对密钥进行加密的意义

我们无法记住密钥，既然不能将密钥保存在自己的头脑中，那么就必须保存在其他某个地方。

于是我们现在就面临了一个巨大的困难。为了保证机密性，我们将文件进行了加密，而解密用的密钥就相当于保证文件机密性的钥匙。然而，将密钥和密文存放在同一台计算机中是非常愚蠢的。如果主动攻击者 Mallory 能够访问保存密文的计算机，那么 Mallory 就很有可能同时获取到密文和解密用的密钥。

我们记不住密钥，但如果将密钥保存下来又可能会被窃取。这真是一个头疼的问题。这个问题很难得到彻底解决，但我们可以考虑一些合理的解决方法。

其中一种方法是，将密钥保存成文件，并将这个文件**保存在保险柜等安全的地方**。在这个场景中，我们是通过保险柜等其他装置来确保密钥的机密性的。

但是放在保险柜里的话，出门在外时就无法使用了。这种情况下，出门时就需要随身携带密钥。而如果将密钥放在存储卡里随身携带的话，就会产生存储卡丢失、被盗等风险。

万一密钥被盗，为了能够让攻击者花更多的时间才能真正使用这个密钥，我们可以使用**将密钥加密后保存**的方法。当然，要将密钥加密，必然需要另一个密钥。像这样用于加密密钥的密钥，一般称为 KEK。

　　既然加密密钥需要另一个密钥（KEK），那么另一个密钥（KEK）又要如何保存呢？我们好像又进入死循环了。

　　对密钥进行加密的方法虽然没有完全解决机密性的问题，但在现实中却是一个非常有效的方法，因为这样做可以**减少需要保管的密钥数量**。

　　举个例子，假设计算机上有 100 万个文件，分别使用不同的密钥进行加密生成 100 万个密文，结果我们手上就产生了 100 万个密钥，而要保管 100 万个密钥是很困难的。

　　于是，我们用一个密钥（KEK）将这 100 万个密钥进行加密，那么现在我们只要保管这一个KEK 就可以了。不过大家不要忘记，这一个 KEK 的价值相当于前面 100 万个密钥的价值的总和。

　　用 1 个密钥来代替多个密钥进行保管的方法，和认证机构的层级化非常相似。在后者中，我们不需要信任多个认证机构，而只需要信任一个根 CA 就可以了。同样地，我们也不需要确保多个密钥（CEK）的机密性，而只需要确保一个密钥（KEK）的机密性就可以了。

　　关于密钥的具体保存方法，我们将在 11.6 节中进行介绍。

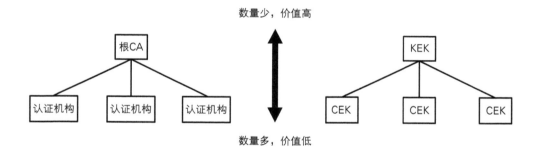

图 11-6　认证机构的层级与密钥的层级的对比

11.4.5　作废密钥

　　密钥的作废和生成是同等重要的，这是因为密钥和明文是等价的。

为什么要作废密钥

　　我们来思考一下作废密钥的意义。

　　举个例子，假设 Alice 向 Bob 发送了一封加密的邮件。Bob 在解密之后阅读了邮件的内容，这时本次通信所使用的密钥对于 Alice 和 Bob 来说就不再需要了。不再需要的密钥必须妥善删除，因为如果被窃听者 Eve 获取，之前发送的加密邮件就会被解密。

■■■ 如何作废密钥

如果密钥是计算机上的一个文件，那么仅仅删除这个文件是不足以删除密钥的，因为有一些技术能够让删除的文件"复活"。此外，很多情况下文件的内容还会残留在计算机的内存中，因此必须将这些痕迹完全抹去。简而言之，要完全删除密钥，不但要用到密码软件，还需要在设计计算机系统时对信息安全进行充分的考虑。

■■■ 密钥丢了怎么办

如果包含密钥的文件被误删，或者保管密钥的笔记本电脑损坏了，会导致怎样的后果呢？

如果丢失了对称密码的共享密钥，就无法解密密文了。如果丢失了消息认证码的秘钥，就无法向通信对象证明自己的身份了。

公钥密码中，一般不太会发生丢失公钥的情况，因为公钥是完全公开的，很有可能在其他电脑上存在副本。

最大的问题是丢失了公钥密码的私钥。如果丢失了公钥密码的私钥，就无法解密用公钥密码加密的密文了。此外，如果丢失了数字签名的私钥，就无法生成数字签名了。

■ 11.5 Diffie-Hellman 密钥交换

本节中我们将介绍另一种解决密钥配送问题的方法——Diffie-Hellman 密钥交换。

11.5.1 什么是 Diffie-Hellman 密钥交换

Diffie-Hellman 密钥交换（Diffie-Hellman key exchange）是 1976 年由 Whitfield Diffie 和 Martin Hellman 共同发明的一种算法。使用这种算法，通信双方仅通过交换一些可以公开的信息就能够生成出共享的秘密数字，而这一秘密数字就可以被用作对称密码的密钥。IPsec 中就使用了经过改良的 Diffie-Hellman 密钥交换。

虽然这种方法的名字叫"密钥交换"，但实际上双方并没有真正交换密钥，而是通过计算生成出了一个相同的共享秘钥。因此，这种方法也称为 **Diffie-Hellman 密钥协商**（Diffie-Hellman key agreement）。

11.5.2 Diffie-Hellman 密钥交换的步骤

现在我们假设 Alice 和 Bob 需要共享一个对称密码的密钥，然而双方之间的通信线路已经被窃听者 Eve 窃听了。这时，Alice 和 Bob 可以通过以下方法进行 Diffie-Hellman 密钥交换，从而生成共享密钥（图 11-7）。

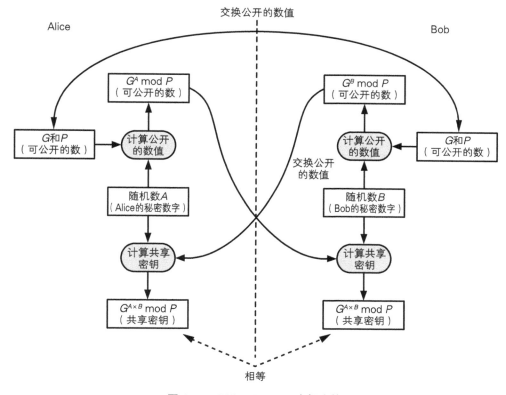

图 11-7　Diffie-Hellman 密钥交换

(1) Alice 向 Bob 发送两个质数 P 和 G

P 必须是一个非常大的质数，而 G 则是一个和 P 相关的数，称为**生成元**（generator）。G 可以是一个较小的数字。关于生成元的概念我们将稍后讲解。

P 和 G 不需要保密，被窃听者 Eve 获取也没关系。

此外，P 和 G 可以由 Alice 和 Bob 中的任意一方生成。

(2) Alice 生成一个随机数 A

A 是一个 $1 \sim P{-}2$ 之间的整数。这个数是一个只有 Alice 知道的秘密数字，没有必要告诉 Bob，也不能让 Eve 知道。

(3) Bob 生成一个随机数 B

B 是一个 $1 \sim P{-}2$ 之间的整数。这个数是一个只有 Bob 知道的秘密数字，没有必要告诉

Alice，也不能让 Eve 知道。

(4) Alice 将 $G^A \bmod P$ 这个数发送给 Bob

这个数让 Eve 知道也没关系。

(5) Bob 将 $G^B \bmod P$ 这个数发送给 Alice

这个数让 Eve 知道也没关系。

(6) Alice 用 Bob 发过来的数计算 A 次方并求 mod P

这个数就是共享密钥。

Alice 计算的密钥 = $(G^B \bmod P)^A \bmod P$

我们将上面的算式简化：

$$Alice\ 计算的密钥 = G^{B \times A} \bmod P$$
$$= G^{A \times B} \bmod P$$

上面我们将 mod P 中的 "G 的 B 次方的 A 次方" 改写成了 "G 的 $A \times B$ 次方"。

(7) Bob 用 Alice 发过来的数计算 B 次方并求 mod P

Bob 计算的密钥 = $(G^A \bmod P)^B \bmod P$

我们将上面的算式简化：

Bob 计算的密钥 = $G^{A \times B} \bmod P$

上面我们将 mod P 中的 "G 的 A 次方的 B 次方" 改写成了 "G 的 $A \times B$ 次方"。于是，Alice 和 Bob 就计算出了相等的共享密钥。

Alice 计算的密钥 = Bob 计算的密钥

11.5.3 Eve 能计算出密钥吗

在步骤 (1) ~ (7) 中，双方交换的数字（即能够被窃听者 Eve 知道的数字）一共有 4 个：P、G、$G^A \bmod P$ 和 $G^B \bmod P$。根据这 4 个数字计算出 Alice 和 Bob 的共享密钥（$G^{A \times B} \bmod P$）是非常困难的。

如果 Eve 能够知道 A 和 B 中的任意一个数，那么要计算 $G^{A \times B}$ 就很容易了，然而仅仅根据上面 4 个数是很难求出 A 和 B 的。

举个例子，我们能够根据 $G^A \bmod P$ 计算出 A 吗？ $G^A \bmod P$ 中的 mod P 是这里的关键所在。如果仅仅是 G^A 的话，要计算出 A 并不难，然而**根据 $G^A \bmod P$ 计算出 A 的有效算法到现在还没有出现**，这个问题称为有限域（finite field）的**离散对数问题**。

而有限域的离散对数问题的复杂度正是支撑 Diffie-Hellman 密钥交换算法的基础。

11.5.4　生成元的意义

已知 P 为质数，让我们来想象一下 mod P 的时钟运算（5.5 节）。假设 P 为 13，则 mod P 的时钟运算中所使用的时钟就是以下 13 个数字画成的圆形时钟。

0, 1, 2, 3, 4, 5, 6, 7, 8, 9, 10, 11, 12

然后我们来列一张 0 ~ 12 各元素的乘方表（表 11-1）。

表 11-1　$G^A \bmod P$ 表（当 $P = 13$ 时）

G＼A	1	2	3	4	5	6	7	8	9	10	11	12	
0	0	0	0	0	0	0	0	0	0	0	0	0	
1	1	1	1	1	1	1	1	1	1	1	1	1	
2	2	4	8	3	6	12	11	9	5	10	7	1	（2 为生成元）
3	3	9	1	3	9	1	3	9	1	3	9	1	
4	4	3	12	9	10	1	4	3	12	9	10	1	
5	5	12	8	1	5	12	8	1	5	12	8	1	
6	6	10	8	9	2	12	7	3	5	4	11	1	（6 为生成元）
7	7	10	5	9	11	12	6	3	8	4	2	1	（7 为生成元）
8	8	12	5	1	8	12	5	1	8	12	5	1	
9	9	3	1	9	3	1	9	3	1	9	3	1	
10	10	9	12	3	4	1	10	9	12	3	4	1	
11	11	4	5	3	7	12	2	9	8	10	6	1	（11 为生成元）
12	12	1	12	1	12	1	12	1	12	1	12	1	

在上表中，请大家注意看 G 等于 2 的那一行。

$2^1 \bmod 13 = 2$

$2^2 \bmod 13 = 4$

$2^3 \bmod 13 = 8$

$2^4 \bmod 13 = 3$

$2^5 \bmod 13 = 6$

$\vdots$

$2^{11} \bmod 13 = 7$

$2^{12} \bmod 13 = 1$

我们可以发现 2^1 到 2^{12} 的值（共 12 个）全都不一样。也就是说，2 的乘方结果中出现了 1 到 12 的全部整数。由于 2 具备上述性质，因此称为 13 的**生成元**[①]。同样地，6、7 和 11 也是生成元。

也就是说，P 的生成元的乘方结果与 $1 \sim P-1$ 中的数字是一一对应的。正是因为具有这样一一对应的关系，Alice 才能够从 $1 \sim P-2$ 的范围中随机选择一个数字（之所以不能选择 $P-1$，是因为 $G^{P-1} \bmod P$ 的值一定是等于 1 的）。当然，从数学上看我们还必须证明对于任意质数 P 都一定存在生成元 G，但证明的过程在这里就不再阐述了[②]。

11.5.5　具体实践一下

下面我们用具体的数字来尝试一下 Diffie-Hellman 密钥交换。

(1) Alice 向 Bob 发送两个质数 P 和 G

假设我们选择 13 作为 P，则：

$P = 13$

然后我们选择 2 作为 G，因为根据上一节中的说明，2 是 13 的一个生成元。

$G = 2$

(2) Alice 生成一个随机数 A

A 可以是 $1 \sim P-2$ 范围内的任意整数，在这里我们选择 9。A 是只有 Alice 知道的秘密数字。

$A = 9$

(3) Bob 生成一个随机数 B

B 可以是 $1 \sim P-2$ 范围内的任意整数，在这里我们选择 7。B 是只有 Bob 知道的秘密数字。

$B = 7$

(4) Alice 将 $G^A \bmod P$ 这个数发送给 Bob

$$G^A \bmod P = 2^9 \bmod 13$$
$$= 5 \qquad （\text{Alice 发送给 Bob 的数}）$$

---

① 在数论中，2 为模 13 的原根（primitive root）。——译者注
② 有兴趣的读者可以研究一下群论中的拉格朗日定理以及欧拉函数。——译者注

(5) Bob 将 G^B mod P 这个数发送给 Alice

$$G^B \bmod P = 2^7 \bmod 13$$
$$= 11 \qquad （\text{Bob 发送给 Alice 的数}）$$

(6) Alice 用 Bob 发过来的数 11 计算 A 次方并求 mod P

$$\text{Alice 计算的密钥} = (G^B \bmod P)^A \bmod P$$
$$= 11^A \bmod P$$
$$= 11^9 \bmod 13$$
$$= 8 \qquad （\text{共享密钥}）$$

(7) Bob 用 Alice 发过来的数 5 计算 B 次方并求 mod P

$$\text{Bob 计算的密钥} = (G^A \bmod P)^B \bmod P$$
$$= 5^B \bmod P$$
$$= 5^7 \bmod P$$
$$= 8 \qquad （\text{共享密钥}）$$

通过上述步骤，Alice 和 Bob 就各自计算出了相等的数 8 作为共享密钥。

小测验 1　Diffie-Hellman 密钥交换与中间人攻击　　　　　　**（答案见 11.9 节）**

学习了 Diffie-Hellman 密钥交换的知识后，Alice 产生了下面的疑问。

如果主动攻击者 Mallory 混入进行 Diffie-Hellman 密钥交换的两个人中间，能否进行伪装攻击（中间人攻击）呢？

请你解答 Alice 的疑问吧。

▌ 11.5.6　椭圆曲线 Diffie-Hellman 密钥交换

Diffie-Hellman 密钥交换是利用"离散对数问题"的复杂度来实现密钥的安全交换的，如果将"离散对数问题"改为"椭圆曲线上的离散对数问题"，这样的算法就称为**椭圆曲线 Diffie-Hellman 密钥交换**。

椭圆曲线 Diffie-Hellman 密钥交换在总体流程上是不变的，只是所利用的数学问题不同而已。椭圆曲线 Diffie-Hellman 密钥交换能够用较短的密钥长度实现较高的安全性，详情请参见附录 1 中的介绍。

11.6　基于口令的密码（PBE）

11.6.1　什么是基于口令的密码

顾名思义，**基于口令的密码**（Password Based Encryption，PBE）就是一种根据口令生成密钥并用该密钥进行加密的方法。其中加密和解密使用同一个密钥。

PBE 有很多种实现方法。例如 RFC 2898（PKCS #5）和 RFC 7292（PKCS #12）等规范中所描述的 PBE 就通过 Java 的 javax.crypto 包等进行了实现。此外，在通过密码软件 PGP 保存密钥时，也会使用 PBE。本节中，我们不会介绍具体的规范，而是从一般的方法的角度来介绍 PBE。

PBE 的意义可以按照下面的逻辑来理解。

想确保重要消息的机密性。
↓
将消息直接保存在磁盘上的话，可能会被别人看到。
↓
用密钥（CEK）对消息进行加密吧。
↓
但是这次又需要确保密钥（CEK）的机密性了。
↓
将密钥（CEK）直接保存在磁盘上好像很危险。
↓
用另一个密钥（KEK）对密钥进行加密（CEK）吧。
↓
等等！这次又需要确保密钥（KEK）的机密性了。进入死循环了。
↓
既然如此，那就用口令来生成密钥（KEK）吧。
↓
但只用口令容易遭到字典攻击。
↓
那么就用口令和盐共同生成密钥（KEK）吧。
↓
盐可以和加密后的密钥（CEK）一起保存在磁盘上，而密钥（KEK）可以直接丢弃。
↓
口令就记在自己的脑子里吧。

11.6.2　PBE 加密

PBE 的加密过程如图 11-8 所示。

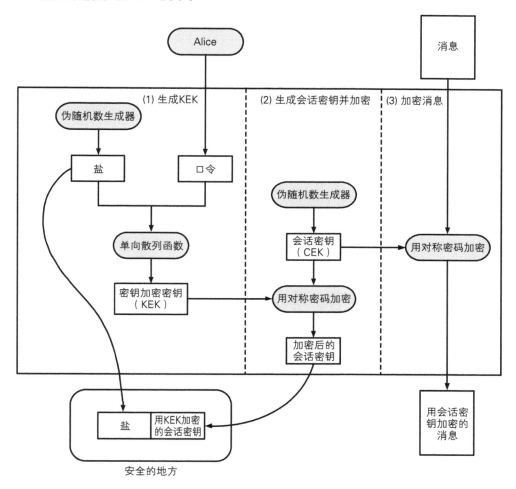

图 11-8　PBE 加密

PBE 加密包括下列 3 个步骤：

(1) 生成 KEK；(2) 生成会话密钥并加密；(3) 加密消息。

(1) 生成 KEK

首先，伪随机数生成器会生成一个被称为**盐**的随机数。将盐和 Alice 输入的口令一起输入单向散列函数，得到的散列值就是用来加密密钥的密钥（KEK）。

正如在饭菜上撒盐会改变饭菜的味道一样，在口令上加上盐就会改变所生成的 KEK 值。盐是一种用于防御字典攻击（稍后讲解）的机制。

(2) 生成会话密钥并加密

接下来，我们使用伪随机数生成器生成会话密钥。会话密钥是用来加密消息的密钥（CEK）。

会话密钥需要用刚才步骤 (1) 中生成的 KEK 进行加密，并和盐一起保存在安全的地方。会话密钥加密之后，KEK 就会被丢弃，因为 KEK 没有必要保存下来，只要通过盐和口令就可以重建 KEK。

(3) 加密消息

最后，我们用步骤 (2) 中生成的会话密钥对消息进行加密。

PBE 加密后所产生的输出包括下列 3 种。

- 盐
- 用 KEK 加密的会话密钥
- 用会话密钥加密的消息

其中"盐"和"用 KEK 加密的会话密钥"需要保存在安全的地方。

11.6.3 PBE 解密

PBE 的解密过程如图 11-9 所示。

PBE 解密包括下列 3 个步骤。

(1) 重建 KEK；(2) 解密会话密钥；(3) 解密消息。

(1) 重建 KEK

首先我们将之前保存下来的盐，和 Alice 输入的口令一起输入单向散列函数。这个计算过程和生成 KEK 时的计算过程是一样的，因此所得到的散列值就是 KEK。

(2) 解密会话密钥

然后，我们获取之前保存下来的"用 KEK 加密的会话密钥"，用步骤 (1) 中恢复的 KEK 进行解密。这一步我们可以得到会话密钥。

(3) 解密消息

最后，我们用步骤 (2) 中重建的会话密钥对加密的消息进行解密。

将上述解密过程与图 11-8 中"PBE 加密"的过程对比一下就会发现，在 PBE 加密过程中使用了两次伪随机数生成器，而在 PBE 解密过程中却一次都没有使用。

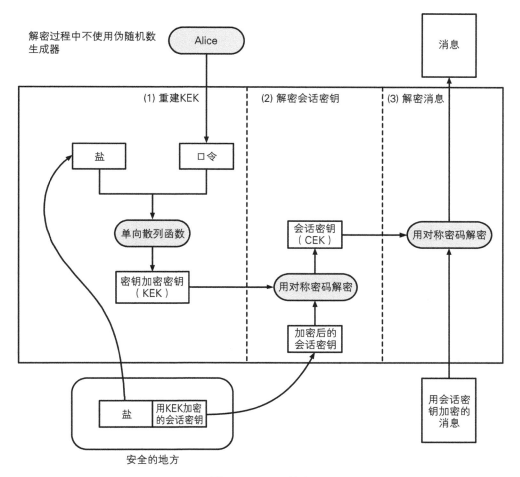

图 11-9 PBE 解密

11.6.4 盐的作用

盐是由伪随机数生成器生成的随机数，在生成密钥（KEK）时会和口令一起被输入单向散列函数。

密钥（KEK）是根据秘密的口令生成的，加盐好像没有什么意义，那么盐到底起什么作用呢？

盐是用来防御字典攻击的。字典攻击是一种事先进行计算并准备好候选密钥列表的方法。

我们假设在生成 KEK 的时候没有加盐。那么主动攻击者 Mallory 就可以根据字典数据事先生成大量的候选 KEK。

在这里，**事先**是很重要的一点。这意味着 Mallory 可以在窃取到加密的会话密钥之前，就准备好了大量的候选 KEK。当 Mallory 窃取加密的会话密钥后，就需要尝试将它解密，这时只要利用事先生成的候选 KEK，就能够大幅缩短尝试的时间，这就是**字典攻击**（dictionary attack）。

如果在生成 KEK 时加盐，则盐的长度越大，候选 KEK 的数量也会随之增大，事先生成候选 KEK 就会变得非常困难。只要 Mallory 还没有得到盐，就无法生成候选 KEK。这是因为加盐之后，候选 KEK 的数量会变得非常巨大（图 11-10）。

不加盐的情况

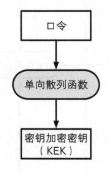

攻击者可以事先计算口令所对应的KEK值
（可能进行字典攻击）

口令	对应的KEK值
abc	02 E3 29 13 2A D0
abcde	F5 21 62 FE 72 77
abcxyz	81 75 8E B2 9F 66
hello	3E F3 C7 06 DF B7
pass	18 1C 48 22 E6 EF
...	...

加盐的情况

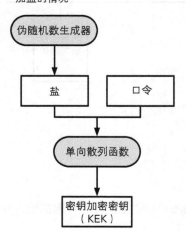

即便口令相同，只要盐不同，KEK值也不同，
因此无法进行字典攻击

盐	口令	对应的KEK值
5B94E7	abc	4D 58 FD 69 87 38
E5AB9D	abc	EB 4D CB A9 C3 A4
F8DC3B	abc	09 70 F0 7D AC 20
C6541B	abc	44 40 32 6F AB 16
F6C109	abc	1F C5 3C 14 DF D8
...	...	...

图 11-10　字典攻击与盐的作用

11.6.5　口令的作用

大家应该已经理解了盐在基于口令的密码（PBE）中所发挥的作用。下面我们来说说口令。

请大家回忆一下我们之前提到的一个事实：具有充足长度的密钥是无法用人脑记忆的（11.4.4 节）。口令也是一样，我们也无法记住具有充足比特数的口令。

在 PBE 中，我们通过口令生成密钥（KEK），再用这个密钥来加密会话密钥（CEK）。由于通过口令生成的密钥（KEK）强度不如由伪随机数生成器生成的会话密钥（CEK），这就好像是将一个牢固的保险柜的钥匙放在了一个不怎么牢固的保险柜中保管，因此在使用基于口令的密码（PBE）时，需要将盐和加密后的 CEK **通过物理方式进行保护**。例如可以将盐和加密后的CEK 保存到存储卡中随身携带。

11.6.6　通过拉伸来改良 PBE

在生成 KEK 时，通过多次使用单向散列函数就可以提高安全性。例如，如果我们将盐和口令先输入单向散列函数，然后将得到的散列值再次输入单向散列函数，将得到的散列值又再次输入单向散列函数……像这样将经过 1000 次散列函数所得到的散列值作为 KEK 来使用，是一个不错的方法。

对于用户来说，执行 1000 次散列函数并不会带来多大的负担。因为和用户输入一次口令所花费的时间相比，执行 1000 次散列函数所需的时间可以忽略不计。然而，对于主动攻击者 Mallory 来说，这可是一个很大的负担。因为为了找出正确的 KEK，Mallory 必须用大量的口令进行尝试。

像这样将单向散列函数进行多次迭代的方法称为**拉伸**（stretching）。

11.7　如何生成安全的口令

到这里，PBE 的相关知识就讲完了，下面我们来就口令的话题进行一些更深入的思考。

当我们在计算机上登录时，需要输入口令。通过输入口令，我们可以证明自己拥有登录这台计算机的权利。

在将用 PBE 加密的文章进行解密时，我们也需要输入口令。这个过程也是通过输入口令来证明自己拥有解密该文章的权利。

口令是非常重要的，但是要生成安全的口令却是非常难的。下面我们来介绍一些生成安全的口令的小技巧。

- 使用只有自己才能知道的信息
- 将多个不同的口令分开使用
- 有效利用笔记
- 理解口令的局限性
- 使用口令生成和管理工具

11.7.1 使用只有自己才能知道的信息

在生成口令时，**使用只有自己才能知道的信息**是一个大原则。因为口令不能够被别人推测出来，因此使用只有自己才能知道的信息是理所当然的。然而，在实际生成口令的时候，人们却很容易忘记这一原则。

让我们来具体讲一讲。

■■■ 不要使用对自己重要的事物的名字

由于口令非常重要，很多人往往会使用对自己重要的事物的名字。例如，自己恋人的名字、配偶的名字、孩子的名字、宠物的名字、偶像的名字、车的名字、品牌的名字⋯⋯。然而，对自己重要的事物的名字反而是容易被别人推测出来的信息，因此我们不应该在口令中使用这些名字。

■■■ 不要使用关于自己的信息

这一点其实不必多说，不要在口令中使用像自己的名字、自己的登录用户名、地址、员工号码等和自己相关的信息。

■■■ 不要使用别人见过的信息

不要使用一些别人可能看到过的信息作为口令，例如名言、有名的引文、字典的例句、网上看到的话、键盘上的字母顺序（qwerty、asdfghjkl）、彩虹的颜色、行星的名字、星座、月份、星期等。

这样一看，只有自己才知道的信息真的是非常有限的，因此生成一个安全的密码其实并不容易。

11.7.2 将多个不同的口令分开使用

不要将同一个口令重复用于各种不同的用途，而是应该根据信息的价值区分使用不同的口令。例如，用来在网站上阅读新闻的口令，和用来加密包含 1000 个客户信息的重要文件的口令显然不能用同一个。

在区分使用口令时，不能仅仅改变口令的一部分。比如说下面这样的做法就是**不可以的**。

登录公司计算机的口令	tUniJw1
登录家里计算机的口令	tUniJw2
用于邮件数字签名的口令	tUniJw3
网上购物用的口令	tUniJw4

这样的话，只要破译其中一个口令，其他的口令就很容易被推测出来。

11.7.3 有效利用笔记

不可以将口令写在便签上然后贴在计算机的屏幕上，特别是在人来人往的办公室里更是严禁这种行为。

不过，有效利用笔记也并不是坏事。与其以好记为理由设置一个简单的口令，还不如用伪随机数生成器生成一个随机的字符串作为口令，然后将口令记下来保存在安全的地方。换言之，应该将笔记与物理的钥匙同等对待。仅将口令的一部分写下来的方法也是非常有效的。

11.7.4 理解口令的局限性

口令是有局限性的。为了说明起来更简单，我们假设口令只能由 8 个字符的英文字母和数字组成。英文字母和数字一共有 62 个，即：

ABCDEFGHIJKLMNOPQRSTUVWXYZabcdefghijklmnopqrstuvwxyz0123456789

因此，8 个英文字母和数字的组合的可能性为：

$$62 \times 62 \times 62 \times 62 \times 62 \times 62 \times 62 \times 62$$
$$= 62^8$$
$$= 218340105584896$$

也就是大约 218 万亿种。这个数字虽然不小，但实际上只不过相当于一个长度为 48 比特的密钥而已。这个长度的密钥是可以通过暴力破解的。如果攻击者的计算机每秒可以生成并尝试 1 亿个口令，则只需要 25 天就可以遍历所有的口令了。

11.7.5 使用口令生成和管理工具

我们刚才介绍了一些生成安全口令的小技巧，可能很多读者会感慨生成口令原来这么麻烦。实际上，现如今靠人自己来生成和管理口令可以说是非常困难的。

如今，我们要使用的网站非常多，其中大部分都需要使用用户名和口令来登录。为了解决人类难以直接管理口令这个现实问题，就需要一些能够帮助我们生成和管理口令的工具。

这些工具通过随机数来生成难以推测的口令，并能够与浏览器联动在网站上自动输入相应的口令。

不过，我们也必须提防这些工具擅自盗用用户的口令，也就是说，这些工具及其开发者是否"可信"是非常重要的[①]。

▪ 11.8 本章小结

本章中我们探讨了密码技术中所使用的密钥。

自己的房子再宝贵，也不能在出门的时候连房子一起带走。因此我们会给房子上锁，然后把钥匙带着。锁保卫房子的安全，而我们则需要保卫钥匙的安全。密码中的密钥也是一样的。密码算法保卫明文的安全，而我们则需要保卫密钥的安全。

密钥就是密码技术的钥匙。密钥这样一个很短的比特序列可以确保重要信息的机密性，还可以证明你的身份。

下一章中，我们将介绍在生成密钥时需要用到的伪随机数生成器。

小测验 2　密钥的基础知识　　　　　　　　　　　　　（答案见 11.9 节）

下列说法中，请在正确的旁边画〇，错误的旁边画 ×。

(1) 由于密钥只是随机的比特序列，因此被别人知道了也没关系。

(2) 私钥是可以公开的。

(3) 在 Diffie-Hellman 密钥交换中，双方可以通过交换一些可以公开的信息生成出共享密钥。

(4) 用来加密重要文件的口令，可以使用"妈妈的娘家姓"[②]这种不容易忘记的信息。

---

① 例如 1Password 就是一个非常有名的口令管理工具，但对于其是否可信，笔者无法保证。

② 在日本，女性结婚之后一般会改姓丈夫的姓，因此妈妈的娘家姓指的就是妈妈结婚之前的姓。

——译者注

■■■ 11.9　小测验的答案

小测验 1 的答案：Diffie-Hellman 密钥交换与中间人攻击　　　　　　　　（11.5.5 节）

针对 Diffie-Hellman 密钥交换是可以发动中间人攻击的。

假设 Mallory 现在位于 Alice 和 Bob 中间。当 Alice 给 Bob 发送 G^A mod P 时，Mallory 可以拦截这条消息，然后伪装成 Alice 向 Bob 发送 G^X mod P（这里 X 是 Mallory 随机生成的秘密数字）。

同样地，当 Bob 向 Alice 发送 G^B mod P 时，Mallory 再伪装成 Bob 向 Alice 发送 G^Y mod P（Y 也是 Mallory 随机生成的秘密数字）。

此后，当 Alice 和 Bob 使用共享密钥进行对称密码通信时，Mallory 就可以解密所有的通信内容。Alice 和 Bob 以为他们彼此在进行密码通信，但实际上位于中间的 Mallory 才是真正的通信对象，他可以对 Alice 伪装成 Bob，对 Bob 伪装成 Alice。

针对这样的攻击，我们可以像公钥密码通信一样使用数字签名、证书等方法来应对。在 IPsec 中使用的 Diffie-Hellman 密钥交换，就针对中间人攻击进行了改良和扩展。

小测验 2 的答案：密钥的基础知识　　　　　　　　　　　　　　　　（11.8 节）

× (1) 由于密钥只是随机的比特序列，因此被别人知道了也没关系。

> 密钥虽然是随机的比特序列，但是它和它所保护的信息具有相同的价值，因此不能随便告诉别人。

× (2) 私钥是可以公开的。

> 私钥是不可以公开的，而公钥才是可以公开的。

○ (3) 在 Diffie-Hellman 密钥交换中，双方可以通过交换一些可以公开的信息生成出共享密钥。

× (4) 对于用来加密重要文件的口令，可以使用"妈妈的娘家姓"这种不容易忘记的信息。

> "妈妈的娘家姓"的确不容易忘记，但是也是很容易被别人推测出来的信息，因此用在口令上是不合适的。

第 **12** 章

随机数——不可预测性的源泉

12.1　骡子的锁匠铺

在正式讲解随机数之前，我们先来看一个故事。

很久很久以前，骡子开了一家锁匠铺，他说："我做的锁头很坚固，小偷绝对打不开。"因此动物村里所有的动物都为自己的房子装上了骡子做的锁。

骡子做的锁确实很坚固，但是每把锁头上用的钥匙居然都是同一个形状的。因此小偷只要得到了一幢房子的钥匙，就可以打开所有房子的锁了。

教训：坚固的锁头固然重要，但不可预测的钥匙更加重要。

12.2　本章学习的内容

本章中，我们将按下面的顺序学习关于随机数的知识。

- 使用随机数的密码技术
- 随机数的性质
- 伪随机数生成器
- 具体的伪随机数生成器
- 对伪随机数生成器的攻击

12.3　使用随机数的密码技术

随机数是干什么用的

如果说随机数和密码技术是相关的，可能有些读者还无法理解。实际上，和对称密码、公钥密码、数字签名等技术相比，生成随机数的技术确实不是很引人注意，但是，随机数在密码技术中却扮演着十分重要的角色。

例如，下面的场景中就会用到随机数。

- 生成密钥
  用于对称密码和消息认证码。
- 生成密钥对
  用于公钥密码和数字签名。

- 生成初始化向量（IV）

    用于分组密码的 CBC、CFB 和 OFB 模式。

- 生成 nonce

    用于防御重放攻击以及分组密码的 CTR 模式等。

- 生成盐

    用于基于口令的密码（PBE）等。

上面这些用途都很重要，但其中尤为重要的是"生成密钥"和"生成密钥对"这两个。即使密码算法的强度再高，只要攻击者知道了密钥，就会立刻变得形同虚设。因此，我们需要用随机数来生成密钥，使之无法被攻击者看穿。

在这里，请大家记住**为了不让攻击者看穿而使用随机数**这一观点，因为"无法看穿"，即不可预测性，正是本章的主题。

12.4 随机数的性质

要给随机数下一个严密的定义是非常困难的，有时甚至会进入哲学争论的范畴。在这里，我们只介绍一下随机数和密码技术相关的一些性质。

12.4.1 对随机数的性质进行分类

在这里我们将随机数的性质分为以下三类。

- 随机性——不存在统计学偏差，是完全杂乱的数列
- 不可预测性——不能从过去的数列推测出下一个出现的数
- 不可重现性——除非将数列本身保存下来，否则不能重现相同的数列

上面三个性质中，越往下就越严格。具备随机性，不代表一定具备不可预测性。密码技术中所使用的随机数，仅仅具备随机性是不够的，至少还需要具备不可预测性才行。

具备不可预测性的随机数，一定具备随机性。具备不可重现性的随机数，也一定具备随机性和不可预测性。

在本书中，为了方便起见，我们将上述三个性质按顺序分别命名为"弱伪随机数"、"强伪随机数"和"真随机数"，并整理成表 12-1。

表 12-1　随机数的分类

	随机性	不可预测性	不可重现性		
弱伪随机数	○	×	×	只具备随机性	↑ 不可用于密码技术
强伪随机数	○	○	×	具备不可预测性	
真随机数	○	○	○	具备不可重现性	↓ 可用于密码技术

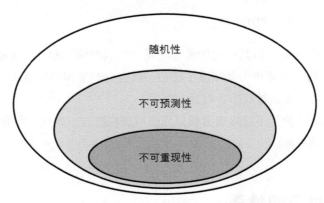

图 12-1　随机数的性质

下面我们来按顺序讲解一下随机性、不可预测性和不可重现性。

12.4.2　随机性

我们先来介绍一下**随机性**（randomness）。

所谓随机性，简单来说就是看上去杂乱无章的性质。我们可以用伪随机数生成器大量生成 0 到 9 范围内的整数，然后看一看所生成的数列。如果数列是像 0、1、2、3、4、5、6、7、8、9、0、1、2…这样不断循环的，那肯定不是杂乱无章的。或者乍一看是杂乱无章的，但实际上在数列中 0 一次都没有出现，或者整个数列中有一半都是 6，这样的数列也不能算是杂乱无章的。

如果伪随机数列中不存在统计学偏差，则我们可以认为这个伪随机数列是随机的。判断一个伪随机数列是否随机的方法称为随机数测试，随机数测试的方法有很多种。

一般在电脑游戏中使用的随机数只要具备随机性就可以了。此外，在计算机模拟中使用的随机数虽然需要根据目的来进行随机数测试，但也是只要具备随机性就可以了。然而，密码技术中所使用的随机数，仅仅具备随机性是不够的。

让我们来回忆一下密码技术中使用的随机数需要具备怎样的性质。由于随机数会被用来生成密钥，因此密钥不能被攻击者看穿。但是，**杂乱无章并不代表不会被看穿**[1]，因此本书中将只

---

① 例如用线性同余法（稍后讲解）生成的伪随机数列，尽管看起来杂乱无章，但实际上却是可以被看穿的。

具备随机性的伪随机数称为"**弱伪随机数**"。

12.4.3 不可预测性

密码中所使用的随机数仅仅具备随机性是不够的，还需要具备避免被攻击者看穿的**不可预测性**。不可预测性在英语中叫作 unpredictability，将这个单词分解之后是这样的：un（否定）-pre（之前）-dict（说）-ability（可能性）。因此，unpredictability 就是一种"不可能事先说中"的性质，即不可预测性。

所谓不可预测性，是指**攻击者在知道过去生成的伪随机数列的前提下，依然无法预测出下一个生成出来的伪随机数**的性质。其中，"在知道过去生成的伪随机数列的前提下……"是非常重要的一点。

现在我们假设攻击者已经知道伪随机数生成器的算法。此外，正如攻击者不知道密钥一样，他也不知道伪随机数的种子[1]。伪随机数生成器的算法是公开的，但伪随机数的种子是保密的。在上述假设的前提下，即便攻击者知道过去所生成的伪随机数列，他也无法预测出下一个生成出来的伪随机数——这就是不可预测性。

那么如何才能编写出具备不可预测性的伪随机数生成器呢？嗯，这是一个很有意思的问题。其实，**不可预测性是通过使用其他的密码技术来实现的**。例如，可以通过单向散列函数的单向性和密码的机密性来保证伪随机数生成器的不可预测性。详细内容我们会在介绍伪随机数生成器的具体算法时进行讲解。

本书中，我们将具备不可预测性的伪随机数称为**强伪随机数**。

12.4.4 不可重现性

所谓**不可重现性**，是指无法重现和某一随机数列完全相同的数列的性质。如果除了将随机数列本身保存下来以外，没有其他方法能够重现该数列，则我们就说该随机数列具备不可重现性。

仅靠软件是无法生成出具备不可重现性的随机数列的。软件只能生成伪随机数列，这是因为运行软件的计算机本身仅具备有限的内部状态。而在内部状态相同的条件下，软件必然只能生成相同的数，因此软件所生成的数列在某个时刻一定会出现重复。首次出现重复之前的数列长度称为**周期**，对于软件所生成的数列，其周期必定是有限的。当然，这个周期可能会很长，但总归还是有限的。凡是具有周期的数列，都不具备不可重现性。

要生成具备不可重现性的随机数列，需要从不可重现的物理现象中获取信息，比如周围的

---

[1] 伪随机数的种子是一个用于生成伪随机数的初始值，详细介绍请参见 12.5.1 节。

温度和声音的变化、用户移动的鼠标的位置信息、键盘输入的时间间隔、放射线测量仪的输出值等，根据从这些硬件中所获取的信息而生成的数列，一般可以认为是具备不可重现性的随机数列。

目前，利用热噪声这一自然现象，人们已经开发出能够生成不可重现的随机数列的硬件设备了。例如，英特尔的新型 CPU 中就内置了数字随机数生成器，并提供了生成不可重现的随机数的 RDSEED 指令，以及生成不可预测的随机数的 RDRAND 指令（参见专栏）。

本书中，我们将具备不可重现性的随机数称为**真随机数**。

小测验 1　骰子　　　　　　　　　　　　　　　　　　　　（答案见 12.9 节）

反复掷骰子所生成的数列，是否具备不可重现性呢？

专栏：RDSEED 和 RDRAND

英特尔的新型 CPU 中内置了**数字随机数生成器**（Digital Random Number Generator，DRNG），并提供了 RDSEED 和 RDRAND 两条指令[①]。这种 CPU 生成随机数的原料（随机信号源）来自于电路中产生的热噪声。从随机信号源获得的不可重现的比特序列，经过 AES-CBC-MAC 算法处理之后，形成一串 256 比特的数据，这串数据称为**调整随机样本**（conditioned entropy sample）。AES-CBC-MAC 是一种基于 AES 分组密码的 CBC 模式的消息认证码算法，在这里它的作用是将一串很长的比特序列压缩到 256 比特。

RDSEED 指令直接利用调整随机样本来生成不确定的随机数列，这样的随机数列是具备不可重现性的。这个指令所输出的结果，一般被用作其他伪随机数生成器的种子（seed）。

RDRAND 指令则是将调整随机样本输入到 CTR 模式的 AES 分组密码算法中，快速生成确定的随机数列，这样的数列是具备不可预测性的。RDRAND 中使用的随机数生成方法基于 NIST SP 800-90A 中定义的 CTR-DRBG 方法。

硬件中内置的随机数生成器使用起来非常方便，然而有一个问题是硬件厂商在安全性方面是否可信。关于"信任"这个话题，我们会在第 15 章中进行探讨。

[①]　Inter® Digital Random Number Generator (DRNG) Software Implementation Guide

12.5 伪随机数生成器

随机数可以通过硬件来生成，也可以通过软件来生成。

通过硬件生成的随机数列，是根据传感器收集的热量、声音的变化等事实上无法预测和重现的自然现象信息来生成的。像这样的硬件设备就称为**随机数生成器**（Random Number Generator，RNG）。

而可以生成随机数的软件则称为**伪随机数生成器**（Pseudo Random Number Generator，PRNG）。因为仅靠软件无法生成真随机数，因此要加上一个"伪"字。

伪随机数生成器的结构

伪随机数生成器具有"内部状态"，并根据外部输入的"种子"来生成伪随机数列（图 12-2）。

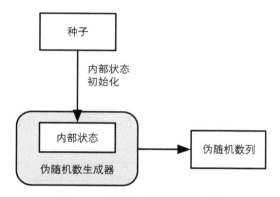

图 12-2　伪随机数生成器的结构

伪随机数生成器的内部状态

伪随机数生成器的**内部状态**，是指伪随机数生成器所管理的内存中的数值。当有人对伪随机数生成器发出"给我一个伪随机数"的请求时，伪随机数生成器会根据内存中的数值（内部状态）进行计算，并将计算的结果作为伪随机数输出。随后，为了响应下一个伪随机数请求，伪随机数生成器会改变自己的内部状态。因此，将根据内部状态计算伪随机数的方法和改变内部状态的方法组合起来，就是伪随机数生成的算法。

由于内部状态决定了下一个生成的伪随机数，因此内部状态不能被攻击者知道。

伪随机数生成器的种子

为了生成伪随机数，伪随机数生成器需要被称为**种子**（seed）的信息。伪随机数的种子是用来对伪随机数生成器的内部状态进行初始化的。

伪随机数的种子是一串随机的比特序列，根据种子就可以生成出专属于自己的伪随机数列。伪随机数生成器是公开的，但种子是需要自己保密的，这就好像密码算法是公开的，但密钥只能自己保密。由于种子不可以被攻击者知道，因此不可以使用容易被预测的值，例如不可以用当前时间作为种子。

密码的密钥与伪随机数的种子之间的对比请参见图 12-3。

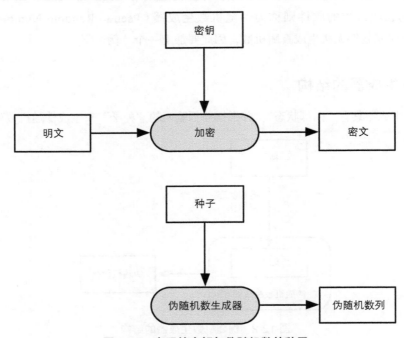

图 12-3　密码的密钥与伪随机数的种子

12.6　具体的伪随机数生成器

抽象的介绍就到此为止，我们来看一些更具体的内容。下面我们将介绍一些具体的伪随机数生成器。

- 杂乱的方法
- 线性同余法
- 单向散列函数法
- 密码法
- ANSI X9.17

12.6.1 杂乱的方法

可能有人会说，既然是要生成杂乱无章的数列，那么用杂乱无章的算法不就可以了吗？比如说，可以使用连程序员都无法理解的混乱又复杂的算法。然而，这种做法是错误的。如果只是把算法搞得复杂，那么该算法是无法用于密码技术的。

其中一个原因就是周期太短。使用复杂算法所生成的数列大多数都会具有很短的周期（即短数列的不断重复）。由于密码技术中使用的伪随机数必须具备不可预测性，因此周期短是不行的。

另一个原因是，如果程序员不能够理解算法的详细内容，那么就无法判断所生成的随机数是否具备不可预测性。

12.6.2 线性同余法

线性同余法（linear congruential method）是一种使用很广泛的伪随机数生成器算法。然而，它并不能用于密码技术。

线性同余法的算法是这样的。假设我们要生成的伪随机数列为 R_0、R_1、$R_2 \cdots$。首先我们根据伪随机数的种子，用下列公式计算第一个伪随机数 R_0。

第一个伪随机数 $R_0 = (A \times$ 种子 $+ C)$ mod M

在这里，A、C、M 都是常量，且 A 和 C 需要小于 M。

接下来，我们根据 R_0 用相同的公式计算下一个伪随机数 R_1。

$R_1 = (A \times R_0 + C)$ mod M

接下来我们再用同样的方法，根据当前的伪随机数 R_n 来计算下一个伪随机数 R_{n+1}。

$R_{n+1} = (A \times R_n + C)$ mod M

简而言之，线性同余法就是**将当前的伪随机数值乘以 A 再加上 C，然后将除以 M 得到的余数作为下一个伪随机数**。在线性同余法中，最近一次生成的伪随机数的值就是内部状态，伪随机数的种子被用来对内部状态进行初始化。线性同余法的结构如图 12-4 所示。

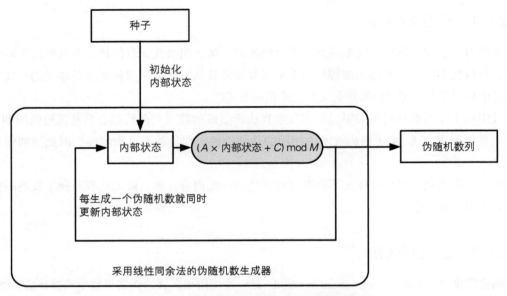

图 12-4　采用线性同余法的伪随机数生成器

下面我们来用线性同余法进行一些实际的计算。为了方便，这里我们使用较小的数，假设：

$A = 3$

$C = 0$

$M = 7$

然后将 6 作为伪随机数的种子，根据线性同余法，生成伪随机数列的过程如下。

$R_0 = (A × 种子 + C) \bmod M$

$\quad = (3 × 6 + 0) \bmod 7$

$\quad = 18 \bmod 7$

$\quad = 4$

$R_1 = (A × R_0 + C) \bmod M$

$\quad = (3 × 4 + 0) \bmod 7$

$\quad = 12 \bmod 7$

$\quad = 5$

$R_2 = (A × R_1 + C) \bmod M$

$\quad = (3 × 5 + 0) \bmod 7$

$\quad = 15 \bmod 7$

$\quad = 1$

$$R_3 = (A \times R_2 + C) \bmod M$$
$$= (3 \times 1 + 0) \bmod 7$$
$$= 3 \bmod 7$$
$$= 3$$

以此类推，我们可以得到 4、5、1、3、2、6、4、5、1、3、2、6…这样的伪随机数列。在这里，数列是以 4、5、1、3、2、6 的顺序不断循环的，因此周期为 6。

由于伪随机数是除以 M 得到的余数，因此其范围必定为 $0 \sim M-1$，而且根据 A、C 和 M 的值，最终只能生成上述范围中的一部分值（因此周期会缩短）。例如，当 $A=6$、$C=0$、$M=7$，且种子为 6 时，所得到的伪随机数列为 1、6、1、6、1、6…即周期为 2。

如果改变 A 的值，生成的伪随机数列又将如何变化呢？我们可以发现，如果要让周期为 6，只有 $A=3$ 和 $A=5$ 才能满足条件。

当 $A=0$ 时：0, 0, 0, 0, 0, 0, 0, 0, 0, 0, …（周期为 1）
当 $A=1$ 时：6, 6, 6, 6, 6, 6, 6, 6, 6, 6, …（周期为 1）
当 $A=2$ 时：5, 3, 6, 5, 3, 6, 5, 3, 6, 5, …（周期为 3）
当 $A=3$ 时：4, 5, 1, 3, 2, 6, 4, 5, 1, 3, …（周期为 6）
当 $A=4$ 时：3, 5, 6, 3, 5, 6, 3, 5, 6, 3, …（周期为 3）
当 $A=5$ 时：2, 3, 1, 5, 4, 6, 2, 3, 1, 5, …（周期为 6）
当 $A=6$ 时：1, 6, 1, 6, 1, 6, 1, 6, 1, 6, …（周期为 2）

在线性同余法中，只要谨慎选择 A、C 和 M 的值，就能够很容易地生成具备随机性的伪随机数列。

然而，线性同余法不具备不可预测性，因此**不可以将线性同余法用于密码技术**。

很多伪随机数生成器的库函数（library function）都是采用线性同余法编写的。例如 C 语言的库函数 rand，以及 Java 的 java.util.Random 类等，都采用了线性同余法。因此这些函数是不能用于密码技术的。

我们可以很容易地证明线性同余法不具备不可预测性。

假设攻击者已知 $A=3$、$C=0$、$M=7$[①]。这时，攻击者只要得到所生成的伪随机数中的任意一个，就可以预测出下一个伪随机数。因为攻击者只要用得到的伪随机数 R 根据下列公式计算就可以了。

$$(A \times R + C) \bmod M = (3 \times R + 0) \bmod 7$$

---

① 实际上攻击者没有必要知道 A、C 和 M，因为根据线性同余法生成的数列可以反算出 A、C 和 M 的值。

在这个过程中，攻击者没有必要知道种子 6。此外，只要重复上述计算过程，就可以预测出之后生成的全部伪随机数列。现在大家应该已经明白了吧，线性同余法是不具备不可预测性的。

专栏：线性同余法的程序代码

```
M = 正整数;
A = 大于 0 且小于 M 的整数; C = 大于 0 且小于 M 的整数; 内部状态 = 伪随机数的种子;
while (true) {
    伪随机数 = (A × 内部状态 + C) mod M;
    内部状态 = 伪随机数;
    输出伪随机数;
}
```

12.6.3　单向散列函数法

使用单向散列函数（如 SHA-1）可以编写出能够生成具备不可预测性的伪随机数列（即强伪随机数）的伪随机数生成器（图 12-5）。

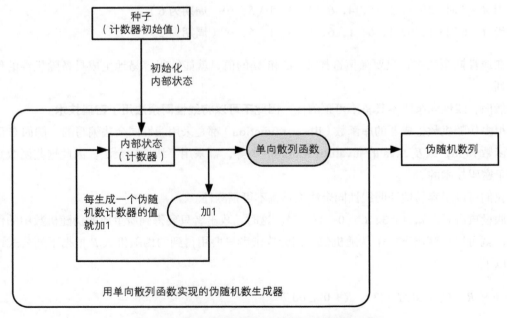

图 12-5　用单向散列函数实现伪随机数生成器

这种伪随机数生成器的工作方式如下。

(1) 用伪随机数的种子初始化内部状态（计数器）。

(2) 用单向散列函数计算计数器的散列值。

(3) 将散列值作为伪随机数输出。

(4) 计数器的值加 1。

(5) 根据需要的伪随机数数量重复 (2) ~ (4) 的步骤。

假设攻击者获得了这样的伪随机数生成器所生成的过去的伪随机数列，他是否能够预测出下一个伪随机数呢？

攻击者要预测下一个伪随机数，需要知道计数器的当前值。请大家注意，这里输出的伪随机数列实际上相当于单向散列函数的散列值。也就是说，要想知道计数器的值，就需要破解单向散列函数的单向性，这是非常困难的，因此攻击者无法预测下一个伪随机数。总而言之，在这种伪随机数生成器中，**单向散列函数的单向性是支撑伪随机数生成器不可预测性的基础**。

小测验2 找出伪随机数生成器的弱点 　　　　　　　　　（答案见 12.9 节）

学习了用单向散列函数实现的伪随机数生成器之后，Alice 设计了如图 12-6 这样的伪随机数生成器。

生成伪随机数的步骤如下。

(1) 用伪随机数的种子初始化内部状态。

(2) 用单向散列函数计算内部状态的散列值。

(3) 将散列值作为伪随机数输出。

(4) 用刚刚计算出的散列值作为新的内部状态。

(5) 根据需要的伪随机数数量重复 (2) ~ (4) 的步骤。

很可惜，Alice 辛辛苦苦设计出来的伪随机数生成器并不具备不可预测性，你知道这是为什么吗？

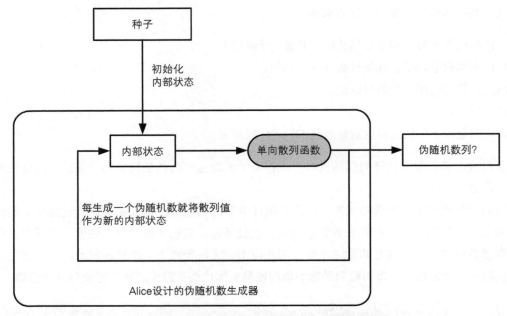

图 12-6 找出 Alice 设计的伪随机数生成器的弱点

专栏：用单向散列函数实现的伪随机数生成器的程序代码

计数器的初始值相当于种子，counter 的值相当于内部状态。

```
counter = 计数器初始值;
while (true) {
    伪随机数 = 用单向散列函数求 counter 的散列值;
    输出伪随机数;
    counter 的值加 1;
}
```

12.6.4 密码法

我们可以使用密码来编写能够生成强伪随机数的伪随机数生成器（图 12-7）。既可以使用 AES 等对称密码，也可以使用 RSA 等公钥密码。

这种伪随机数生成器的工作方式如下。

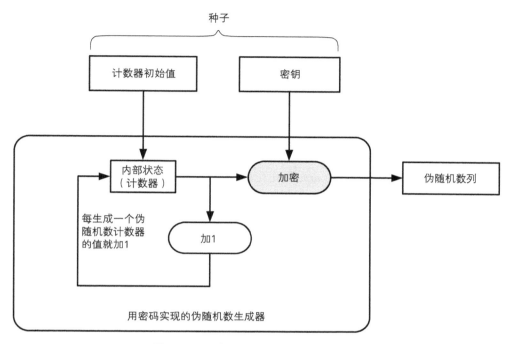

图 12-7　用密码实现的伪随机数生成器

(1)　初始化内部状态（计数器）。

(2)　用密钥加密计数器的值。

(3)　将密文作为伪随机数输出。

(4)　计数器的值加 1。

(5)　根据需要的伪随机数数量重复 (2) ~ (4) 的步骤。

　　假设攻击者获得了这样的伪随机数生成器所生成的过去的伪随机数列，他是否能够预测出下一个伪随机数呢？

　　攻击者要预测下一个伪随机数，需要知道计数器的当前值。然而，由于之前所输出的伪随机数列相当于密文，因此要知道计数器的值，就需要破译密码，这是非常困难的，因此攻击者无法预测出下一个伪随机数。总而言之，在这种伪随机数生成器中，**密码的机密性是支撑伪随机数生成器不可预测性的基础**。

> **专栏：用密码实现的伪随机数生成器的程序代码**
>
> key 的值和随机数初始值的组合相当于伪随机数的种子。
>
> 计数器的值相当于内部状态。
>
> key = 密码的密钥；
>
> counter = 计数器初始值；
>
> while (true) {
>
>   **伪随机数 = 用 key 加密的 counter；**
>
>   输出伪随机数；
>
>   counter 的值加 1；
>
> }

12.6.5　ANSI X9.17

关于用密码实现伪随机数生成器的具体方法，在 ANSI X9.17 和 ANSI X9.31 的附录中进行了描述（以下简称"ANSI X9.17 方法"），下面我们来介绍一下这种方法[①]。这里所介绍的伪随机数生成器，就被用于密码软件 PGP 中。

ANSI X9.17 伪随机数生成器的结构如图 12-8 所示。

实现伪随机数生成器的步骤如下。

(1)　初始化内部状态。

(2)　将当前时间加密生成掩码。

(3)　对内部状态与掩码求 XOR。

(4)　将步骤 (3) 的结果进行加密。

(5)　将步骤 (4) 的结果作为伪随机数输出。

(6)　对步骤 (4) 的结果与掩码求 XOR。

(7)　将步骤 (6) 的结果加密。

(8)　将步骤 (7) 的结果作为新的内部状态。

(9)　重复步骤 (2) ~ (8) 直到得到所需数量的伪随机数。

这个结构看起来很复杂，我们从不可预测性的角度来观察一下图中的步骤吧。

---

① ANSI X9.17 和 X9.31 中使用了三重 DES 和 AES 作为密码算法，在这里我们并不限定具体的算法，而是使用泛指的"密码"。

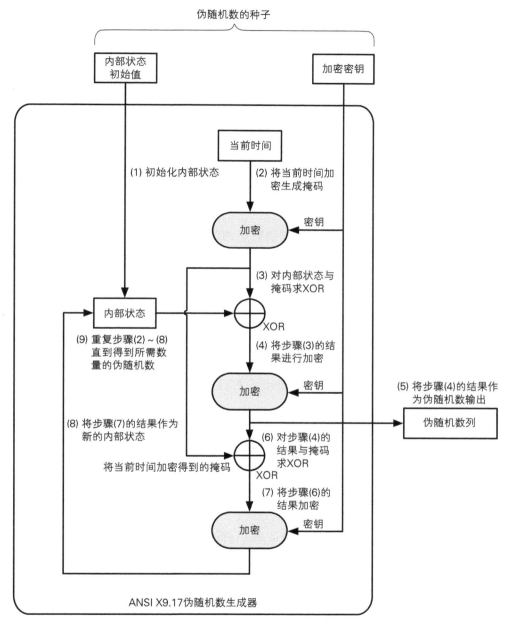

图 12-8 用 ANSI X9.17 方法实现伪随机数生成器

在步骤 (2) 中，我们将当前时间进行加密生成了一个掩码。当前时间是可以被攻击者预测出来的，但是由于攻击者不知道加密密钥，因此他无法预测加密后的当前时间（即掩码）。在之后的步骤 (3) 和步骤 (6) 中，我们将使用掩码对比特序列进行随机翻转。

步骤 (3) ~ (5) 的作用是输出伪随机数。这里输出的伪随机数是将内部状态与掩码的 XOR 进行加密之后的结果。那么，攻击者是否能通过将伪随机数进行反算来看穿内部状态与掩码的 XOR 呢？不能，因为要看穿这个值，攻击者必须要破解密码。因此，根据过去输出的伪随机数列，攻击者无法推测出伪随机数生成器的内部状态。

步骤 (6) ~ (8) 的作用是更新内部状态。新的内部状态是将上一个伪随机数与掩码的 XOR 进行加密之后的结果。那么，攻击者是否能够从伪随机数推测出新的内部状态呢？不能，因为要算出新的内部状态，只知道上一个伪随机数是不够的，还必须知道掩码以及加密密钥才行。

通过分析上述步骤，我们可以发现，在这种伪随机数生成器中，密码的使用保证了无法根据输出的伪随机数列来推测内部状态。换言之，伪随机数生成器的内部状态是通过密码进行保护的。

专栏：用 ANSI X9.17 方法实现的伪随机数生成器的程序代码

key 的值与内部状态初始值的组合相当于伪随机数的种子。

key = 加密密钥；

内部状态 = 内部状态初始值；

while (true) {

    掩码 = 用 key 加密的当前时间；

    伪随机数 = 用 key 加密的 "内部状态 ⊕ 掩码"；

    输出伪随机数；

    内部状态 = 用 key 加密的 "伪随机数 ⊕ 掩码"；

}

12.6.6　其他算法

除了上面介绍的算法之外，还有很多其他的生成随机数的算法。在安全相关的软件开发中，开发者在选择随机数生成算法时必须确认 "这个随机数算法是否能够用于密码学和安全相关用途"。一个随机数算法再优秀，如果它不具备不可预测性，那么就不能用于密码学和安全相关用途。大多数情况下，随机数算法的说明中都会写明是否可用于安全相关用途，请大家仔细确认。

举个例子，有一个有名的伪随机数生成算法叫作**梅森旋转算法**（Mersenne twister），但它并不能用于安全相关的用途。和线性同余法一样，只要观察足够长的随机数列，就能够对之后生成的随机数列进行预测。

Java 中有一个用于生成随机数列的类，名叫 java.util.Random，然而这个类也不能用于安全相关用途。如果要用于安全相关用途，可以使用另一个名叫 java.security.SecureRandom 的类。

不过，这个类的底层算法是经过封装的，因此实际上所用到的算法可能不止一种。

和 Java 一样，Ruby 中也分别有 Random 类和 SecureRandom 模块，在安全相关用途中应该使用 SecureRandom，而不是 Random。

12.7　对伪随机数生成器的攻击

我们可能很容易想象针对密码的攻击，因为如果有人说"有这样一个密码"，你很自然地就会想到"这个密码会被破解吗?"

和密码相比，伪随机数生成器实在是很少被人们所注意，因此我们很容易忘记伪随机数生成器也是可以受到攻击的。然而，由于伪随机数生成器承担了生成密钥的重任，因此它经常成为攻击的对象。

12.7.1　对种子进行攻击

伪随机数的种子和密码的密钥同等重要。如果攻击者知道了伪随机数的种子，那么他就能够知道这个伪随机数生成器所生成的全部伪随机数列[1]。因此，伪随机数的种子不可以被攻击者知道。

要避免种子被攻击者知道，我们需要使用具备不可重现性的真随机数作为种子。

12.7.2　对随机数池进行攻击

当然，我们一般不会到了需要的时候才当场生成真随机数，而是会事先在一个名为**随机数池**[2]（random pool）的文件中积累随机比特序列。当密码软件需要伪随机数的种子时，可以从这个随机数池中取出所需长度的随机比特序列来使用。

随机数池的内容不可以被攻击者知道，否则伪随机数的种子就有可能被预测出来。

随机数池本身并不储存任何有意义的信息。我们需要保护没有任何意义的比特序列，这一点有点违背常识，但其实却是非常重要的。

---

① 这里假设攻击者知道伪随机数生成器的算法。

② 例如 Linux 系统中的 /dev/random 文件就是一个根据硬件设备驱动收集的背景噪声储存真随机数的随机数池。——译者注

▗▖▀ **12.8　本章小结**

本章中我们介绍了随机数的相关知识。

在密码技术中，随机数被用来生成密钥。由于密钥不能被攻击者预测，因此用于密码技术的随机数也必须具备不可预测性。和对称密码、公钥密码等技术相比，随机数并不引人注意，但它却扮演着"密码技术中不可预测性的源泉"这一重要角色。

本章中，我们将随机数的性质分成三类：随机性、不可预测性和不可重现性。在密码技术中使用的伪随机数生成器，是以具备不可重现性的真随机数作为伪随机数的种子，来生成具备不可预测性的强伪随机数的。

线性同余法是很多库函数所采用的生成伪随机数的方法，但这种方法不可以用于密码技术。线性同余法所生成的伪随机数是只具备随机性的弱伪随机数，在线性同余法中，我们可以很容易地根据过去的伪随机数列预测出下一个伪随机数。

用于密码技术的伪随机数生成器，需要使用单向散列函数和密码等技术来确保不可预测性。

到本章为止，我们已经将主要的密码技术全部介绍完了。下一章，我们将以世界上最有名的密码软件（PGP）为题材，思考一下将密码技术进行组合的方法。

小测验 3　随机数的基础知识　　　　　　　　　　　　　　（答案见 12.9 节）

下列说法中，请在正确的旁边画〇，错误的旁边画 ×。

(1) 伪随机数的种子需要对攻击者保密。

(2) 线性同余法可以作为用于密码的伪随机数生成器。

(3) 具备随机性的伪随机数生成器不一定具备不可预测性。

▗▖▀ **12.9　小测验的答案**

小测验 1 的答案：骰子　　　　　　　　　　　　　　　　　　（12.4.4 节）

是的，反复掷骰子所生成的数列是具备不可重现性的。

对于骰子具备不可重现性的原因，我们可以从掷骰子所产生的数列无法用公式来表示这一点来理解。反复掷骰子所生成的数列具备随机性、不可预测性和不可重现性全部三种性质。

小测验 2 的答案：找出伪随机数生成器的弱点 （12.6.3 节）

伪随机数的不可预测性是指不能根据过去的伪随机数列来预测出下一个伪随机数的性质。在 Alice 设计的伪随机数生成器中，只要对上一个输出的伪随机数计算散列值，就可以得到下一个伪随机数了，因此它不具备不可预测性。

在使用单向散列函数实现具备不可预测性的伪随机数生成器时，要点在于利用单向散列函数的单向性（12.6.3 节），即为了避免攻击者根据过去输出的伪随机数列推测出内部状态，需要用单向散列函数对内部状态进行保护。

小测验 3 的答案：随机数的基础知识 （12.8 节）

○ (1) 伪随机数的种子需要对攻击者保密。

× (2) 线性同余法可以作为用于密码的伪随机数生成器。

这是错误的。由于线性同余法可以根据过去的随机数列预测出下一个生成的随机数，因此不适合用于密码。

○ (3) 具备随机性的伪随机数生成器不一定具备不可预测性。

正确。例如，线性同余法虽然具备随机性，但却不具备不可预测性。

第 **13** 章

PGP——密码技术的完美组合

无论出于何种目的，你都不希望自己的私密电子邮件和机密文件被别人读取。主张自己的隐私永远没错。

——节选自菲利普·季默曼《PGP 用户手册》（*PGP User's Guide*）

13.1　本章学习的内容

本章中，我们将以密码软件 PGP（Pretty Good Privacy）为题材，思考一下将前面章节中学习的密码技术进行组合的方法。

本章的讲解将按照下列顺序进行。

- PGP 简介
- 生成密钥对
- 加密与解密
- 生成和验证数字签名
- "生成数字签名并加密"以及"解密并验证数字签名"
- 信任网

本章中会出现大量的图示，图示中出现的密码技术基本上都是我们之前已经介绍过的，希望大家注意观察各种密码技术是如何组合在一起的。

此外，在本章的最后，我们还将介绍 PGP 中用于确认公钥合法性的信任网方法。

13.2　PGP 简介

13.2.1　什么是 PGP

PGP 是于 1990 年左右由菲利普·季默曼（Philip Zimmermann）个人编写的密码软件，现在依然在世界上被广泛使用。PGP 这个名字是 Pretty Good Privacy（很好的隐私）的缩写。

你有没有过发送"性命攸关"的邮件的经历呢？自己发送的邮件如果能够平安到达指定的接收者就能活命，相反，如果万一被人窃听到就没命了。出于政治等原因，世界上有很多人都处于这样一种状况之中，而 PGP 就是为了保护处于这样极端状况下的人们的隐私而开发的密码软件。PGP 的历史可谓是一波三折，让人感觉像是在读一部谍战小说。如果想了解 PGP 幕后的故事，可以读一读 Garfinkel 所著的 *PGP: Pretty Good Privacy* 一书。

PGP 可以在 Windows、Mac OS X、Linux 等很多平台上运行，版本包括商用版和免费版。此外还有一个由 GNU 遵照 OpenPGP（RFC4880）规范编写的叫作 GnuPG（GNU Privacy Guard）的自由软件。关于 GnuPG 我们将在下一节详细介绍。

本章的内容主要是根据 PGP Command Line User's Guide 10.3 以及 GnuPG 2.1.4 的内容编写的。在详细功能以及所支持的算法方面，PGP 和 GnuPG 有所区别，而且不同的版本之间也会有所不同，本章中的介绍统一以 PGP 为准。

13.2.2 关于 OpenPGP

OpenPGP 是对密文和数字签名格式进行定义的标准规格（RFC1991、RFC2440、RFC4880、RFC5581、RFC6637）。

1996 年的 RFC1991 中对 PGP 的消息格式进行了定义。2007 年的 RFC4880 中新增了对 RSA 和 DSA 的支持。2012 年的 RFC6637 中新增了对椭圆曲线密码（ECC）的支持，并且还支持基于 Curve P-256、P-384 和 P-521 三种椭圆曲线的椭圆曲线 DSA（Elliptic Curve Digital Signature Algorithm，ECDSA）和椭圆曲线 Diffie-Hellman 密钥交换（Elliptic Curve Diffie-Hellman，ECDH）。

RFC6637 中新增了用于比较密码学强度的平衡性的对照表。由这张表可知，例如当我们选用 256 比特的椭圆曲线密码算法时，相应地应该选用 256 比特的散列算法以及密钥长度为 128 比特的对称密码算法。

表 13-1　密码学强度的平衡性

椭圆曲线名	ECC	RSA	散列	对称密码
P-256	256	3072	256	128
P-384	384	7680	384	192
P-521	521	15360	512	256

13.2.3 关于 GNU Privacy Guard

GNU Privacy Guard（GnuPG、GPG）是一款基于 OpenPGP 标准开发的密码学软件，支持加密、数字签名、密钥管理、S/MIME、ssh 等多种功能。GnuPG 是基于 GNU GPL 协议发布的一款自由软件，因此任何人都可以自由使用它。GnuPG 本身是一款命令行工具，但它也经常被集成到其他应用软件中。

GnuPG 分为 stable、modern 和 classic 三个系列。

- GnuPG stable 的版本号为 2.0.x，支持 OpenPGP、S/MIME 和 ssh
- GnuPG modern 的版本号为 2.1.x，在 stable 的基础上增加了对椭圆曲线密码的支持。GnuPG modern 是比较新的版本，今后将会逐渐取代现在的 GnuPG stable 版本
- GnuPG classic 的版本号为 1.4.x，是比较旧的版本

13.2.4　PGP 的功能

PGP 具备现代密码软件所必需的几乎全部功能，下面我们来列举一些，如下所示。

■■■ 对称密码

PGP 支持用对称密码进行加密和解密。对称密码可以单独使用，也可以和公钥密码组合成混合密码系统（第 6 章）使用。

可以使用的对称密码算法包括 AES、IDEA、CAST、三重 DES、Blowfish、Twofish、Camellia 等。

■■■ 公钥密码

PGP 支持生成公钥密码的密钥对，以及用公钥密码进行加密和解密。实际上并不是使用公钥密码直接对明文进行加密，而是使用混合密码系统来进行加密操作。

可以使用的公钥密码算法包括 RSA 和 ElGamal 等。

■■■ 数字签名

PGP 支持数字签名的生成和验证，也可以将数字签名附加到文件中，或者从文件中分离出数字签名。

可以使用的数字签名算法包括 RSA、DSA、ECDSA（椭圆曲线 DSA）、EdDSA（爱德华兹曲线 DSA）等。

■■■ 单向散列函数

PGP 可以用单向散列函数计算和显示消息的散列值。

可以使用的单向散列函数算法包括 SHA-1、SHA-224、SHA-256、SHA-384、SHA-512 和 RIPEMD-160 等。MD5 也依然可以使用，但并不推荐。

■■■ 证书

PGP 可以生成 OpenPGP 中规定格式的证书，以及与 X.509 规范兼容的证书。此外，还可以

颁发公钥的作废证明（revocation certificate），并可以使用 CRL 和 OCSP 对证书进行校验。

▰▰▰ 压缩

PGP 支持数据的压缩和解压缩，压缩采用 ZIP、ZLIB、BZIP2 等格式。

▰▰▰ 文本数据

PGP 可以将二进制数据和文本数据相互转换。例如，当不得不使用某些无法处理二进制数据的软件进行通信时，可以将二进制数据转换成文本数据（ASCII radix-64 格式），这些软件就能够进行处理了。

radix-64 格式是在邮件等场合中经常使用的 base64 编码的基础上，增加了检测数据错误的校验和的版本。base64 编码是一种可以将任何二进制数据都用 A～Z、a～z、0～9、+、/ 共 64 个字符再加上 =（用于末尾填充）来表示的格式。

▰▰▰ 大文件的拆分和拼合

在文件过大无法通过邮件发送的情况下，PGP 可以将一个大文件拆分成多个文件，反过来也可以将多个文件拼合成一个文件。

▰▰▰ 钥匙串管理

PGP 可以管理所生成的密钥对以及从外部获取的公钥。用于管理密钥的文件称为**钥匙串**（key ring）。

▰▰ 13.3 生成密钥对

要在 PGP 中进行加密和数字签名，需要先生成自己的密钥对。图 13-1 展示了用 GnuPG 2.1.4 从命令行生成密钥对的过程。

```
$ gpg2 --full-gen-key        ←生成密钥对的命令
gpg (GnuPG) 2.1.4; Copyright (C) 2015 Free Software Foundation, Inc.
This is free software: you are free to change and redistribute it.
There is NO WARRANTY, to the extent permitted by law.


Please select what kind of key you want:
   (1) RSA and RSA (default)
   (2) DSA and Elgamal
   (3) DSA (sign only)
   (4) RSA (sign only)
Your selection? 1    ←选择密钥类型（这里我们选择加密算法为 RSA，数字签名算法也为 RSA）
RSA keys may be between 1024 and 4096 bits long.
What keysize do you want? (2048) 2048         ←设置密钥的比特数
Requested keysize is 2048 bits
Please specify how long the key should be valid.
        0 = key does not expire
     <n>  = key expires in n days
     <n>w = key expires in n weeks
     <n>m = key expires in n months
     <n>y = key expires in n years
Key is valid for? (0) 1y     ←设置密钥有效期（一年）
Key expires at Sat Jun  4 11:13:57 2016 JST
Is this correct? (y/N) y      ←确认有效期

GnuPG needs to construct a user ID to identify your key.


Real name: Alice                    ←输入姓名
Email address: alice@example.com    ←输入邮箱地址
Comment: Alice Liddell              ←输入备注
You selected this USER-ID:
    "Alice (Alice Liddell) <alice@example.com>"

Change (N)ame, (C)omment, (E)mail or (O)kay/(Q)uit? O       ←选择 OK
（这里会显示图 13-2 中的口令输入画面）
We need to generate a lot of random bytes. It is a good idea to perform
some other action (type on the keyboard, move the mouse, utilize the
disks) during the prime generation; this gives the random number
generator a better chance to gain enough entropy.
We need to generate a lot of random bytes. It is a good idea to perform
some other action (type on the keyboard, move the mouse, utilize the
disks) during the prime generation; this gives the random number
generator a better chance to gain enough entropy.
gpg: /Users/alice/.gnupg/trustdb.gpg: trustdb created        ←创建"信任网"的数据库
gpg: key A57FF192 marked as ultimately trusted      ←自己生成的密钥将被设置为"绝对信任"
gpg: directory '/Users/alice/.gnupg/openpgp-revocs.d' created ←创建存放作废证书的位置
public and secret key created and signed.


gpg: checking the trustdb
gpg: 3 marginal(s) needed, 1 complete(s) needed, PGP trust model
gpg: depth: 0  valid:   1  signed:   0  trust: 0-, 0q, 0n, 0m, 0f, 1u
gpg: next trustdb check due at 2016-06-04
pub   rsa2048/A57FF192 2015-06-05 [expires: 2016-06-04]  ←A57FF192 密钥生成完毕
      Key fingerprint = D00A 09E6 0EE8 3680 0E04  2BEE 81AD 4C36 A57F F192
uid        [ultimate] Alice (Alice Liddell) <alice@example.com>
sub   rsa2048/32D4291D 2015-06-05 [expires: 2016-06-04]
```

图 13-1　用 GnuPG 2.1.4 生成密钥对的过程（粗体为用户输入的内容）

```
| Please enter the passphrase to             |
| protect your new key                        |
|                                             |
| Passphrase:▯_____     |
|                                             |
|     <OK>                        <Cancel>    |
```

图 13-2 口令输入画面

生成的公钥可以用文本格式（ASCII Armor）显示出来，如图 13-3 所示。

```
$ gpg2 --export --armor A57FF192     ←显示 A57FF192 公钥的内容
-----BEGIN PGP PUBLIC KEY BLOCK-----
Version: GnuPG v2

mQENBFVxBfABCADBmYB9VEg8+/PHXIqFIJ47m4dfEHcnMpR5pYLWUgE/Jp1/UaPJ
jINkNtPYAlLD4VvwrgXM8wyxQBUa4dvqfFmgFxm8CED4VBCBHuZu/V+YQc/Bjyax
V2zrswNYYvasZRYucX0ssUb3kQvlITMabi7N1wXITsEUpZsnuLy1mZd+hAwd0mEb
rWd+xpeeHa67mHUcDC9HMs7X1rCb2ktAFnvfToEScsbU/DcI3uh54ilzbGnpzHx2
6+isTBkOnsU2bSrCG3r4oR1ShzJjftvhsl2RzI7UWqSpb7poiD9b126PymBjhtYs
PlyckPHfysZ3b7SOSCpyvPoflX2QCwjM0WzVABEBAAG0KUFsaWNlIChBbGljZSBM
aWRkZWxxsKSA8YWxpY2VAZXhhbXBsZS5jb20+iQE9BBMBCAAnBQJVcQXwAhsDBQkB
4TOABQsJCAcCBhUICQoLAgQWAgMBAh4BAheAAAoJEIGtTDalf/GSkSsH/0rahwa0
lH1Kt8rdxCrFoZDLQ87tSi+oacL/9UP2ZA/dRRG68tPo6C8pTR8CdIFJKv2s9hxI
yGUEVbIjsiyk1zgiFCihHZu+qNBA3iWNWU63H26TpML9Flik/wYjBXCs3ky46shH
CZh6L2mhcfJP3waeHzpxV6Bxg9FTSLVFYqDF1y+sSgD1q4TbrCfDQ+7EU4zd0MoP
lNJaG9uqqLTqc4p6q9zdOu6fjrolOPyCU51FVWYqoyRk/mUlBJ/Yaf/0s//ZtnX2
IN3UUCijZQvUztbNHWxee21h/u7R+9tGgmTo66qULLkHnzVkIghM9Y7plrFtHzNS
34c+SNc9tLMsfS+5AQ0EVXEF8AEIAO2hzbilSOIxwLIQaqshuGzPWB9qXGuHIAyT
4E32xMWT8oeWDyUP0fXQUlYZZbndWbJmaYdrHHtfFG5i4vrxClrvSt13taICImDV
H05DnHBQBQyMEwBBJvEenZuBraWgXeG8c/AwQa1wY8ahfTizMJsLYRyQToJTe1BN
iv3TrMALHe34wQtn3hq0aC/9WHLvP61PPQU2MIrG+FG94E2lDxgksQ0X5fCeVFTC
mJQTtiGBQoWzKPr/GRZXBODErBqBnnKWbJkKOnun+RrNrh+sH9ej2VQh2b4YRLQW
Py5AYvCo8rsrp1s3LqkTz3Z1TNBD0QrdqNFODSuLTshYfdYjH8sAEQEAAYkBJQQY
AQgADwUCVXEF8AIbDAUJAeEzgAAKCRCBrUw2pX/xkivyB/91wDnHtvU8lv/Q3YY1
PJMKkFDO5TubmJ0qJVSskLIjAIocnbqiBoxuO2bJzt76xuLJEak3tGT7sskto/zN
bYrbsfETuUKMBH3fr+uHtTod9ebjE2i7cF3bNtOTd0I9D7RyeaMSmjeeXFyJhEFD
6cIYh/7mrE2nQtn2+CtWmluzS+lG1iu5uyhNs3ysvS/zyxjuf9gxMrrZTYMyOBBD
2RCSMbvSiS5gGUUVS8iiT8hPG3j0tXDqVxC/CT82nr4sdPaFCJOl8jt8g3RBAHRf
NveEajGewzr0sY+GtDfKfUruszLTcLinyPvsnZF6LvRa76bFs2qLPqAOeGbXGHBt
5mjM
=0rVX
-----END PGP PUBLIC KEY BLOCK-----
```

图 13-3 公钥的示例

接下来我们不会讲解 PGP 的使用方法，而是介绍一下 PGP 内部的处理流程。关于 PGP 的具体使用方法，可参考 PGP 的相关文档。

13.4 加密与解密

13.4.1 加密

PGP 的加密过程如图 13-4 所示。在这张图中，消息经过混合密码系统进行加密，然后转换成报文数据（文本数据）。

这里的内容和第 6 章的混合密码系统的结构基本上是一样的，差异在于这里还包括了消息的压缩以及二进制→文本转换（转换为 ASCII radix-64 格式）这两个步骤。

生成和加密会话密钥

(1) 用伪随机数生成器生成会话密钥。

(2) 用公钥密码加密会话密钥，这里使用的密钥是接收者的公钥。

压缩和加密消息

(3) 压缩消息。

(4) 使用对称密码对压缩的消息进行加密，这里使用的密钥是步骤 (1) 中生成的会话密钥。

(5) 将加密的会话密钥（步骤 (2)）与加密的消息（步骤 (4)）拼合起来。

(6) 将步骤 (5) 的结果转换为文本数据，转换后的结果就是报文数据。

正如下图所示，**用公钥密码加密会话密钥，用对称密码加密消息**就是混合密码系统的特点。

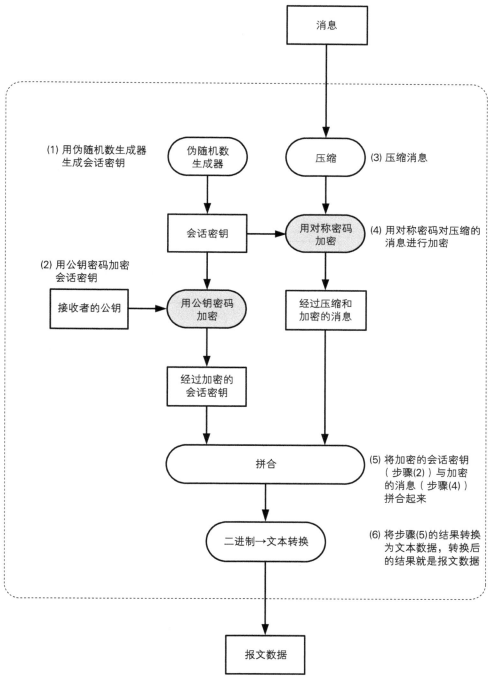

图 13-4 用 PGP 加密

13.4.2 解密

PGP 的解密过程如图 13-5 所示。这张图展示了接受者在收到上一节中生成的报文数据之后，得到原始消息的过程。

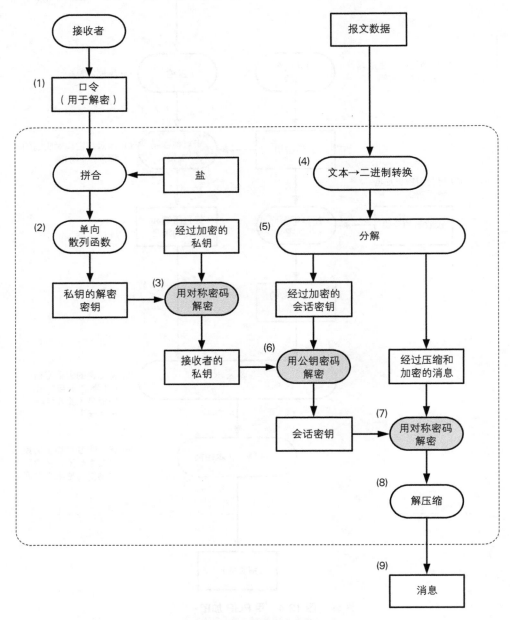

图 13-5 用 PGP 解密

■■■ 解密私钥

PGP 的私钥是保存在用户的钥匙串中的。为了防止钥匙串被盗，私钥都是以加密状态保存的，并在保存时使用了基于口令的密码（PBE）（11.6 节）。口令是由多个单词组成的短语，没有正确的口令就无法使用相应的私钥。如果攻击者想要使用你的私钥，就必须先窃取保存私钥的钥匙串，然后再破译加密私钥的密码。

解密私钥的步骤如下。

(1) 接收者输入解密的口令。

(2) 求口令的散列值，生成用于解密私钥的密钥。

(3) 将钥匙串中经过加密的私钥进行解密。

■■■ 解密会话密钥

(4) 将报文数据（文本数据）转换成二进制数据。

(5) 将二进制数据分解成两部分：加密的会话密钥、经过压缩和加密的消息。

(6) 用公钥密码解密会话密钥，这里使用步骤 (3) 中生成的接收者的私钥。

■■■ 解密和解压缩消息

(7) 对步骤 (5) 中得到的经过压缩和加密的消息用对称密码进行解密。这里使用步骤 (6) 中生成的会话密钥。

(8) 对步骤 (7) 中得到的经过压缩的消息进行解压缩。

(9) 得到原始消息。

图 13-6 展示了在加密和解密的过程中，会话密钥和消息经过了怎样的变化。

上面我们介绍了 PGP 的加密和解密过程，尽管有点复杂，但是只要理解了混合密码系统的结构，应该还是可以看懂的。

小测验 1　压缩和加密的顺序　　　　　　　　　　　　　　　（答案见 13.9 节）

从图 13-4 中可以看出，消息是先进行压缩然后再加密的，为什么一定要按照压缩→加密这样的顺序来处理呢？

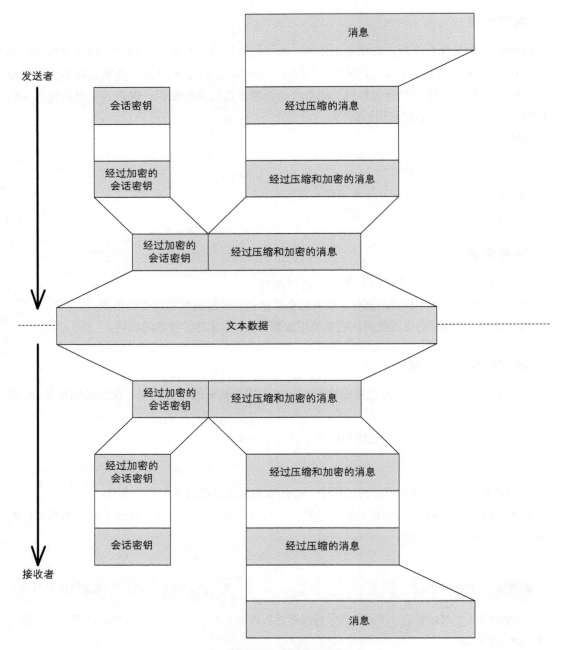

图 13-6 加密与解密

■.■ **13.5 生成和验证数字签名**

下面我们来看看生成和验证数字签名的过程。看起来有点复杂，大家要努力读懂哦。有必要的话，重新复习一下第 9 章的内容可能会有所帮助。

▌13.5.1 生成数字签名

图 13-7 展示了 PGP 中生成数字签名的过程。在这张图中，消息与相对应的签名进行拼合，并最终转换成报文数据（文本数据）。顺便提一下，对于是否要将报文数据转换成文本数据，在 PGP 中是可以选择的。

■■■ **解密私钥**

在钥匙串中，私钥是通过口令进行加密保存的，因此不知道口令的人就无法使用相应的私钥。

(1) 发送者输入签名用的口令。

(2) 求口令的散列值，生成用于解密私钥的密钥。

(3) 将钥匙串中经过加密的私钥进行解密。

■■■ **生成数字签名**

(4) 用单向散列函数计算消息的散列值。

(5) 对步骤 (4) 中得到的散列值进行签名。这一步相当于使用步骤 (3) 中得到的私钥进行加密。

(6) 将步骤 (5) 中生成的数字签名与消息进行拼合。

(7) 将步骤 (6) 的结果进行压缩。

(8) 将步骤 (7) 的结果转换为文本数据。

(9) 步骤 (8) 的结果就是报文数据。

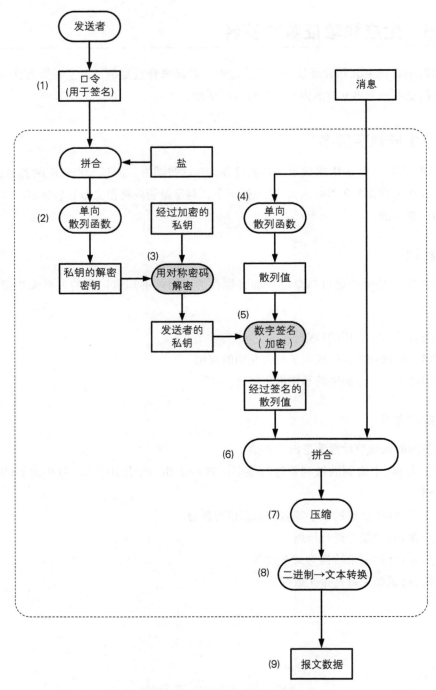

图 13-7 用 PGP 生成数字签名

13.5.2 验证数字签名

图 13-8 展示了用 PGP 验证数字签名的过程，即接收者在接收到上一节中生成的报文数据后，得到原始消息并验证数字签名的过程。

恢复发送者发送的散列值

(1) 将报文数据（文本数据）转换为二进制数据。

(2) 对经过压缩的数据进行解压缩。

(3) 将解压缩后的数据分解成经过签名的散列值和消息两部分。

(4) 将经过签名的散列值（经过加密的散列值）用发送者的公钥进行解密，恢复出发送者发送的散列值。

对比散列值

(5) 将步骤 (3) 中分解出的消息输入单向散列函数计算散列值。

(6) 将步骤 (4) 中得到的散列值与步骤 (5) 中得到的散列值进行对比。

(7) 如果步骤 (6) 的结果相等则数字签名验证成功，不相等则验证失败。这就是数字签名的验证结果。

(8) 步骤 (3) 中分解出的消息就是发送者发送的消息。

图 13-9 展示了在生成和验证数字签名的过程中，散列值和消息经过了怎样的变化。

上面就是使用 PGP 生成和验证数字签名的过程。

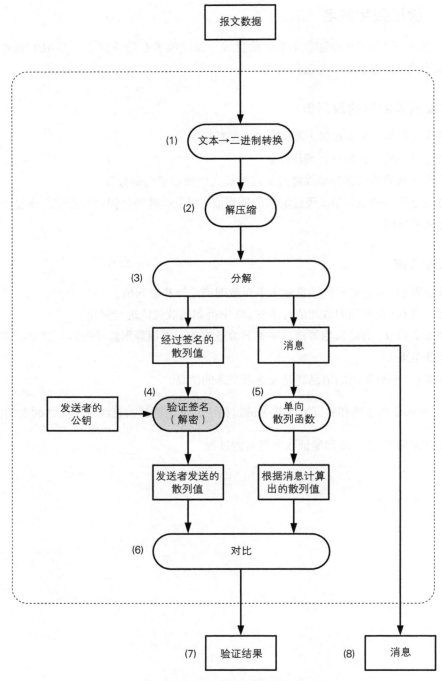

图 13-8 用 PGP 验证数字签名

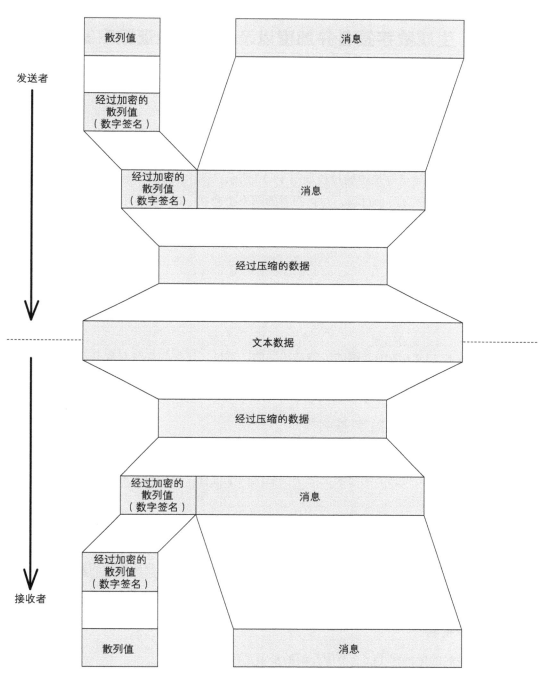

图 13-9 数字签名的生成与验证

13.6　生成数字签名并加密以及解密并验证数字签名

最后，我们来看一下如何将密码和数字签名进行组合。本节中的图示是整本书中最复杂的，但它只不过是将之前讲解的内容组合起来了而已。

13.6.1　生成数字签名并加密

用 PGP 生成数字签名并加密的过程如图 13-10 所示，图中展示了对消息生成数字签名以及对消息进行压缩和加密这两个过程，并将两者的结果拼合在一起形成了报文数据（文本数据）。对于是否要将报文数据转换成文本数据，在 PGP 中是可以选择的。

■■■■ 生成数字签名

生成数字签名的过程和 13.5.1 节中介绍的步骤是相同的。

■■■■ 加密

加密的过程和 13.4.1 节中介绍的步骤是相同的。不过，这里的加密对象并不仅仅是消息本身，而是将数字签名和消息拼合之后的数据。

13.6.2　解密并验证数字签名

用 PGP 解密并验证数字签名的过程如图 13-11 所示，图中展示了对接收到的报文数据进行解密和解压缩，并对所得到的消息验证数字签名这两个过程。最终得到的结果包括消息本身以及对数字签名的验证结果。

■■■ 解密

解密的过程和 13.4.2 节中介绍的步骤是相同的。不过，这里解密所得到的并不仅仅是消息本身，而是将数字签名和消息拼合之后的数据。

■■■ 验证数字签名

验证数字签名的过程和 13.5.2 节中介绍的步骤是相同的。

图 13-12 展示了在"生成数字签名并加密"和"解密并验证数字签名"这一连串的过程中，散列值、会话密钥和消息分别经过了怎样的变化。

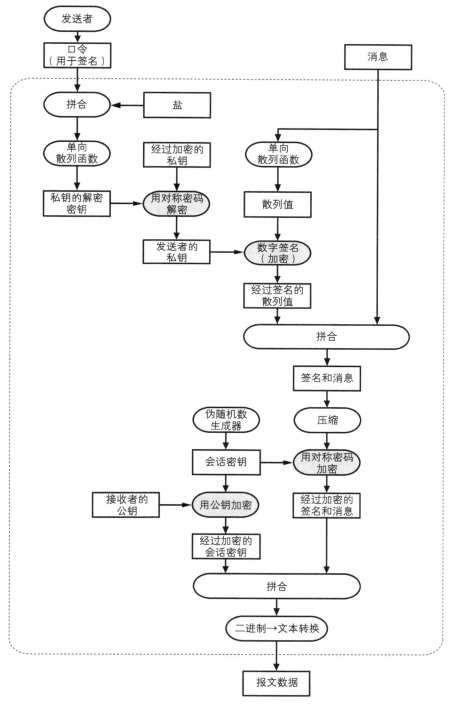

图 13-10 用 PGP 生成数字签名并加密

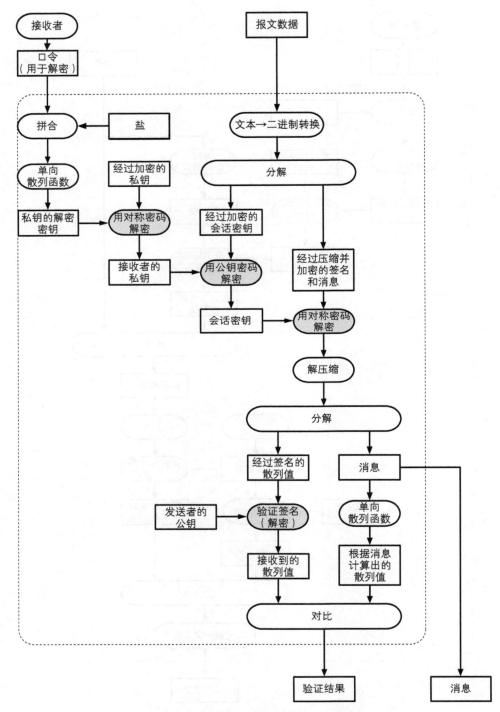

图 13-11 用 PGP 解密并验证数字签名

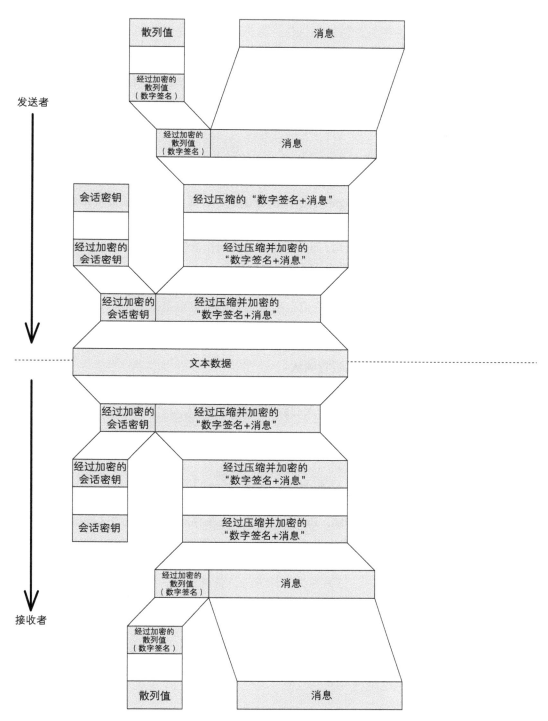

图 13-12 生成数字签名并加密、解密并验证数字签名

▪ 13.7 信任网

本节中，我们将介绍 PGP 所采用的一种确认公钥合法性的方法——信任网。

13.7.1 公钥合法性

在使用 PGP 时，确认自己所得到的公钥是否真的属于正确的人（**公钥合法性**）是非常重要的，因为公钥可能会通过中间人攻击被替换（参见 5.7.4 节）。

第 10 章中介绍的证书就是确认公钥合法性的方法之一。证书就是由认证机构对公钥所施加的数字签名，通过验证这个数字签名就可以确认公钥合法性。

然而，PGP 中却没有使用认证机构，而是采用了一种叫作**信任网**（web of trust）的方法[1]。在这种方法中，PGP 用户会**互相对对方的公钥进行数字签名**。

信任网的要点是"不依赖认证机构，而是建立每个人之间的信任关系"。换言之，就是能够自己决定要信任哪些公钥。

下面的几节中，我们将通过下列 3 个场景，来介绍一下 PGP 的信任网是如何建立起来的。

● 场景 1：通过自己的数字签名进行确认
● 场景 2：通过自己完全信任的人的数字签名进行确认
● 场景 3：通过自己有限信任的多个人的数字签名进行确认

当然，这里所介绍的只是一个概况，关于详细内容请参见 PGP 的用户手册。

13.7.2 场景 1：通过自己的数字签名进行确认

Alice 和 Bob 约会，在告别的时候，Bob 给了 Alice 一张存储卡，并说"这是我的公钥"。

Alice 回到家里，从存储卡中取出 Bob 的公钥，并存放到自己所使用的 PGP 的**公钥串**中（**导入公钥**）。由于 Alice 确信刚刚导入的公钥确实是属于 Bob 本人的，因此 Alice 对这个公钥加上了自己的数字签名。

对 Bob 的公钥加上数字签名，就相当于 Alice 声明"这个公钥属于 Bob 本人（即这个公钥是合法的）"。

随后，Alice 收到了来自 Bob 的邮件，由于这封邮件带有 Bob 的数字签名，因此 Alice 想用 GPG 来验证 Bob 的数字签名。PGP 将执行下面这些操作：

---

① 信任网也称为**信任圈**或者**好友圈**。

(1) 为了验证 Bob 的数字签名，PGP 需要从 Alice 的公钥串中寻找 Bob 的公钥。

(2) Alice 的公钥串中包含 Bob 的公钥，因为前几天约会之后 Alice 导入了 Bob 的公钥。

(3) PGP 发现 Bob 的公钥带有 Alice 的数字签名，这是因为前几天约会之后 Alice 对 Bob 的公钥加上了数字签名。

(4) 为了验证 Alice 的数字签名，PGP 需要从 Alice 的公钥串中寻找 Alice 自己的公钥。

(5) 当然，Alice 的公钥串中也包含 Alice 自己的公钥[①]。

(6) PGP 使用 Alice 的公钥对 Bob 的公钥上的 Alice 的数字签名进行验证。如果验证成功，则可以确认这的确就是 Bob 的公钥。

(7) PGP 使用合法的 Bob 的公钥对邮件上附带的 Bob 的数字签名进行验证。

通过上述步骤，就完成了对 Bob 的数字签名的验证，Alice 确认这封邮件就是前几天和她约会的 Bob 所发送的，她终于可以放心了。

小测验 2　确认公钥合法性的手段　　　　　　　　　　　　（答案见 13.9 节）

Alice 有一个好朋友叫 Elma，两人经常煲电话粥。有一天，她收到了一封来自 Elma 的邮件，里面说"这是我的公钥"，并附带了一个公钥。

Alice 考虑到这封邮件可能经过了主动攻击者 Mallory 的篡改，于是她打算给 Elma 打电话以便确认自己所收到的公钥是否来自 Elma 本人。

可是，由于收到的公钥文件太大，不可能一个字节一个字节地通过电话来口头确认，这可怎么办呢？

▌13.7.3　场景 2：通过自己完全信任的人的数字签名进行确认

Alice 有一个叫 Trent 的男朋友。在 Alice 的公钥串中，也包含带有 Alice 的数字签名的 Trent 的公钥。

Alice 非常信任 Trent，她想："Trent 很了解密码和数字签名，也了解对公钥施加自己的数字签名所代表的意义，因此**经过他签名的公钥一定是合法的**。"

使用 PGP 可以表现 Alice 对 Trent 的信任程度，也就是说，Alice 可以对 Trent 的公钥设置"我完全信任 Trent 的数字签名"这一状态，并加上自己的数字签名。

在 PGP 中，用户可以设置对每个公钥所有者的**所有者信任**（owner trust）级别（参见

---

① Alice 自己的公钥在生成密钥对时被加上了自己的数字签名（自签名）。此外，对于所有者的信任等级为"绝对信任"（Ultimately trusted）（参见表 13-2）。

表 13-2）。Alice 将对 Trent 的所有者信任级别设置为 **"完全信任"**（Fully trusted）。

我们假设这次 Alice 收到了一封来自 Carrol 的邮件，这封邮件中带有 Carrol 的公钥，而且这个公钥上带有 Trent 的数字签名。当 Alice 将 Carrol 的公钥导入自己的公钥串时，Alice 的 PGP 会认为 Carrol 的公钥是合法的，因为 Carrol 的公钥上带有 Alice "完全信任" 的 Trent 的数字签名。

在这个场景中，Trent 对于 Alice 来说是可信的 "介绍人"。Trent 对 Carrol 的公钥加上数字签名，就相当于 Trent 写了一封 "介绍信"。

表 13-2 所有者信任级别

Ultimately trusted	绝对信任（是持有私钥的本人）
Fully trusted	完全信任
Marginally trusted	有限信任
Never trust this key	不信任
Not enough information	未知密钥
No owner trust assigned	未设置

13.7.4　场景 3：通过自己有限信任的多个人的数字签名进行确认

最后，我们来介绍一个通过多个所有者信任的总和来确认公钥合法性的方法。

假设 Alice 有两个男朋友，他们分别叫 Dave 和 Fred。在 Alice 的公钥串中，包含带有 Alice 的数字签名的上述两人的公钥。

Alice 一定程度上信任 Dave 和 Fred。她想："Dave 和 Fred 了解对公钥施加自己的数字签名所代表的意义，当然，他们没有 Trent 那样可信，不过**只要是 Dave 和 Fred 两个人都签过名的公钥，就一定是合法的。**"

在这样的场景中，Alice 可以将对 Dave 和 Fred 的所有者信任级别设置为 **"有限信任"**（Marginally trusted）。

某天，Alice 收到了来自 George 的公钥，其中带有 Dave 的数字签名和 Fred 的数字签名。如果只有 Dave 一个人的签名是不可信的，只有 Fred 一个人的签名也是一样，但两个有限信任的人的签名加在一起，Alice 的 GPG 就会认为这个公钥的确属于 George 本人。

某天，Alice 又收到了来自 Harrold 的公钥，这次上面只带有 Fred 一个人的数字签名。这时，Alice 的 PGP 就会认为这个公钥不一定属于 Harrold 本人。

上面我们是通过两个人的数字签名来判断公钥合法性的，用户还可以自行设定判断公钥合法需要多少个数字签名。

13.7.5　公钥合法性与所有者信任是不同的

请大家注意，"公钥是否合法"与"所有者是否可信"是两个不同的问题，因为尽管公钥合法，其所有者也可以是不可信的。

例如，Alice 认为从 Bob 那获得的公钥是合法的，因为这个公钥是 Bob 当面交给 Alice 的。但是 Alice 不信任 Bob 在数字签名上的判断能力，即便 Bob 对其他的公钥进行了数字签名，Alice 也会怀疑 Bob 是否真的进行了本人确认。因此，Alice 将对 Bob 的所有者信任级别设置为"不信任"（Never trust this key）。

这样做的结果是，Alice 收到了一个叫 Inge 的人的公钥，即便这个公钥带有 Bob 的签名，Alice 的 PGP 也不会认为这个公钥是合法的。

13.7.6　所有者信任级别是因人而异的

通过上面的讲解，我们应该已经可以想象出 Alice 的公钥串中所存放的这些公钥之间可以形成一张信任网。

- Alice 对自己的公钥加上数字签名（所有者信任级别为"绝对信任"）
- Alice 对 Bob 的公钥加上数字签名（所有者信任级别为"不信任"）
- Alice 对 Trent 的公钥加上数字签名（所有者信任级别为"完全信任"）
- Alice 对 Dave 的公钥加上数字签名（所有者信任级别为"有限信任"）
- Alice 对 Fred 的公钥加上数字签名（所有者信任级别为"有限信任"）
- Trent 对 Carrol 的公钥加上数字签名
- Dave 对 George 的公钥加上数字签名
- Fred 对 George 的公钥加上数字签名
- Fred 对 Harrold 的公钥加上数字签名
- Bob 对 Inge 的公钥加上数字签名

结果，Alice 所使用的 PGP 会认为 Alice、Bob、Trent、Dave、Fred、Carrol 和 George 的公钥是合法的，而不会认为 Harrold 和 Inge 的公钥是合法的。

我们可以将上述关系总结成一张图，如图 13-13 所示。这就是信任网，也叫"信任网络"或者"信任数据库"。

在这里需要大家注意的是，"对哪个密钥的所有者进行哪种级别的信任"是因人而异的。Alice 完全信任 Trent，但别人有可能只是部分信任 Trent，也有人完全不信任 Trent。PGP 的用户可以**自行设置对谁进行何种程度的信任**，PGP 就是根据信任数据库中的设置来判断所得到的公钥是否属于本人的。

　　PGP 当初的设计目的是在连国家都不可信的情况下依然能够使用，因此它并不关心有没有可信的认证机构，而是采用了"由用户自己来决定信任谁"这样的设计。

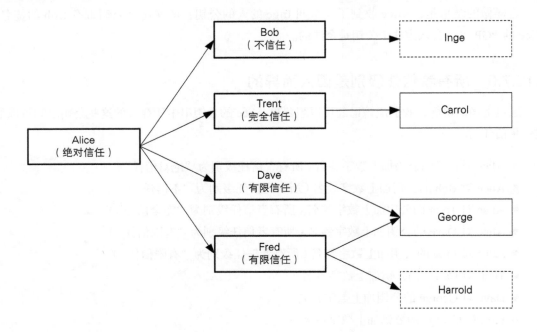

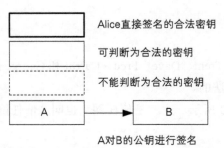

图 13-13　Alice 的"信任网"

13.8 本章小结

本章中，我们以 PGP 为例讲解了对多种密码技术的组合，并学习了加密、解密、生成和验证数字签名等知识。大家是否已经懂得如何将单独的密码技术组合起来进行运用了呢？

大家应该可以感受到，每个密码技术本身就很复杂，经过组合之后所形成的密码软件则更加复杂。

为了确认公钥合法性，PGP 采用了信任网这一方法。这种方法不依赖特定的认证机构，而是通过每个用户对公钥进行相互签名来构建一个信任的网络。

在下一章中，我们将介绍 Web 中广泛使用的 SSL/TLS。

小测验 4　PGP 的基础知识　　　　　　　　　　　　　（答案见 13.9 节）

下列说法中，请在正确的旁边画○，错误的旁边画 ×。

(1) PGP 中是先对数据进行压缩，然后再进行加密的。

(2) 使用 PGP 可以生成自己的公钥密钥对。

(3) 在用 PGP 进行加密时，不使用对称密码算法，而是使用公钥密码算法。

(4) 在用 PGP 验证数字签名时，需要输入口令。

(5) 在用 PGP 生成数字签名并加密时，需要输入发送者的口令。

13.9 小测验的答案

小测验 1 的答案：压缩和加密的顺序　　　　　　　　　　（13.4.2 节）

这是因为在加密之后，比特序列的冗余性消失，基本上无法进行压缩了。在加密前进行压缩的做法不仅限于混合密码系统，而是对所有密码都适用的。

小测验 2 的答案：确认公钥合法性的手段　　　　　　　　（13.7.2 节）

无需读出公钥的内容本身，只要将公钥的内容输入单向散列函数，并通过电话读出并对比所得到的散列值就可以了。对散列值进行对比，事实上就相当于对公钥内容本身进行对比，这是因为单向散列函数可以用来确认完整性。

为了确认完整性，PGP 可以显示一串被称为**密钥指纹**（key fingerprint）的字节序列，这其实就是密钥的散列值。

小测验 3 的答案：大量的数字签名　　　　　　　　　　　　　　　　（13.7.6 节）

不能。

仅通过数字签名的数量是无法判断公钥合法性的，必须通过对数字签名的"所有者信任等级"来判断带有该签名的公钥是否合法。

小测验 4 的答案：PGP 的基础知识　　　　　　　　　　　　　　　　（13.8 节）

○ (1) PGP 中是先对数据进行压缩，然后再进行加密的。

○ (2) 使用 PGP 可以生成自己的公钥密钥对。

× (3) 在用 PGP 进行加密时，不使用对称密码算法，而是使用公钥密码算法。

> 由于 PGP 使用混合密码系统，因此必然会同时使用对称密码和公钥密码。

× (4) 在用 PGP 验证数字签名时，需要输入口令。

> 因为只需要对发送者的公钥进行验证，所以不需要口令。

○ (5) 在用 PGP 生成数字签名并加密时，需要输入发送者的口令。

> 要生成数字签名，需要发送者的私钥。由于私钥本身是加密存储的，因此需要输入口令对私钥进行解密。

第14章

SSL/TLS——为了更安全的通信

14.1 本章学习的内容

本章中我们将学习 SSL/TLS 的相关知识。

SSL/TLS 是世界上应用最广泛的密码通信方法。比如说，当在网上商城中输入信用卡号时，我们的 Web 浏览器就会使用 SSL/TLS 进行密码通信。使用 SSL/TLS 可以对通信对象进行认证，还可以确保通信内容的机密性。

本章首先将介绍一些 SSL/TLS 的运用场景，然后再介绍使用 SSL/TLS 的通信步骤和攻击方法。

SSL/TLS 中综合运用了本书中所学习的对称密码、消息认证码、公钥密码、数字签名、伪随机数生成器等密码技术，大家可以在阅读本章内容的同时对这些技术进行复习。严格来说，SSL（Secure Socket Layer）与 TLS（Transport Layer Security）是不同的，TLS 相当于是 SSL 的后续版本。不过，本章中所介绍的内容，大多是 SSL 和 TLS 两者兼备的，因此除具体介绍通信协议的部分以外，都统一写作 SSL/TLS。

SSL/TLS 是一种在 Web 服务器中广泛使用的协议，在现代 Web 技术中具有极其重要的意义。因此，IPA 密码技术评估项目 CRYPTREC 在平衡 SSL/TLS 的安全性和可用性（互联性）的基础上，发布了一份 SSL/TLS 服务器配置方法——《SSL/TLS 密码配置指南》[①]。

14.2 什么是 SSL/TLS

和之前一样，我们还是通过 Alice 和 Bob 的故事来看一看 SSL/TLS 的运用场景。

14.2.1 Alice 在 Bob 书店买书

Bob 书店是 Alice 经常光顾的一家网店，因为在 Bob 书店她可以搜索到新出版的图书，还可以通过信用卡快速完成支付，购买的书还能快递到家，真的很方便。

有一天，Alice 读了一本关于网络信息安全的书，书上说"互联网上传输的数据都是可以被窃听的"。Alice 感到非常担心，自己在购买新书的时候输入的**信用卡号会不会被窃听呢**？

Alice 看到 Bob 书店的网站下面写着一行字："在以 https:// 开头的网页中输入的信息将通过 SSL/TLS 发送以确保安全"。

的确，输入信用卡号的网页的 URL 是以 https:// 开头的，而不是一般的 http://。此外，在浏览这个网页时，Alice 的 Web 浏览器上还会显示一个小锁头的图标，看上去好像挺安全的。

---

① 原题为「SSL/TLS 暗号設定ガイドライン」。

但 Alice 心想，就算写着"通过 SSL/TLS 发送"我也不放心啊，到底在我的 Web 浏览器和 Bob 书店的网站之间都发生了哪些事呢？

本章将要介绍的技术——SSL/TLS 就可以解答 Alice 的疑问。当进行 SSL/TLS 通信时，Web 浏览器上就会显示一个小锁头的图标。

14.2.2　客户端与服务器

首先，我们将 Alice 和 Bob 书店的通信过程整理成示意图（图 14-1）。

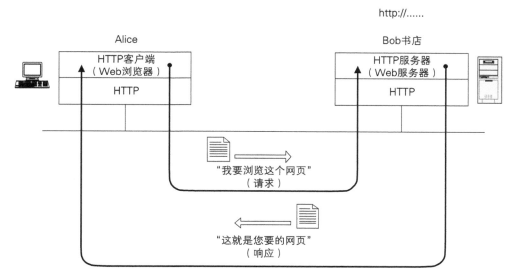

图 14-1　Alice 的 Web 浏览器（客户端）和 Bob 书店的网站（服务器）进行 HTTP 通信

Alice 和 Bob 书店之间的通信，实际上是 Alice 所使用的 Web 浏览器和 Bob 书店的 Web 服务器之间的通信。Web 浏览器是 Alice 的计算机上运行的一个程序，而 Web 服务器则是在 Bob 书店的计算机上运行的一个程序，它们都遵循一种叫作 HTTP（HyperText Transfer Protocol，超文本传输协议）的**协议**（protocol）来进行通信。其中，Web 浏览器称为 HTTP **客户端**，Web 服务器称为 HTTP **服务器**。

当 Alice 点击网页上的链接或者输入 URL 时，Web 浏览器就会通过网络向 Web 服务器发送一个"我要浏览这个网页"的**请求**（request）。

Web 服务器则将请求的网页内容发送给 Web 浏览器，以便对请求作出**响应**（response）。服务器和客户端之间所进行的处理就是请求和响应的往复。HTTP 可以认为是在 HTTP 客户端与 HTTP 服务器之间进行请求和响应的规范。

Alice 向 Bob 书店发送信用卡号也是使用 HTTP 来完成的（图 14-2）。Alice 输入信用卡号之后按下提交按钮，这时客户端（Web 浏览器）就会将信用卡号作为 HTTP 请求发送给服务器。服务器则会将"生成订单"的网页作为 HTTP 响应返回给客户端。

不过，如果直接发送请求的话，信用卡号就很可能被窃听。下一节我们将探讨针对这种风险的对策。

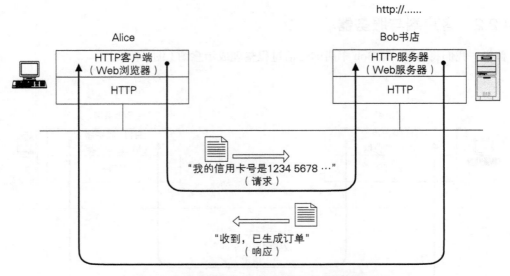

图 14-2　不使用 SSL/TLS 发送信用卡号的情形

14.2.3　用 SSL/TLS 承载 HTTP

当 Web 浏览器发送信用卡号时，信用卡号的数据会作为客户端请求发送给服务器。如果通信内容被窃听者 Eve 所窃取，Eve 就会得到信用卡号。

于是，我们可以用 SSL（Secure Socket Layer）或者 TLS（Transport Layer Security）作为对通信进行加密的协议，然后**在此之上承载 HTTP**（图 14-3）。通过将两种协议进行叠加，我们就可以对 HTTP 的通信（请求和响应）进行加密，从而防止窃听。通过 SSL/TLS 进行通信时，URL 不是以 http:// 开头，而是以 https:// 开头。

以上就是 SSL/TLS 的简单介绍。

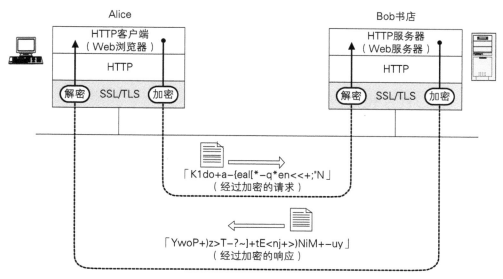

图 14-3　用 SSL/TLS 承载 HTTP，对请求和响应进行加密

14.2.4　SSL/TLS 的工作

在大致了解了 SSL/TLS 之后，我们来整理一下 SSL/TLS 到底负责哪些工作。我们想要实现的是通过本地的 Web 浏览器访问网络上的 Web 服务器，并进行安全的通信。用本章开头的例子来说就是，Alice 希望通过 Web 浏览器向 Bob 书店发送信用卡号。在这里，我们有几个必须要解决的问题。

(1)　Alice 的信用卡号和地址在发送到 Bob 书店的过程中不能被窃听。

(2)　Alice 的信用卡号和地址在发送到 Bob 书店的过程中不能被篡改。

(3)　确认通信对方的 Web 服务器是真正的 Bob 书店。

在这里，(1) 是机密性的问题，(2) 是完整性的问题，而 (3) 则是认证的问题[①]。

为了解决这些问题，让我们在密码学家的工具箱中找一找。

要确保机密性，可以使用**对称密码**。由于对称密码的密钥不能被攻击者预测，因此我们使用**伪随机数生成器**来生成密钥。若要将对称密码的密钥发送给通信对象，可以使用**公钥密码**或者 Diffie-Hellman 密钥交换。

要识别篡改，对数据进行认证，可以使用**消息认证码**。消息认证码是使用**单向散列函数**来

---

① (2) 和 (3) 也可以归类为认证的问题，其中 (2) 是数据认证，(3) 是对象认证。

实现的。

要对通信对象进行认证，可以使用对公钥加上**数字签名**所生成的证书。

好，工具已经找齐了，下面只要用一个"框架"（framework）将这些工具组合起来就可以了。SSL/TLS 协议其实就扮演了这样一种框架的角色。

14.2.5　SSL/TLS 也可以保护其他的协议

刚才我们提到用 SSL/TLS 承载 HTTP 通信，这是因为 HTTP 是一种很常用的协议。其实 SSL/TLS 上面不仅可以承载 HTTP，还可以承载其他很多协议。例如，发送邮件时使用的 SMTP（Simple Mail Transfer Protocol，简单邮件传输协议）和接收邮件时使用的 POP3（Post Office Protocol，邮局协议）都可以用 SSL/TLS 进行承载。在这样的情况下，SSL/TLS 就可以对收发的邮件进行保护。

用 SSL/TLS 承载 HTTP、SMTP 和 POP3 的结构如图 14-4 所示。一般的电子邮件软件都可以完成发送和接收邮件这两种操作，其实是同时扮演了 SMTP 客户端和 POP3 客户端这两种角色。

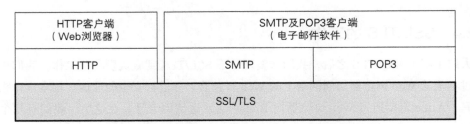

图 14-4　用 SSL/TLS 承载 HTTP、SMTP 和 POP3

14.2.6　密码套件

SSL/TLS 提供了一种密码通信的框架，这意味着 SSL/TLS 中使用的对称密码、公钥密码、数字签名、单向散列函数等技术，都是可以像零件一样进行替换的。也就是说，如果发现现在所使用的某个密码技术存在弱点，那么只要将这一部分进行替换就可以了。

尽管如此，也并不是说所有的组件都可以自由选择。由于实际进行对话的客户端和服务器必须使用相同的密码技术才能进行通信，因此如果选择过于自由，就难以确保整体的兼容性。为此，SSL/TLS 就像事先搭配好的盒饭一样，规定了一些密码技术的"推荐套餐"，这种推荐套餐称为**密码套件**（cipher suite）。

14.2.7　SSL 与 TLS 的区别

本章中我们是将 SSL 和 TLS 作为一个整体（SSL/TLS）来对待的。

SSL（Secure Socket Layer，安全套接层）是 1994 年由网景（Netscape）公司设计的一种协议，并在该公司的 Web 浏览器 Netscape Navigator 中进行了实现。随后，很多 Web 浏览器都采用了这一协议，使其成为了事实上的行业标准。SSL 已经于 1995 年发布了 3.0 版本，但在 2014 年，SSL 3.0 协议被发现存在可能导致 POODLE 攻击（14.4.3 节）的安全漏洞（CVE-2014-3566），因此 SSL 3.0 已经不安全了。

TLS（Transport Layer Security，传输层安全）是 IETF 在 SSL 3.0 的基础上设计的协议。在 1999 年作为 RFC 2246 发布的 TLS 1.0，实际上相当于 SSL 3.1。

2006 年，TLS 1.1 以 RFC 4346 的形式发布，这个版本中增加了针对 CBC 攻击的对策，并加入了 AES 对称密码算法。TLS 1.2 中新增了对 GCM（8.5 节）、CCM 认证加密（Authenticated Encryption）的支持，此外还新增了 HMAC-SHA256，并删除了 IDEA 和 DES，将伪随机函数（PRF）改为基于 SHA-256 来实现。

14.3　使用 SSL/TLS 进行通信

下面我们来介绍一下使用 SSL/TLS 进行通信的步骤。对技术细节不感兴趣的读者，可以直接跳到 14.4 节。顺便提一下，本节的内容是基于 TLS 1.2（RFC5246）编写的，因此我们不使用 SSL/TLS 这一名称，而是直接写作 TLS。

14.3.1　层次化的协议

TLS 协议是由 TLS 记录协议（TLS record protocol）和 TLS 握手协议（TLS handshake protocol）这两层协议叠加而成的。位于底层的 TLS 记录协议负责进行加密，而位于上层的 TLS 握手协议则负责除加密以外的其他各种操作。上层的 TLS 握手协议又可以分为 4 个子协议。TLS 协议的层次结构如图 14-5 所示。

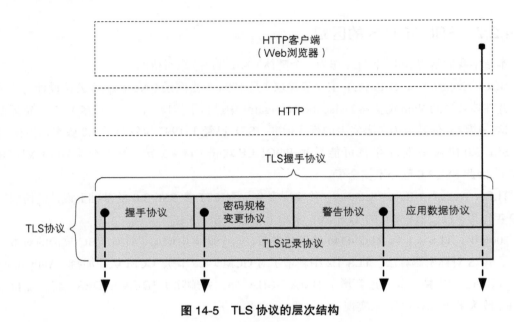

图 14-5　TLS 协议的层次结构

下面我们先来简单介绍一下其中各个协议的功能。

■■■ 1　TLS 记录协议

TLS 记录协议位于 TLS 握手协议的下层，是负责使用对称密码对消息进行加密通信的部分。

TLS 记录协议中使用了对称密码和消息认证码，但是具体的算法和共享密钥则是通过后面将要介绍的握手协议在服务器和客户端之间协商决定的。

■■■ 2　TLS 握手协议

TLS 握手协议分为下列 4 个子协议：握手协议、密码规格变更协议、警告协议和应用数据协议。下面我们按顺序逐一介绍。

■■■ 2-1　握手协议

握手协议是 TLS 握手协议的一部分，负责在客户端和服务器之间协商决定密码算法和共享密钥。基于证书的认证操作也在这个协议中完成。它是 4 个子协议中最复杂的一个。

这个协议大致相当于下面这段对话。

客户端："你好。我能够理解的密码套件有 RSA/3DES，或者 DSS/AES，请问我们使用哪一种密码套件来通信呢？"

服务器："你好。我们就用 RSA/3DES 来进行通信吧，这是我的证书。"

在服务器和客户端之间通过握手协议协商一致之后，就会相互发出信号来切换密码。负责发出信号的就是下面要介绍的密码规格变更协议。

■■■ 2-2　密码规格变更协议

密码规格变更协议是 TLS 握手协议的一部分，负责向通信对象传达变更密码方式的信号。简单地说，就跟向对方喊"1、2、3！"差不多。

这个协议所发送的消息，大致相当于下面的对话。

客户端："好，我们按照刚才的约定切换密码吧。1、2、3！"

当协议中途发生错误时，就会通过下面的警告协议传达给对方。

■■■ 2-3　警告协议

警告协议是 TLS 握手协议的一部分。警告协议负责在发生错误时将错误传达给对方。
这个协议所发送的消息，大致相当于下面的对话。

服务器："刚才的消息无法正确解密哦！"

如果没有发生错误，则会使用下面的应用数据协议来进行通信。

■■■ 2-4　应用数据协议

应用数据协议是 TLS 握手协议的一部分。应用数据协议是将 TLS 上面承载的应用数据传达给通信对象的协议。
下面我们按照相同的顺序，更加详细地介绍一下 TLS 协议。

▎14.3.2　1 TLS 记录协议

TLS 记录协议负责消息的压缩、加密以及数据的认证，其处理过程如图 14-6 所示。
首先，消息被分割成多个较短的片段（fragment），然后分别对每个片段进行压缩。压缩算法需要与通信对象协商决定。
接下来，经过压缩的片段会被加上消息认证码，这是为了保证完整性，并进行数据的认证。通过附加消息认证码的 MAC 值，可以识别出篡改。与此同时，为了防止重放攻击，在计算消息认证码时，还加上了片段的编号。单向散列函数的算法，以及消息认证码所使用的共享密钥都需要与通信对象协商决定。

再接下来，经过压缩的片段再加上消息认证码会一起通过对称密码进行加密。加密使用 CBC 模式，CBC 模式的初始化向量（IV）通过主密码（master secret）（14.3.7 节）生成，而对称密码的算法以及共享密钥需要与通信对象协商决定。

最后，上述经过加密的数据再加上由数据类型、版本号、压缩后的长度组成的报头（header）就是最终的报文数据。其中，数据类型为 TLS 记录协议所承载的 4 个子协议（握手协议、密码规格变更协议、警告协议、应用数据协议）的其中之一。

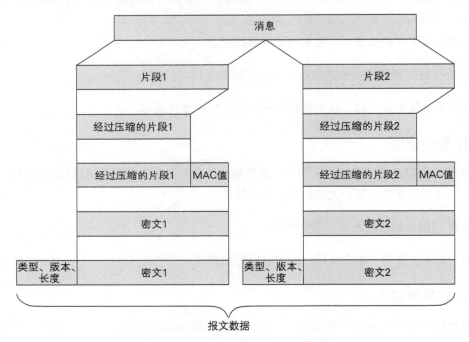

图 14-6 TLS 记录协议的处理过程

14.3.3 2-1 握手协议

握手协议是 TLS 握手协议的一部分，负责生成共享密钥以及交换证书。其中，生成共享密钥是为了进行密码通信，交换证书是为了通信双方相互进行认证。

握手协议这一名称中的"握手"（handshake），是服务器和客户端在密码通信之前交换一些必要信息这一过程的比喻。

由于握手协议中的信息交换是在没有加密的情况下进行的（即使用"不加密"这一密码套件），也就是说，在这一协议中所收发的所有数据都可能被窃听者 Eve 窃听，因此在这一过程中必须使用公钥密码或者 Diffie-Hellman 密钥交换。

握手协议的过程如图 14-7 所示。

图 14-7 TLS 握手协议

下面我们来详细讲解握手协议中所交换的消息。为了便于大家理解，我们以人类对话的形式来描述客户端和服务器之间的信息交换。

(1) ClientHello（客户端→服务器）

客户端向服务器发送 ClientHello 消息。

客户端："你好。我能理解的密码套件有 RSA/3DES，或者 DSS/AES，请问我们使用哪一种密码套件进行通信呢？"

关于 ClientHello 具体发送了怎样的字节序列，在 SSL/TLS 协议规范中是有定义的，但本书中不会涉及这些内容。简单来说，客户端会向服务器发送下列信息。

- 可用的版本号
- 当前时间
- 客户端随机数
- 会话 ID
- 可用的密码套件清单
- 可用的压缩方式清单

为什么要发送"可用的版本号""可用的密码套件清单"和"可用的压缩方式清单"呢？因为不同的客户端（Web 浏览器）所支持的方式不同，具体使用哪一种方式来通信，需要和服务器进行协商。

"当前时间"在基本的 TLS 中是不使用的，但上层协议中有可能会使用这一信息。"客户端随机数"是一个由客户端生成的不可预测的随机数，我们在后面的步骤中需要用到它。

"会话 ID"是当客户端和服务器希望重新使用之前建立的会话（通信路径）时所使用的信息。

(2) ServerHello（客户端←服务器）

对于客户端发送的 ClientHello 消息，服务器会返回一个 ServerHello 消息。

服务器："你好。我们就用 RSA/3DES 来进行通信吧。"

服务器会将下列信息随 ServerHello 消息一起发送出去。

- 使用的版本号
- 当前时间
- 服务器随机数

- 会话 ID
- 使用的密码套件
- 使用的压缩方式

服务器根据客户端在 ClientHello 消息中发送过来的信息确定通信中使用的"版本号""密码套件"和"压缩方式"。

"当前时间"在基本的 TLS 中是不使用的，但上层协议中有可能会使用这一信息。

"服务器随机数"是一个由服务器生成的不可预测的随机数。这个随机数必须与客户端生成的随机数无关，我们在后面的步骤中需要用到它。

(3) Certificate（客户端←服务器）

服务器发送 Certificate 消息。

服务器："好，这是我的证书。"

通过 Certificate 消息，服务器会向客户端发送下列信息。

- 证书清单

证书清单是一组 X.509v3 证书序列，首先发送的是服务器（发送方）的证书，然后会按顺序发送对服务器证书签名的认证机构的证书。

客户端会对服务器发送过来的证书进行验证。当以匿名方式通信时，不发送 Certificate 消息。

(4) ServerKeyExchange（客户端←服务器）

服务器发送 ServerKeyExchange 消息。

服务器："我们用这些信息来进行密钥交换吧。"

当 Certificate 消息不足以满足需求时，服务器会通过 ServerKeyExchange 消息向客户端发送一些必要信息。具体所发送的信息内容会根据所使用的密码套件而有所不同。

当不需要这些信息时，将不会发送 ServerKeyExchange 消息。

(5) CertificateRequest（客户端←服务器）

服务器发送 CertificateRequest 消息。

服务器："对了，请给我看一下你的证书吧。"

CertificateRequest 消息用于服务器向客户端请求证书，这是为了进行**客户端认证**。通过这一消息，服务器会向客户端发送下列信息。

- 服务器能够理解的证书类型清单
- 服务器能够理解的认证机构名称清单

当不使用客户端认证时，不会发送 CertificateRequest 消息。

(6) ServerHelloDone（客户端←服务器）

服务器发送 ServerHelloDone 消息。

服务器："问候到此结束。"

这一消息表示从 ServerHello 消息开始的一系列消息的结束。

(7) Certificate（客户端→服务器）

客户端发送 Certificate 消息。

客户端："这是我的证书。"

当步骤 (5) 中服务器发送了 CertificateRequest 消息时，客户端会将自己的证书同 Certificate 消息一起发送给服务器。

服务器读取客户端的证书并进行验证。

当服务器没有发送 CertificateRequest 消息时，客户端不会发送 Certificate 消息。

(8) ClientKeyExchange（客户端→服务器）

客户端发送 ClientKeyExchange 消息。

客户端："这是经过加密的预备主密码。"

当密码套件中包含 RSA 时，会随 ClientKeyExchange 消息一起发送**经过加密的预备主密码**。

当密码套件中包含 Diffie-Hellman 密钥交换时，会随 ClientKeyExchange 消息一起发送 **Diffie-Hellman 的公开值**。

预备主密码（pre-master secret）是由客户端生成的随机数，之后会被用作生成主密码的种子。这个值会在使用服务器的公钥进行加密后发送给服务器。预备主密码的生成方法我们将稍后介绍。

根据预备主密码，服务器和客户端会计算出相同的**主密码**，然后再根据主密码生成下列比特序列（密钥素材）。

- 对称密码的密钥
- 消息认证码的密钥
- 对称密码的 CBC 模式中使用的初始化向量（IV）

小测验 1　预备主密码的加密　　　　　　　　　　　　　　　（答案见 14.7 节）

　　客户端是用服务器的公钥对预备主密码进行加密的，那么客户端又是什么时候得到服务器的公钥的呢？

---

(9) CertificateVerify（客户端→服务器）

客户端发送 CertificateVerify 消息。

客户端：“我确实是客户端证书的持有者本人。”

客户端只有在服务器发送 CertificateRequest 消息时才会发送 CertificateVerify 消息。这个消息的目的是向服务器证明自己的确持有客户端证书的私钥。

为了实现这一目的，客户端会计算“主密码”和“握手协议中传送的消息”的散列值，并加上自己的数字签名后发送给服务器。

(10) ChangeCipherSpec（客户端→服务器）

客户端发送 ChangeCipherSpec 消息。

客户端：“好，现在我要切换密码了。”

实际上，ChangeCipherSpec 消息并不是握手协议的消息，而是密码规格变更协议的消息。

在 ChangeCipherSpec 消息之前，客户端和服务器之间已经交换了所有关于密码套件的信息，因此在收到这一消息时，客户端和服务器会同时切换密码。

在这一消息之后，TLS 记录协议就开始使用双方协商决定的密码通信方式了。

(11) Finished（客户端→服务器）

客户端发送 Finished 消息。

客户端：“握手协议到此结束。”

由于已经完成了密码切换，因此 Finished 消息是使用切换后的密码套件来发送的。实际负责加密操作的是 TLS 记录协议。

Finished 消息的内容是固定的，因此服务器可以将收到的密文解密，来确认所收到的 Finished 消息是否正确。通过这一消息，就可以确认握手协议是否正常结束，密码套件的切换是否正确。

(12) ChangeCipherSpec（客户端←服务器）

这次轮到服务器发送 ChangeCipherSpec 消息了。

服务器："好，现在我要切换密码了。"

(13) Finished（客户端←服务器）

和客户端一样，服务器也会发送 Finished 消息。

服务器："握手协议到此结束。"

这一消息会使用切换后的密码套件来发送。实际负责加密操作的是 TLS 记录协议。

(14) 切换至应用数据协议

在此之后，客户端和服务器会使用应用数据协议和 TLS 记录协议进行密码通信。

从结果来看，握手协议完成了下列操作。

- 客户端获得了服务器的合法公钥，完成了服务器认证
- 服务器获得了客户端的合法公钥，完成了客户端认证（当需要客户端认证时）
- 客户端和服务器生成了密码通信中使用的共享密钥
- 客户端和服务器生成了消息认证码中使用的共享密钥

在 4 个子协议中，握手协议是最复杂的，下面我们来看看剩下的 3 个子协议。

14.3.4　2-2　密码规格变更协议

TLS 的**密码规格变更协议**（change cipher spec protocol）是 TLS 握手协议的一部分，用于密码切换的同步。

那么为什么这个协议不叫密码规格**开始**协议，而是要叫作密码规格**变更**协议呢？这是因为即便在密码通信开始之后，客户端和服务器也可以通过重新握手来再次改变密码套件。也就是

说，在最开始的时候，客户端和服务器是使用"不加密"这一密码套件进行通信的，因此通信内容没有进行加密。

14.3.5 2-3 警告协议

TLS 的**警告协议**（alert protocol）是 TLS 握手协议的一部分，用于当发生错误时通知通信对象。当握手协议的过程中产生异常，或者发生消息认证码错误、压缩数据无法解压缩等问题时，会使用该协议。

14.3.6 2-4 应用数据协议

应用数据协议是 TLS 握手协议的一部分，用于和通信对象之间传送应用数据。

当 TLS 承载 HTTP 时，HTTP 的请求和响应就会通过 TLS 的应用数据协议和 TLS 记录协议来进行传送。

14.3.7 主密码

主密码是 TLS 客户端和服务器之间协商出来的一个秘密的数值。这个数值非常重要，TLS 密码通信的机密性和数据的认证全部依靠这个数值。主密码是一个 48 字节（384 比特）的数值，例如：

```
3A D9 A9 E7 59 03 FC 41 E4 06 DD CA
59 93 CF CC C0 7E 16 E3 D2 43 12 3A
B5 AB 6E DB 05 AD 3C 37 58 2A AC 71
85 0D 7D AE 95 B8 2D B0 9A 28 66 14
```

■■■■ 主密码的计算

主密码是客户端和服务器根据下列信息计算出来的。

- 预备主密码
- 客户端随机数
- 服务器随机数

当使用 RSA 公钥密码时，客户端会在发送 ClientKeyExchange 消息时，将经过加密的预备主密码一起发送给服务器。

当使用 Diffie-Hellman 密钥交换时，客户端会在发送 ClientKeyExchange 消息时，将 Diffie-

Hellman 的公开值一起发送给服务器。根据这个值，客户端和服务器会各自生成预备主密码。关于客户端和服务器为什么能够生成出相同的值，请参见 11.5.2 节的内容。

　　客户端随机数和服务器随机数的作用相当于防止攻击者事先计算出密钥的盐。

　　当根据预备主密码计算主密码时，需要使用基于密码套件中定义的单向散列函数（如 SHA-256）来实现的伪随机函数（Pseudo Random Function，PRF）。

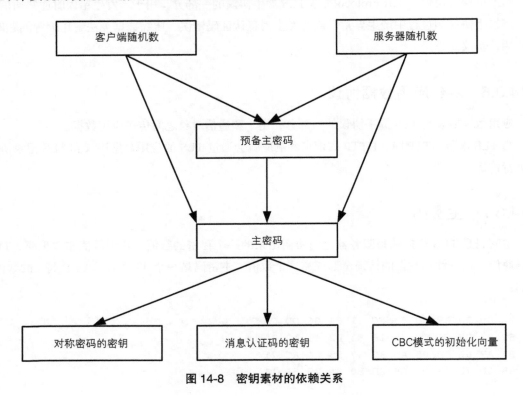

图 14-8　密钥素材的依赖关系

■■■ 主密码的目的

主密码用于生成下列 6 种信息。

- 对称密码的密钥（客户端→服务器）
- 对称密码的密钥（客户端←服务器）
- 消息认证码的密钥（客户端→服务器）
- 消息认证码的密钥（客户端←服务器）
- 对称密码的 CBC 模式所使用的初始化向量（客户端→服务器）
- 对称密码的 CBC 模式所使用的初始化向量（客户端←服务器）

14.3.8　TLS 中使用的密码技术小结

这里我们将 TLS 中使用的密码技术按各协议整理成了表 14-1 和表 14-2。

表 14-1　TLS 握手协议中使用的密码技术

密码技术	作用
公钥密码	加密预备主密码
单向散列函数	构成伪随机数生成器
数字签名	验证服务器和客户端的证书
伪随机数生成器	生成预备主密码 根据主密码生成密钥（密码参数） 生成初始化向量

表 14-2　TLS 记录协议中使用的密码技术

密码技术	作用
对称密码（CBC 模式）	确保片段的机密性
消息认证码	确保片段的完整性并进行认证
认证加密（AEAD）	确保片段的完整性和机密性并进行认证

14.4　对 SSL/TLS 的攻击

下面我们来思考一下与 SSL/TLS 相关的攻击。

14.4.1　对各个密码技术的攻击

针对 SSL/TLS 中使用的各个密码技术的攻击，会直接成为对 SSL/TLS 的攻击。例如，如果能够找到 SSL/TLS 中使用的对称密码的弱点，就相当于找到了 SSL/TLS 通信机密性的弱点。

然而，SSL/TLS 作为框架的特性也正是在这里能够得以体现。SSL/TLS 并不依赖于某种特定的密码技术，当发现某种对称密码存在弱点时，今后只要选择不包含该对称密码的密码套件就可以了。这就好像一台机器的某个零件损坏时，只要更换这个损坏的零件就可以了。

14.4.2　OpenSSL 的心脏出血漏洞

2014 年，Google 的 Neel Mehta 发现了广泛使用的密码学工具包 OpenSSL 中存在一个 bug，这个漏洞称为**心脏出血**（HeartBleed）。心脏出血并不是 SSL/TLS 协议本身的漏洞，而是 OpenSSL 这一实现上的漏洞。

具体来说，由于 OpenSSL 在 TLS 心跳扩展功能中对于请求的数据大小没有进行检查，从而导致误将内存中与该请求无关的信息返回给请求者，这就是心脏出血漏洞。攻击者通过访问使用了包含该漏洞的 OpenSSL 的服务器，就可以在一定范围内窃取服务器上的信息。

这一漏洞公布时，全世界有相当多的服务器都受到了影响，据称当时有 17% 的 SSL/TLS 服务器都具有这一漏洞。由于这一漏洞会造成原本需要安全通信的服务器上的数据泄露，因此成为了一个急需应对的严重问题。

要应对这一漏洞，可以将 OpenSSL 更新到已消除心脏出血漏洞的版本，或者加上禁用心跳扩展的选项重新编译 OpenSSL。详情请参见 CVE-2014-0160。

14.4.3 SSL 3.0 的漏洞与 POODLE 攻击

2014 年，Google 的 Bodo Möller、Thai Duong 和 Krzysztof Kotowicz 发表了一篇题为 *This POODLE Bites*: *Exploiting The SSL 3.0 Fallback*[1] 的论文（Security Advisory），其中描述了一种针对 SSL 3.0 漏洞的攻击——**POODLE 攻击**[2]。

SSL 3.0 中对 CBC 模式加密时的分组填充操作没有进行严格的规定，而且填充数据的完整性没有受到消息认证码的保护，POODLE 攻击正是利用了这一漏洞来窃取秘密信息的。POODLE 攻击的本质就是我们前面在 CBC 模式的介绍中提到的填充提示攻击（4.4.5 节）。

更严重的问题是，在某些条件下，攻击者可以将通信协议的版本从 TLS 强制降级到 SSL 3.0。也就是说，尽管有些服务器使用了 TLS 协议，但仍然有可能被强制降级到 SSL 3.0，导致存在遭受 POODLE 攻击的风险。

因此，要有效抵御 POODLE 攻击，必须禁用 SSL 3.0，详情请参见 CVE-2014-3566。

14.4.4 FREAK 攻击与密码产品出口管制

2015 年，一些研究者发现 SSL/TLS 中存在一个漏洞，利用这一漏洞的攻击被称为 **FREAK 攻击**。FREAK 是 Factoring RSA Export Keys（出口级 RSA 密钥质因数分解）的缩写[3]，其攻击方法是强制 SSL/TLS 服务器使用一种名为 RSA Export Suites 的强度较低的密码套件。要实现 FREAK 攻击，除了需要 SSL/TLS 服务器具有该漏洞，同时还需要用户的 Web 浏览器（HTTP 客户端）接受使用 RSA Export Suites 来进行通信。

---

[1] 标题中的 POODLE 是一个缩写，但同时英文中 poodle 一词是"贵宾犬"的意思，因此标题"This POODLE Bites"（这条贵宾犬会咬人）一语双关。——译者注

[2] Padding Oracle On Downgraded Legacy Encryption attack（针对降级加密算法的填充提示攻击）。

[3] 从首字母来看，Factoring RSA Export Keys 里面并没有"A"，缩写为 FREAK 是为了和英语中的"freak"（怪异）形成双关。

美国曾经将密码算法和软件作为武器来看待，因此历史上一度禁止将"高强度密码软件"出口到国外（**密码产品出口管制**），直到 20 世纪 90 年代后半期这一政策才有所缓和。RSA Export Suites 就是一种配合当时的环境而故意弱化的密码套件。RSA Export Suites 中使用了 512 比特的 RSA 和 40 比特的 DES，这一组合在当时还勉强够用，然而到了现在已经绝对不应该使用了。但实际上，现在全世界还有很多 Web 服务器允许使用 RSA Export Suites，就连 OpenSSL 等 SSL/TLS 工具包在实现上也没有禁用 RSA Export Suites，这使得 FREAK 攻击成为了可能。

FREAK 攻击也是一种中间人攻击，当浏览器与 Web 服务器协商 SSL/TLS 的密码套件时（此时的通信内容还没有被加密），攻击者 Mallory 可以介入其中，强制双方使用 RSA Export Suites。如果浏览器和 Web 服务器双方都具备该漏洞，那么它们便会按照 Mallory 的指示开始使用 RSA Export Suites 进行通信。通常情况下，在密码套件确定之后，双方的通信就开始加密，这时 Mallory 应该无法窃听其中的内容，然而由于 RSA Export Suites 的强度非常低，因此 Mallory 可以暴力破解共享密钥，从而能够对本应安全传输的数据进行解密。这一漏洞的编号为 CVE-2015-0204。

在密码产品出口管制实行 20 年之后，FREAK 漏洞的威胁显现出来。

14.4.5　对伪随机数生成器的攻击

1995 年，加州大学伯克利分校的研究生 David Wagner 和 Ian Goldberg 发现了 Netscape Navigator 浏览器的一个 bug。而且他们并没有阅读浏览器的源代码，而是通过一般人都可以得到的程序文件找出这个 bug 的。他们将这个 bug 的危险性进行了广泛的告知。

这个 bug 存在于伪随机数生成器中。由于 SSL 中使用的伪随机数生成器的种子都在时间和进程编号等可预测的范围内，因此所得到的密钥范围实际上非常小。

14.4.6　利用证书的时间差进行攻击

SSL/TLS 中，客户端会使用服务器证书对服务器进行认证。在这个过程中，客户端需要使用合法认证机构的公钥对证书所附带的数字签名进行验证。

正如我们在第 10 章所提到的那样，要验证证书需要使用最新版的 CRL（证书作废清单）。而 Web 浏览器如果没有获取最新版的 CRL，即便使用 SSL/TLS 也无法保证通信的安全。

14.5　SSL/TLS 用户的注意事项

SSL/TLS 是我们经常使用的一种密码通信方式，但并不是说只要使用 SSL/TLS 就是绝对安全的。

14.5.1　不要误解证书的含义

在 SSL/TLS 中，我们能够通过证书对服务器进行认证。然而这里的认证，只是确认了通信对象是经过认证机构确认的服务器，而并不能确认是否可以和该通信对象进行安全的在线购物交易。说得更直白些，就是**即便对方拥有合法的证书，也不代表你就可以放心地发送信用卡号**，因为仅通过 SSL/TLS 是无法确认对方是否在从事信用卡诈骗的。

此外，认证机构所进行的本人身份确认也分为不同的等级，需要仔细确认一下认证机构的业务规则。

为了提高 SSL 运用的可靠性，一个名为 CA/Browser 论坛的组织制定了 **EV SSL 证书**（Extended Validation Certificate）规范，详情请参考相关资料。

14.5.2　密码通信之前的数据是不受保护的

SSL/TLS 仅对通信过程中的数据进行保护，而无法保护通信前的数据。

例如，当 Alice 在公司访问一个受 SSL/TLS 保护的网站时，Alice 向该网站发送的个人信息是受到保护的，对通信线路进行窃听的 Eve 无法获取这些个人信息。

然而，如果当 Alice 在浏览器中输入这些信息时，背后有人偷看的话，SSL/TLS 就无法保护 Alice 的个人信息了。

14.5.3　密码通信之后的数据是不受保护的

SSL/TLS 也无法保护通信之后的数据。

例如，Alice 向 Bob 网上书店发送了自己的信用卡号。在通信过程中，信用卡号是受到 SSL/TLS 保护的。然而，当信用卡号发送到 Bob 书店的服务器之后情况又如何呢？对于 Bob 书店如何管理所收到的信用卡号，SSL/TLS 是完全无法得知的。

如果 Bob 书店将客户的信用卡号随意存放在 Web 服务器上的话，就会发生客户信用卡号泄露的风险。

综上，"由于使用了 SSL/TLS，因此可以放心地发送信用卡号"这种说法把情况过分简化了。严格来说，应该是"由于使用了 SSL/TLS，因此信用卡号**不会在**通信过程中被第三方获取"，而信用卡号在通信之前被偷窥，以及在通信之后被窃取，或者被网上书店本身恶意使用等可能性还是存在的。

▪ **14.6 本章小结**

本章中，我们学习了 SSL/TLS 的相关知识，了解了客户端和服务器通过交换一些必要信息来实现密码通信的过程。

SSL/TLS 是将对称密码、公钥密码、单向散列函数、消息认证码、伪随机数生成器、数字签名等技术相结合来实现安全通信的。此外，SSL/TLS 还可以通过切换密码套件来使用强度更高的密码算法。

我们在使用 Web 浏览器时并不会意识到 SSL/TLS 的详细工作过程，但我们可以知道，为了保证安全性，SSL/TLS 采用了非常复杂的机制。

下一章就是本书的最后一章了，我们将重新回顾一下本书中所介绍的密码技术，并针对现实中存在的威胁，探讨一下密码技术能够应对以及不能应对的内容。

小测验 2　SSL/TLS 的基础知识　　　　　　　　　　（答案见 14.7 节）

下列说法中，请在正确的旁边画〇，在错误的旁边画 ×。

(1) 使用 SSL/TLS 可以确保通信的机密性。

(2) 在 SSL/TLS 中，使用数字签名技术来认证通信双方的身份。

(3) 在 SSL/TLS 中，由于使用了公钥密码或者密钥交换技术，因此伪随机数生成器的品质低一点也没有关系。

(4) 在 SSL/TLS 中，由于公钥是服务器发送的，因此客户端无需持有任何公钥就可以对服务器进行认证。

(5) 使用 SSL/TLS 的公司是可信的，因此可以放心地发送信用卡号。

▪ **14.7 小测验的答案**

小测验 1 的答案：预备主密码的加密　　　　　　　　　　（14.3.3 节）

客户端是在收到服务器发送的 Certificate 消息时获得服务器的公钥的。Certificate 消息中包含服务器的证书，而服务器的证书就是服务器的公钥再加上认证机构的数字签名所组成的。

小测验 2 的答案：SSL/TLS 的基础知识　　　　　　　　　　　　　（ 14.6 节 ）

○ (1) 使用 SSL/TLS 可以确保通信的机密性。

○ (2) 在 SSL/TLS 中，使用数字签名技术来认证通信双方的身份。

× (3) 在 SSL/TLS 中，由于使用了公钥密码或者密钥交换技术，因此伪随机数生成器的品质低一点也没有关系。

> SSL/TLS 中的确使用了公钥密码或者密钥交换技术来生成共享密钥，但如果伪随机数生成器的品质很低，攻击者就可能预测出所生成的共享密钥。因此，必须使用具备不可预测性的伪随机数生成器。

× (4) 在 SSL/TLS 中，由于公钥是服务器发送的，因此客户端无需持有任何公钥就可以对服务器进行认证。

> 为了对服务器发送过来的证书进行认证，客户端需要持有对该证书签名的认证机构的合法公钥，因此，客户端在不持有任何公钥的情况下，是无法对服务器进行认证的。

× (5) 使用 SSL/TLS 的公司是可信的，因此可以放心地发送信用卡号。

> 即便使用了 SSL/TLS，也不能说该公司就是可信的。

第15章

密码技术与现实社会
——我们生活在不完美的安全中

15.1 本章学习的内容

本章中，我们将对本书的内容做一个总结。[①]

首先，我们来整理一下本书中出现的密码技术，并思考一下密码技术的现状与局限性。接下来，我们将简单介绍一下被称为完美的密码技术而备受期待的量子密码和量子计算机。最后，我们将探讨一下"完美的密码技术因为有不完美的人类参与而无法实现完美的安全性"这一话题，并结束整本书的内容。

15.2 密码技术小结

本书中，我们介绍了各种各样的密码技术。本节中我们将复习一下最基本的 6 种密码技术，并整理一下它们之间的相互关系。

15.2.1 密码学家的工具箱

本书中，我们用"密码学家的工具箱"这一概念反复讲解了 6 种基本的密码技术。

对称密码是一种用相同的密钥进行加密和解密的技术，用于确保消息的机密性。在对称密码的算法方面，目前主要使用的是 AES。尽管对称密码能够确保消息的机密性，但需要解决将解密密钥配送给接收者的密钥配送问题。

公钥密码是一种用不同的密钥进行加密和解密的技术，和对称密码一样用于确保消息的机密性。使用最广泛的一种公钥密码算法是 RSA，除此之外还有 ElGamal 和 Rabin 等算法，以及与其相关 Diffie-Hellman 密钥交换（DH）和椭圆曲线 Diffie-Hellman 密钥交换（ECDH）等技术。和对称密码相比，公钥密码的速度非常慢，因此一般都会和对称密码一起组成混合密码系统来使用。公钥密码能够解决对称密码中的密钥交换问题，但存在通过中间人攻击被伪装的风险，因此需要对带有数字签名的公钥进行认证。

单向散列函数是一种将长消息转换为短散列值的技术，用于确保消息的完整性。在单向散列函数的算法方面，SHA-1 曾被广泛使用，但由于人们已经发现了一些针对该算法的理论上可行的攻击方式，因此该算法不应再被用于新的用途。今后我们应该主要使用的算法包括目前已经在广泛使用的 SHA-2（SHA-224、SHA-256、SHA-384、SHA-512），以及具有全新结构的 SHA-3（Keccak）算法。单向散列函数可以单独使用，也可以作为消息认证码、数字签名以及伪随机数生成器等技术的组成元素来使用。

---

① 关于本章内容，中文版对原书内容进行了部分修改。——编者注

消息认证码是一种能够识别通信对象发送的消息是否被篡改的认证技术，用于验证消息的完整性，以及对消息进行认证。消息认证码的算法中，最常用的是利用单向散列函数的 HMAC。HMAC 的构成不依赖于某一种具体的单向散列函数算法。消息认证码能够对通信对象进行认证，但无法对第三方进行认证。此外，它也无法防止否认。消息认证码也可以用来实现认证加密。

数字签名是一种能够对第三方进行消息认证，并能够防止通信对象做出否认的认证技术。数字签名的算法包括 RSA、ElGamal、DSA、椭圆曲线 DSA（ECDSA）、爱德华兹曲线 DSA（EDDSA）等。公钥基础设施（PKI）中使用的证书，就是对公钥加上认证机构的数字签名所构成的。要验证公钥的数字签名，需要通过某种途径获取认证机构自身的合法公钥。

伪随机数生成器是一种能够生成具备不可预测性的比特序列的技术，由密码和单向散列函数等技术构成。伪随机数生成器用于生成密钥、初始化向量和 nonce 等。

密码学家的工具箱中的内容可整理成图 15-1。

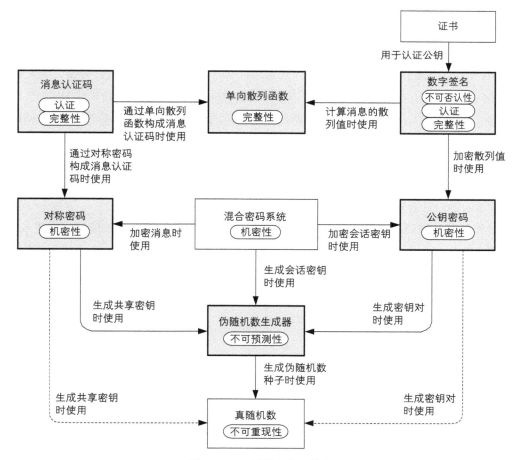

图 15-1　密码学家的工具箱

15.2.2 密码与认证

当提到密码技术时，我们往往只会想到密码，但从密码学家的工具箱来看，认证也是非常重要的一部分。

例如，公钥密码是一种很重要的技术，但如果无法确认自己所持有的公钥的合法性，即是否是经过认证的公钥，公钥密码就无法发挥作用。

此外，即便在使用高强度的密码算法来确保机密性的情况下，依然存在像填充提示攻击这样通过伪造密文来窃取明文相关信息的攻击方式。在这种情况下，我们需要对接收到的密文进行认证，判断其是不是通过合法的加密过程生成出来的，这样才能有效地确保信息的机密性。

15.2.3 密码技术的框架化

本书中多次使用了**框架**这个说法。框架的特点就是能够对其中作为组成元素的技术进行替换。一种元素技术即便再完美，总有一天也会显现出弱点。当出现这样的情况时，只要形成了整体框架，就可以对其中存在弱点的技术进行替换，就像更换损坏的机器零件一样。

例如，消息认证码算法 HMAC 的设计就允许对单向散列函数的算法进行替换。当发现目前使用的单向散列函数存在弱点时，我们可以用其他的单向散列函数算法重新构建 HMAC。

此外，在 PGP 中，对称密码、公钥密码、单向散列函数等都是可以替换的。在 SSL/TLS 中，客户端和服务器可以通过握手协议进行通信，并当场决定所使用的密码套件。

使用框架能够提高密码技术系统的重用性，也能够提高系统的强度。这可以说是人类应对未来技术变革的智慧。即便目前所使用的密码算法被破解，也没有必要将现有的系统全部废弃，只要框架本身的设计合理，就可以通过替换更安全的密码算法来解决问题。

通过将单独的密码技术像零件一样组合起来，并根据需要进行替换，能够实现更长期的、更高的安全性。

当然，现实世界中的问题也并没有这样单纯。2014 年发现的 POODLE 攻击，就是利用 SSL/TLS 在握手协议中确定密码套件的机制来对协议的版本进行强制降级的（14.4.3 节），这可以说是一种针对 SSL/TLS 框架本身的攻击。

15.2.4 密码技术与压缩技术

下面我们来讨论一个更加有趣的话题。

在密码学家的工具箱中，所有的技术都有一个共同点，那就是它们都可以看成是一种"压缩技术"。请看图 15-2。

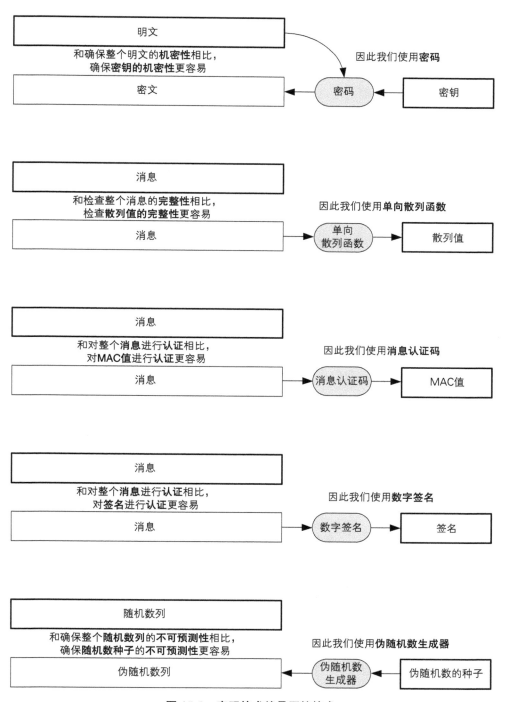

图 15-2 密码技术就是压缩技术

无论是对称密码还是公钥密码，密码的作用都是确保机密性。由于确保较长的明文整体的机密性很困难，因此我们用密码将明文转换成密文。这样一来，我们就不必保护明文本身了。相对地，我们则需要保护加密时所使用的密钥。通过保护较短的密钥来保护较长的明文，这样的做法可以称为**机密性的压缩**。

单向散列函数是用于确认完整性的。我们不必检查较长的明文的完整性，只要检查散列值就能够确认完整性了。通过检查较短的散列值来确认较长的明文的完整性，这样的做法可以称为**完整性的压缩**。

消息认证码和数字签名都是用于认证的技术，但我们并不是直接对较长的消息本身进行认证，而是通过将较长的消息与密钥结合起来，生成较短的比特序列（认证符号），再通过认证符号进行认证。在消息认证码中，MAC 值就是认证符号；而在数字签名中，签名就是认证符号。通过较短的认证符号来对较长的消息进行认证，这样的做法可以称为**认证的压缩**。

那么伪随机数生成器又是怎样的呢？在伪随机数生成器中，所生成数列的不可预测性是非常重要的。要大量生成具备不可预测性的随机数列非常困难，于是我们通过将种子输入伪随机数生成器，生成具备不可预测性的伪随机数列。也就是说，为了对伪随机数列赋予不可预测性，我们使用了随机数种子，这可以称为**不可预测性的压缩**。反过来说，伪随机数生成器是将种子所具备的不可预测性进行了扩张。

这里的观点很重要，因此我们从另一个角度来总结一下。

- 密钥是机密性的精华
- 散列值是完整性的精华
- 认证符号（MAC 值和签名）是认证的精华
- 种子是不可预测性的精华

通过上面的整理，大家应该可以理解密钥、认证符号和种子之间的关系了吧（表 15-1）。

表 15-1　密码技术就是压缩技术

	压缩前		压缩后	
对称密码	明文	→	密钥	机密性的压缩
公钥密码	明文	→	密钥	机密性的压缩
单向散列函数	消息	→	散列值	完整性的压缩
消息认证码	消息	→	认证符号（MAC 值）	认证的压缩
数字签名	消息	→	认证符号（签名）	认证的压缩
伪随机数生成器	伪随机数列	→	种子	不可预测性的压缩

◾ **15.3　追寻完美的密码技术**

下面我们来简单介绍一下有望成为"完美的密码技术"的量子密码和量子计算机。它们都是比公钥密码更具冲击性的技术，现在相关研究正在进行之中。

关于量子密码和量子计算的知识，在 Singh 所著的《密码故事》一书中有通俗易懂的介绍，书中还实际展示了用量子密码进行通信的协议。

此外，以下关于量子密码和量子计算机的内容参考了 Singh 的《密码故事》以及石井茂的《量子密码》。

15.3.1　量子密码

量子密码是基于量子理论的通信技术，由 Bennett 和 Brassard 于 20 世纪 80 年代提出。尽管带有"密码"这个词，但严格来说它并没有直接构成一种密码体系，而是一种让通信本身不可窃听的技术，也可以理解为是一种利用光子的量子特性来实现通信的方法。

最早的量子密码中，利用了下列两个事实。

(1) **从原理上说，无法准确测出光子的偏振方向。**
    根据这一事实，可以让窃听得到的内容变得不正确。
(2) **测量行为本身会导致光子的状态发生改变。**
    根据这一事实，接收者可以判断出通信是否被窃听。

计算机的数据之所以容易被窃听，是因为接收者无法发现窃听这一行为。然而，量子密码通信的情况则不同。如果窃听者 Eve 在通信过程中进行了窃听，则一半的数据会变得杂乱，接收者可以据此发觉有人在进行窃听。

请大家回忆一下绝对无法破译的密码——一次性密码本。一次性密码本的最大问题在于难以发送和明文具有相同长度的大量密钥。然而，如果使用量子密码来发送密钥，接收者就可以识别出密钥是否被窃听。也就是说，量子密码让一次性密码本离实用更近了一步。

量子密码有很多种实现方法正在研究之中。BB84 协议用 4 个量子状态代表 1 比特的信息；B92 协议用两个量子状态代表 1 比特的信息；E91 协议和 BB84 协议等价，但它是采用相互纠缠（entangled）的一对光子来实现的。量子纠缠是一种量子现象，只要测其中一个光子的状态，就可以确定相距很远的另一个光子的状态。

1989 年，美国成功实现了 32cm 距离间的量子密码通信。之后随着研究的发展，2002 年日本三菱电机成功实现了当时世界上最长距离的量子密码通信，通信距离为 87km。

2007 年，NTT 研究所的井上恭开发出了差分相移量子密钥配送（DPS-QKD[①]）方法，并成功通过 200km 的光纤传送了量子密钥[②]。

15.3.2　量子计算机

如果说量子密码是密码学家的终极工具，那么**量子计算机**就是密码破译者的终极工具。

和量子密码一样，量子计算机也利用了量子理论，由英国物理学家 David Deutsch 于 1985 年提出。根据量子理论，粒子可同时具有多种状态。如果使用具有多种状态的粒子进行计算，则可以同时完成多种状态的计算。如果用 1 个粒子能够计算 0 和 1 两种状态，那么用 128 个这样的粒子就可以同时计算 2^{128} 种状态。换句话说，这就是一台超级并行计算机[③]。

我们知道，只要密钥足够长，密钥空间就会很大，暴力破解需要花费的时间就会变成天文数字。然而，也有人猜想：如果用量子计算机来破译密码，由于可以一次计算多种状态，因此暴力破解岂不是瞬间就可以完成了。当然，到现在为止量子计算机还没有达到实用的程度。

不过，1994 年 Peter Shor 发表了一种用量子计算机进行快速质因数分解的算法。在随后的 2001 年，IBM 阿尔玛登研究中心（Almaden Research Center）成功实现了将 15 分解成 3 × 5 的质因数分解计算。现在，关于量子计算机的研究依然在如火如荼地进行着。

2011 年，D-Wave Systems 公司发布了商用量子计算机系统 D-Wave。D-Wave 并不是一台通用计算机，而是为解决最优化问题而设计的专用计算机，在物理上对量子退火（quantum annealing）算法进行了实现。D-Wave 可以应用于网络最优化问题、机器学习、图像识别等多个领域，但并不能直接帮助破译密码。

15.3.3　哪一种技术会率先进入实用领域

如果量子密码比量子计算机先进入实用领域，则可以使用量子密码来实现一次性密码本，从而产生完美的密码技术。由于一次性密码本在原理上是无法破译的，因此即便使用量子计算机也无法破译量子密码，因为即便量子计算机能够快速完成暴力破解，也无法判断到底哪一个才是正确的密钥。

然而，如果量子计算机比量子密码先进入实用领域，则使用目前的密码技术所产生的密文将会全部被破译。

在量子计算机出现后依然能够抵抗破译的密码称为**耐量子密码**或者**后量子密码**（Post-

---

① Differential Phase Shift Quantum Key Distribution。——译者注
② 2014 年 4 月，中国宣布开始建设世界上最长的远距离量子通信干线，该项目连接北京和上海，光纤距离达到 2000km。——译者注
③ 这里的介绍已经过大幅简化。

Quantum Cryptography，PQCrypto）。其中有一种算法叫作**多变量公钥密码**（Multivariate Public Key Cryptosystem），它利用的是 NP 完全问题的复杂度，因此被认为是一种能够对抗量子计算机的密码系统。详情请参见《密码理论与椭圆曲线》[①][辻井重雄等]一书。

15.4　只有完美的密码，没有完美的人

那么，如果量子密码进入实用领域，我们就能够实现完美的安全吗？很遗憾，这是不可能的。因为在安全问题中，密码技术能够覆盖的范围是非常有限的。在确保系统的整体安全方面，人是一个特别巨大的弱点。

本节中，我们将首先回顾一下目前的密码技术中不完美的部分，并介绍一下"易攻难守"的现状。最后，我们将通过两个攻击的实例，来看一看要防御攻击是多么困难。一个例子是窃听通过 PGP 加密的电子邮件，另一个则是在使用 SSL/TLS 的网站上窃听信用卡号。

15.4.1　理论是完美的，现实是残酷的

密码学家的工具箱看上去已经十八般兵器样样齐全了，有了这些工具，不需要等到量子密码实用化的那一天，我们也可以实现完美的机密性和完美的认证了吧？很遗憾，这只是一个错觉而已。为了配送对称密码的密钥，我们需要使用公钥密码，而为了对公钥进行认证，我们又需要认证机构的公钥。以此类推，无穷无尽，我们必须在某个节点上找到一个公钥是自己能够完全信任的，也就是必须要有一个信任的种子，

当然，通过密码技术，我们可以提高机密性，也能够让认证变得更加容易，但是这并不意味着我们可以实现完美的机密性和完美的认证。

因为有数学依据，因为使用了计算机，我们很容易误认为"这样的技术是完美的"。然而，即便理论上是完美的，在用于现实世界中时也会出现问题。

有人简单地认为，只要使用人的指纹、声纹、面容识别、笔迹识别等生物信息就能够实现完美的认证。然而，采用生物信息的认证技术（**生物识别认证**，biometric authentication）也并不是完美的认证。

要进行生物识别认证，就必须在某个时间点上将生物信息转换为比特序列，而实际的认证则是通过转换后的比特序列来完成的。因此，如果这些比特序列被窃取，就会和钥匙被偷产生相同的后果。而且，和一般的钥匙不同，生物信息是无法改变的，因为你不可能改变自己的指

---

① 原书名为『暗号理論と楕円曲線』，截止到本书出版（2016 年 6 月），尚未出现中文译本。——译者注

纹、声音，也不能换一个眼球 [①]。

15.4.2 防御必须天衣无缝，攻击只需突破一点

无论如何运用技术都无法实现完美的安全，这个结论听上去很悲观，但其实还有更加悲观的事情，那就是"防御必须天衣无缝，攻击只需突破一点"。

为了保卫系统安全，我们必须应对各种可能发生的攻击，而且这种防御体系必须 24 小时连续工作。另一方面，要攻击一个系统，则只要找到一种有效的攻击方法，而且只需利用防御方一瞬间的破绽就可以完成了。通过这一事实，大家应该可以想象出相对于防御方，攻击方具有何等巨大的优势。

我们来举一个只需突破一点的例子。假设网上有一个拥有 1000 个用户，通过口令进行认证的系统。主动攻击者 Mallory 试图伪装成合法的用户来入侵这一系统。在这种情况下，Mallory 并不需要对所有 1000 个用户进行伪装，而是**只要伪装成其中一个人就可以了**。

Bob 就是这 1000 个人中的一个，他是这样想的。

每次登录系统都要输入口令，太长的口令很难记又不方便。反正也没有什么人会破解我的口令入侵我的电脑，再说了，我的电脑里也没有保存什么重要的信息，就算被入侵了也无所谓。所以我还是用个短一点的口令好了。

但是，这样的想法是非常危险的。

Bob 的电脑里可能的确没有什么重要的信息，但是大家不要忘了，Mallory 可以在入侵 Bob 的电脑之后，**将 Bob 的电脑当作入侵其他电脑的跳板**。

在拥有坚固的密码和认证机制的系统中，即便 1000 个用户里有 999 个人的安全意识很高，只要剩下的 1 个人没有做好安全管理，那个人就会成为攻击者入侵系统的垫脚石。攻击者只要突破系统中最薄弱的一点就可以了。

15.4.3 攻击实例 1：经过 PGP 加密的电子邮件

密码技术只是信息安全的一部分。为了让大家更好地理解这一观点，我们来看一个对经过密码软件 PGP 加密的邮件进行攻击的例子。

我们假设 Alice 准备给正在公司上班的 Bob 发送一封邮件，主动攻击者 Mallory 想要读取这封邮件的内容。Alice 非常谨慎，她使用 PGP 对邮件加密后才发送给 Bob。那么 Mallory 该怎么办

[①] 在《信息安全工程》[Anderson] 一书中，作者认为相比实际找出犯罪者，生物识别认证技术所发挥的震慑作用更大一些。

呢？要破译用 PGP 加密的邮件，他会不会尝试对 RSA 中使用的那个很大的数进行质因数分解呢？

Mallory 大概不会这样做，因为比起跟密码技术硬碰硬来说，还有很多其他更有效的攻击方式。

Mallory 可以在 Bob 回家之后入侵 Bob 的电脑并窃取已经解密的邮件，或者还可以趁 Bob 不注意，从垃圾桶里找到 Bob 不经意间打印出来的邮件（Mallory 可以穿着清洁公司的服装混入办公室）。

此外还可以在 Bob 所使用的公司内部的打印服务器上事先安装恶意程序，这样一来，Bob 所打印的内容就会全部通过网络发送给 Mallory。

还有更加直接的攻击方式。Mallory 可以在 Bob 的邮件软件中安装程序，将按下 PGP 的解密按钮之后显示出来的邮件内容悄悄发送给 Mallory。

如果直接入侵 Bob 的电脑很困难，还可以假装成 Alice 发送下面这样的邮件。

Dear Bob,

　　你玩过这个有趣的游戏吗？

　　真的很好玩哦。我放在邮件附件里了，双击就可以玩哦。

From Alice（其实是 Mallory）

[附件：funnygame.exe]

Bob 双击这个附件打算玩一下这个游戏，而实际上这个游戏是经过 Mallory 改造的，在运行的时候会安装另外一个程序。

此外，Mallory 还可以收买 Bob 公司的系统管理员，让他帮忙在 Bob 的电脑上安装恶意程序。收买一个人总比搞到一台能够破解 RSA 的超级计算机要便宜多了。

说不定根本不需要收买别人，Mallory 自己就可以伪装成系统管理员从 Bob 嘴里直接套出口令。这是**社会工程学**（social engineering）攻击的一种方式。

以此类推，只要愿意，几乎可以想出无数种读取 Alice 的邮件的方法。而且，这些方法与 PGP 中使用的密码强度毫无关系。为了防御 Mallory 的这种无所不在的攻击，需要时刻保持警惕才行。

《应用密码学》一书的作者布鲁斯·施奈尔有一句名言："**信息安全在于流程而非产品**"。我们不能因为购买了安全产品就认为可以高枕无忧了，还必须让与系统相关的所有人员时常保持较高的安全意识才行。

15.4.4　攻击实例 2：用 SSL/TLS 加密的信用卡号

下面我们来看一个对使用 SSL/TLS 的网站进行攻击的例子。

Alice 在 Bob 网上书店购买新书时，都是使用信用卡来支付的。当然，Bob 书店的网站是使用 SSL/TLS 进行保护的。

主动攻击者 Mallory 想要窃取 Alice 的信用卡号，他要怎样做呢？他会去分析 SSL/TLS 的握手协议，找出所使用的密码套件，然后去尝试破解 RSA 公钥密码和 Diffie-Hellman 密钥交换吗？不，Mallory 才不会这样做。

比如说，Mallory 可以入侵 Alice 的电脑，搜索电脑中的文件，说不定就会找到 Alice 不经意间保存下来的信用卡号。

就算这样找不着信用卡号，Mallory 也不会放弃。他可以在 Alice 的 Web 浏览器里植入恶意程序，当 Alice 访问 SSL/TLS 保护的网页时，Web 浏览器就会出错关闭。Alice 不知道这个恶意程序的存在，在几次访问 SSL/TLS 网页出错之后，就会感到非常焦急。

Alice：“唉，又出错了，本来还想在午休的时候买本新书的……”

当连续三次出错之后，焦急的 Alice 开始寻找其他方法，她重新看了一下 Bob 书店的网站，发现了这样一个链接。

“无法使用 SSL/TLS 的顾客请点这里”

很多在线购物网站都会准备一个和 SSL/TLS 网页功能相同的用来下订单的普通网页。

Alice 访问没有通过 SSL/TLS 保护的网页，这次终于正常显示出来了，她松了一口气，输入了信用卡号。这时，在网上监视着这一情况的 Mallory 就轻松地得到了 Alice 的卡号。

实际上，Mallory 甚至用不着在 Alice 的 Web 浏览器上植入程序，也可以监视网络上的数据，并在 Alice 试图访问 Bob 书店的 SSL/TLS 网页时，向 Bob 书店的服务器发送超出其处理能力的大量数据，导致系统瘫痪。当 Alice 访问没有通过 SSL/TLS 保护的网页时，Mallory 马上停止攻击并进行窃听。

当 Web 服务器频繁宕机时，Bob 书店可能也会发出像“由于系统不稳定，请着急的顾客访问这个网页”这样的通知，引导客户访问没有通过 SSL/TLS 保护的网页。Mallory 看到这样的通知真是喜出望外，因为这样他就可以窃听到在 Bob 书店下订单的顾客的大量信用卡号了。

像上面这样让用户无法使用某种服务的攻击称为**拒绝服务攻击**（Denial of Service Attack），也称为 **DoS 攻击**。拒绝服务攻击是一种针对服务**可用性**（availability）的攻击方式。

拒绝服务攻击并非只是无法使用服务而感到不便这么简单。当安全性高的服务瘫痪时，用户往往会自发地转移到安全性较低的服务。也就是说，通过拒绝服务攻击，可以让窃听等其他攻击更容易进行。

一般来说，拒绝服务攻击是非常简单和原始的。它不需要深奥的数学原理，也不需要高度的密码破译技术，是一种非常简单粗暴的攻击方式，就像把炸弹直接往对方身上扔一样，但它却非常有效。

上面我们展示了对 PGP 和 SSL/TLS 进行攻击的例子，但 Mallory 既没有破解 PGP，也没有破解 SSL/TLS。也就是说，在上面的两个例子中，所进行的攻击与密码的强度都是毫无关系的。即便我们不使用 PGP 和 SSL/TLS，而是使用量子密码，这种情况也不会发生丝毫变化。

15.5 本章小结

人类长久以来都在不断改进密码技术，即使到了计算机和互联网时代，这样的技术进步也从未停止。

然而，即便使用计算机，也无法实现完美的密码技术。此外，即便真的有完美的密码技术，也不可能实现完美的安全性。这是因为必然会有人类，即不完美的我们参与其中。

理解了密码技术的意义和局限性之后，我们就要懂得在生活中不应该盲目相信计算机，而是应该注重培养健全的安全意识。

希望本书能够对各位读者在培养安全意识方面有所帮助。

衷心感谢您读完本书。

附录

椭圆曲线密码
密码技术综合测验

附录 A 椭圆曲线密码

在附录 1 中我们将为大家介绍一下椭圆曲线密码，不过对于其中的数学知识只能浅尝辄止。如果想更加深入地了解椭圆曲线密码，可以参考《欢迎来到现代密码》[1][黑泽馨]、《密码理论与椭圆曲线》[辻井重雄等]、《支撑云计算未来的密码技术》[2][光成滋生]等著作。此外，关于有限域的计算，在《数学女孩：费马大定理》[结城浩]一书中也进行了介绍。

什么是椭圆曲线密码

椭圆曲线密码（Elliptic Curve Cryptography，ECC）是利用椭圆曲线来实现的密码技术的统称。尽管名字里带有"密码"两个字，但椭圆曲线密码实际上包括以下内容。

- 基于椭圆曲线的公钥密码
- 基于椭圆曲线的数字签名
- 基于椭圆曲线的密钥交换

椭圆曲线密码目前正被广泛使用，例如在 SSL/TLS 中，就使用了椭圆曲线 Diffie-Hellman 密钥交换（ECDH、ECDHE）和椭圆曲线 DSA（ECDSA）。

椭圆曲线密码可以用比 RSA 更短的密钥来实现同等的强度。也就是说，**椭圆曲线密码密钥短但强度高**。例如，密钥长度为 224 ~ 255 比特的椭圆曲线密码，与密钥长度为 2048 比特的 RSA 具备几乎同等的强度[3]。

顺便一提，**椭圆曲线**（Elliptic Curve，EC）这个名字很容易让人联想到"椭圆形"，但实际上椭圆曲线的图像并不是椭圆形的。而之所以叫椭圆曲线，是有历史原因的，即椭圆曲线源自于求椭圆弧长的椭圆积分的反函数。

一般情况下，椭圆曲线可用下列方程式来表示，其中 a, b, c, d 为系数[4]。

$$E: y^2 = ax^3 + bx^2 + cx + d$$

例如，当 $a = 1, b = 0, c = -2, d = 4$ 时，所得到的椭圆曲线为：

$$E_1: y^2 = x^3 - 2x + 4$$

该椭圆曲线 E_1 的图像如图 X-1 所示，可以看出根本就不是椭圆形。

---

① 原书名为『現代暗号への招待』。截止到本书出版（2016 年 6 月），尚未出现中文译本。——译者注

② 原书名为『クラウドを支えるこれからの暗号技術』。截止到本书出版（2016 年 6 月），尚未出现中文译本。——译者注

③ 根据 NIST SP800-57。

④ 但 $a \neq 0$，$ax^3 + bx^2 + cx + d = 0$ 没有重根。

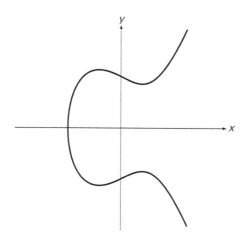

图 X-1　椭圆曲线示例（$E_1: y^2 = x^3 - 2x + 4$）

椭圆曲线运算

下面我们利用图像来讲解一下椭圆曲线上的"运算"。

首先是加法，请看图 X-2。过曲线上两点 A, B 画一条直线，找到直线与椭圆曲线的交点，我们将该交点关于 x 轴对称位置的点定义为 $A + B$[①]。可能大家会问："为什么两个点的加法要这样定义呢？"请大家暂且抛开数字的加法运算概念。在这里，由两个点 A, B 按上述过程求得的点，就被**定义**为椭圆曲线上的点 $A + B$。这样的运算称为"椭圆曲线上的加法运算"。

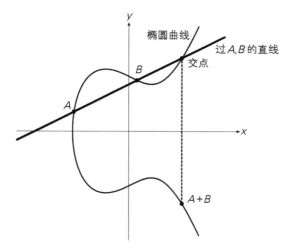

图 X-2　椭圆曲线上的加法

---

① 　因为椭圆曲线方程中存在 y^2 项，因此椭圆曲线必然关于 x 轴对称。

但是，上述定义无法解释 $A + A$，即两点重合时的情况，因为当两点重合时，无法画出"过两点的直线"。在这种情况下，如图 X-3 所示，我们画出"曲线在点 A 的切线"，然后找到该切线与椭圆曲线的交点，将该交点关于 x 轴对称位置的点定义为 $A + A$，也就是 $2A$。这样的运算称为"椭圆曲线上的二倍运算"。

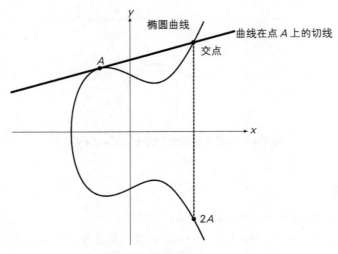

图 X-3 椭圆曲线上的二倍运算

此外，我们将点 A 关于 x 轴对称位置的点定义为 $-A$（图 X-4）。这样的运算称为"椭圆曲线上的正负取反运算"。

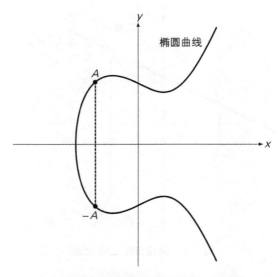

图 X-4 椭圆曲线上的正负取反运算

那么，如果我们将 A 和 $-A$ 相加会怎么样呢？根据椭圆曲线加法的定义，我们应该找到过 A 和 $-A$ 的直线与椭圆曲线的交点，但过 A 和 $-A$ 的直线与椭圆曲线之间只有 A 和 $-A$ 这两个交点，于是我们认为这条直线与椭圆曲线在"无限远点"的位置相交。这个无限远点在图像上画不出来，我们将其记作 O。可以发现，无限远点 O 的作用和数字 0 相近，$A + (-A) = O$ 是永远成立的[①]。

像这样，我们对椭圆曲线上的点（包括无限远点）的"运算"进行了定义[②]。按照上面用图像讲解的方法，当给定椭圆曲线方程以及点的坐标时，我们就可以用坐标进行相加、二倍、正负取反的计算。

基于上述"运算"规则，给定椭圆曲线上的某一点 G，我们就可以求出 $2G, 3G, \cdots$ 等点的坐标。$2G$ 相当于 G 的二倍，而 $3G$ 则相当于 $G + 2G$。也就是说，当给定点 G 时，"已知数 x 求点 xG 的问题"并不困难。但反过来，"已知点 xG 求数 x 的问题"则非常困难。这就是椭圆曲线密码中所利用的"椭圆曲线上的离散对数问题"。

椭圆曲线上的离散对数问题

在椭圆曲线密码中，我们首先确定一条椭圆曲线，然后对椭圆曲线上的某一些点（以及无限远点）之间的"运算"进行定义，并用这些"运算"来进行密码技术相关的计算。

椭圆曲线密码利用了上述"运算"中**椭圆曲线上的离散对数问题**的复杂度，就像 RSA 利用了"质因数分解"的复杂度，以及 ElGamal 密码和 Diffie-Hellman 密钥交换利用了"有限域上的离散对数问题"的复杂度一样。

椭圆曲线上的离散对数问题（Elliptic Curve Discrete Logarithm Problem，ECDLP）这个词听上去很晦涩，其本质就是"已知点 xG 求数 x 的问题"。因此，"椭圆曲线上的离散对数问题"的定义就是"已知椭圆曲线 E、E 上的一点 G，以及 G 的 x 倍点 xG，求 x"。

椭圆曲线上的离散对数问题

- 已知
  - 椭圆曲线 E
  - 椭圆曲线 E 上的一点 G（基点）
  - 椭圆曲线 E 上的一点 xG（G 的 x 倍）
- 求
  - 数 x

[①]　椭圆曲线密码中，O 用于表示无限远点，因此在椭圆曲线的图像上一般不会在原点处标 O。

[②]　此处定义的"运算"相当于在包含椭圆曲线上所有点以及无限远点的集合上的阿贝尔群（交换群），这个群以无限远点 O 为单位元。

有限域上的椭圆曲线运算

到这里为止，大家对于"椭圆曲线运算"以及"椭圆曲线上的离散对数问题"应该已经有了一个大致的理解，接下来的内容会更复杂一些。其实，椭圆曲线密码所使用的椭圆曲线运算，并不是在上一节中所讲的那种光滑曲线上进行的。

椭圆曲线的图像要形成一条光滑的曲线，其坐标 x, y 必须都是实数，即"实数域 $\mathbb{R}$ 上的椭圆曲线"。

椭圆曲线密码所使用的椭圆曲线并非在实数域 $\mathbb{R}$ 上，而是在有限域 $\mathbb{F}_P$ 上。有限域 $\mathbb{F}_P$ 是指对于某个给定的质数 p，由 $0, 1, \cdots, p-1$ 共 p 个元素所组成的整数集合中定义的加减乘除运算[①]。有限域中的运算使用的就是我们在 5.5 节中介绍的时钟运算，大家可以想象一下表盘上有 p 个数字的时钟，在这个时钟上进行加减乘除运算。更直观一点的话，就是用整数来计算坐标，并将结果除以 p 求余数。

如果大家还是不太清楚"有限域 $\mathbb{F}_P$ 上的椭圆曲线"，我们来看一个具体的例子：

$$E_2: y^2 = x^3 + x + 1$$

当这个椭圆曲线 E_2 位于实数域 $\mathbb{R}$ 上时，其图像如图 X-5 所示，是一条光滑的曲线。

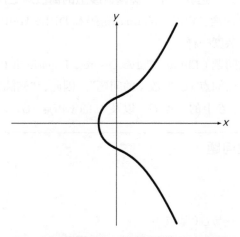

图 X-5　椭圆曲线 E_2 在实数域 $\mathbb{R}$ 上的图像

同样是这条椭圆曲线 E_2，当位于有限域 $\mathbb{F}_{23}$ 上时，写作：

$$E_2: y^2 \equiv x^3 + x + 1 \ (\text{mod } 23)$$

---

① 本附录中只讲到了特征数为质数 p 的素域 $GF(p)$，椭圆曲线密码中还可以使用特征数为 2^m 的扩张域 $GF(2^m)$。

即左侧 y^2 与右侧 $x^3 + x + 1$ 的结果除以 23 的余数相等，这与时钟运算中以 23 为模的情况是一样的。在有限域 $\mathbb{F}_{23}$ 上的椭圆曲线图像如图 X-6 所示。这个图像中，x, y 都只能取 0 到 23 之间的整数，因此图像并不是一条曲线，而是一些不连续的点[①]。图 X-6 中每一个点的坐标 (x, y) 都满足"y^2 除以 23 的余数"等于"$x^3 + x + 1$ 除以 23 的余数"。

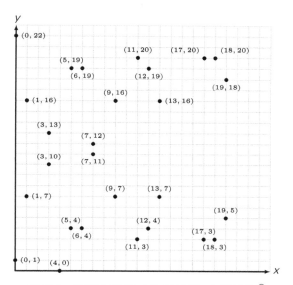

图 X-6　椭圆曲线 E_2 在有限域 $\mathbb{F}_{23}$ 上的图像[②]

如果我们以椭圆曲线 E_2 上的点 $G=(0, 1)$ 为基点，按照椭圆曲线"运算"的规则计算 $2G$，$3G, 4G, 5G, \cdots$，结果如图 X-7 所示。

现在请大家回忆一下，椭圆曲线上的离散对数问题就是已知 G 和 xG 求 x 的问题。我们来举个例子，已知点 $G=(0, 1)$，点 $23G=(18, 20)$，求 23。这就是一个椭圆曲线上的离散对数问题。在这里我们所使用的 $p=23$ 是一个很小的数，因此这个问题还不难解，但当 p 非常大时，要解这个问题是非常困难的。

以 NIST 推荐的一种椭圆曲线 Curve P-521 为例，其质数 p 是下面这个长达 157 位的数[③]。

$p = 2^{521} - 1$

$= 6864797660130609714981900799081393217269435300143305409394463459185543$
$1833976560521225596406614545549772963113914808580371219879997166438125$
74028291115057151

[①]　也就是说，椭圆曲线密码中的"椭圆曲线"其实既不是椭圆，也不是曲线。

[②]　图 X-6 和图 X-7 参考了《密码事典》[吉田和彦]。

[③]　为了提高计算效率，NIST 推荐使用梅森质数（或伪梅森质数），例如椭圆曲线 P-256 中，$p = 2^{256} - 2^{224} +$
$2^{192} + 2^{96} - 1$。

刚刚我们介绍了很多内容，其实大家只要记住以下两点就可以了。

- 椭圆曲线上的离散对数问题就是已知 G 和 xG 求 x
- 解椭圆曲线上的离散对数问题是非常困难的

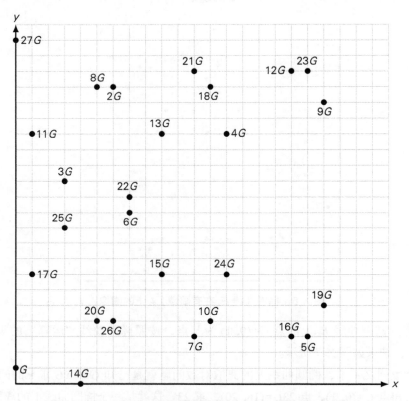

图 X-7　以 $G = (0, 1)$ 为基点计算 $2G$, $3G$, $4G$, $5G$, …的结果

■ 椭圆曲线 Diffie-Hellman 密钥交换

　　刚刚我们介绍了"椭圆曲线上的离散对数问题"，接下来我们来看一看具体的密码算法是如何实现的。首先我们来看一看椭圆曲线 Diffie-Hellman 密钥交换。其实除了运用椭圆曲线这一点之外，它的流程与 Diffie-Hellman 密钥交换的流程（11.5 节）基本上是相同的。

　　非椭圆曲线的 Diffie-Hellman 密钥交换所利用的是：

- 以 p 为模，已知 G 和 $G^x \bmod p$ 求 x 的复杂度（有限域上的离散对数问题）

相对地，椭圆曲线 Diffie-Hellman 密钥交换所利用的则是：

● 在椭圆曲线上，已知 G 和 xG 求 x 的复杂度（椭圆曲线上的离散对数问题）

现在我们假设 Alice 和 Bob 需要共享一个对称密码的密钥，然而双方之间的通信线路已经被窃听者 Eve 窃听了。这时，Alice 和 Bob 可以通过以下方法进行椭圆曲线 Diffie-Hellman 密钥交换，从而生成共享密钥（图 X-8）。

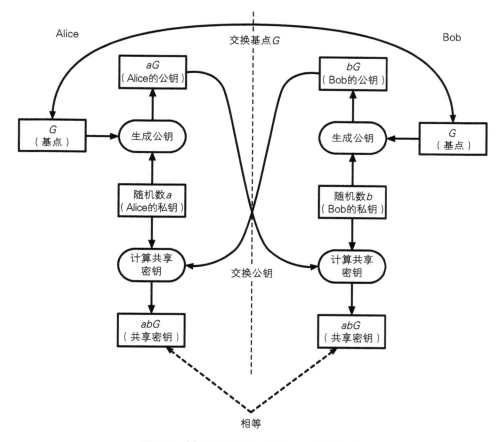

图 X-8 椭圆曲线 Diffie-Hellman 密钥交换

(1) Alice 向 Bob 发送点 G。点 G 被 Eve 知道也没关系。

(2) **Alice 生成随机数 a**。这个数没有必要告诉 Bob，也不能让 Eve 知道。我们将数 a 称为 Alice 的私钥。

(3) **Bob 生成随机数 b**。这个数没有必要告诉 Alice，也不能让 Eve 知道。我们将数 b 称为 Bob 的私钥。

(4) **Alice 向 Bob 发送点 aG**。点 aG 被 Eve 知道也没关系，它是 Alice 的公钥。

(5) **Bob 向 Alice 发送点 bG**。点 bG 被 Eve 知道也没关系，它是 Bob 的公钥。

(6) Alice 对 Bob 发送的点 bG 计算其在椭圆曲线上 a 倍的点。Alice 在椭圆曲线上计算 $a(bG) = abG$，它就是 Alice 与 Bob 的共享密钥。

(7) **相对地，Bob 对 Alice 发送的点 aG 计算其在椭圆曲线上 b 倍的点。**Bob 在椭圆曲线上计算 $b(aG) = baG = abG$，它就是 Alice 与 Bob 的共享密钥。

从图 X-8 中可以看出，Eve 能够窃听到的信息一共有 3 个：G、aG、bG。由于"椭圆曲线上已知 G 和 xG 求 x 非常困难"，因此已知 G 和 aG 无法求出 a，已知 G 和 bG 也无法求出 b。也就是说，Eve 无法计算出 abG。

相对地，Alice 和 Bob 各自持有私钥 a 和 b，因此双方都能够根据 G、aG、bG 计算出 abG。Alice 的计算方法为 $a(bG) = abG$，而 Bob 的计算方法为 $b(aG) = baG = abG$。经过这些步骤，Alice 和 Bob 就生成了共享密钥 abG，而窃听者 Eve 却无法获取它。

综上所述，椭圆曲线 Diffie-Hellman 密钥交换正是基于椭圆曲线上的离散对数问题的复杂度来实现的[①]。

在椭圆曲线 Diffie-Hellman 密钥交换中，生成共享密钥需要使用随机数 a、b。如果每次通信都使用不同的随机数，则共享密钥也会随之改变。这样一来，即便在某个时间点通信的机密性被破解，由于每次通信使用的共享密钥不同，我们也无需担心在此之前的通信内容被破解。这样的特性称为**前向安全性**（Forward Secrecy，FS）或者**完全前向安全性**（Perfect Forward Secrecy，PFS）。例如，在 SSL/TLS 中使用椭圆曲线密码时，如果选择 ECDHE_ECDSA 和 ECDHE_RSA 密钥交换算法，就可以获得前向安全性[②]。

椭圆曲线 ElGamal 密码

现在大家已经知道，通过椭圆曲线 Diffie-Hellman 密钥交换，Alice 和 Bob 能够生成共享密钥 abG。利用共享密钥 abG，我们就可以很容易地实现椭圆曲线 ElGamal 密码。

假设 Alice 要向 Bob 发送一条消息，Alice 可以将自己要发送的消息用椭圆曲线上的一个点 M 来表示（实际上使用的是该点的 x 坐标）。

加密

(1) Alice 用自己的私钥 a 以及 Bob 的公钥 bG，对消息 M 计算点 $M + abG$。此点 $M + abG$ 就是密文。

(2) Alice 将密文 $M + abG$ 发送给 Bob。

---

① 严格来说，椭圆曲线上的离散对数问题的复杂度只能证明"已知 G, aG, bG 难以求出 a, b"，但无法证明"已知 G, aG, bG 难以求出 abG"，后者需要另外证明，这里暂且省略。

② ECDHE 的意思是在 Elliptic Curve Diffie-Hellman 密钥交换中使用 Ephemeral（短命的）密钥。

解密

(3)　Bob 接收到密文 $M + abG$。

(4)　Bob 用 Alice 的公钥 aG 以及自己的私钥 b 计算出共享密钥 abG。

(5) Bob 将收到的密文 $M + abG$ 减去共享密钥 abG 得到消息 M。

由于窃听者 Eve 无法计算出 abG，因此即便窃取到密文 $M + abG$，也无法计算出消息 M。

█ 椭圆曲线 DSA（ECDSA）

使用椭圆曲线密码还可以实现数字签名。

假设 Alice 要对消息 m 加上数字签名，而 Bob 需要验证该签名。以下写着"计算"的部分都代表以 p 为模的时钟运算。

生成数字签名

(1)　Alice 根据随机数 r 和基点 G 求出点 $rG = (x, y)$。

(2)　Alice 根据随机数 r、消息 m 的散列值 h、私钥 a 计算 $s = \dfrac{h + ax}{r}$。

(3)　最后，Alice 将消息 m、点 $rG = (x, y)$ 和 s 发送给 Bob，其中点 rG 和 s 就是数字签名。

验证数字签名

(4)　Bob 接收到消息 m、点 $rG = (x, y)$ 和 s。

(5)　Bob 根据消息 m 求出散列值 h。

(6)　最后，Bob 根据上述信息，用 Alice 的公钥进行以下计算。

$$\frac{h}{s} G + \frac{x}{s} (aG)$$

并将结果与 rG 进行比较。

如果数字签名正确，则计算结果应如下所示。

$$\begin{aligned}
\frac{h}{s} G + \frac{x}{s} (aG) &= \frac{h + ax}{s} G \\
&= \frac{r(h + ax)}{h + ax} G \\
&= rG
\end{aligned}$$

由于攻击者 Mallory 没有 Alice 的私钥 a，因此无法计算出合法的 s。此外，即便是对于同一条消息，只要改变随机数 r，所得到的数字签名也会随之改变。

附录 B　密码技术综合测验

本附录是用于确认对密码技术的理解程度的测验。答案位于测验题目的下方，请大家边做题边确认。

第 1 章　环游密码世界

题目

(1) 偷窥通信内容的人称为"密码破译者"，正确吗？

(2) 加密之前的消息称为"明文"，正确吗？

(3) 加密、解密的具体步骤一般称为"密码算法"，正确吗？

(4) 发明于 20 世纪 70 年代，为密码学界带来一大变革的密码技术一般称为"对称密码"，正确吗？

(5) 密码是将消息的内容变得无法读懂，还有另外一种将消息本身隐藏起来的方法，一般称为 crytography，正确吗？

答案

(1) 不正确。密码破译者是破译密码的人，而偷窥通信内容的人则称为窃听者。（见 1.2.5 节）

(2) 正确。

(3) 正确。

(4) 不正确。发明于 20 世纪 70 年代，为密码学界带来一大变革的密码技术是"公钥密码"。

(5) 不正确。cryptography 指的就是密码，将消息本身隐藏起来的方法称为"隐写术"。（见 1.6 节）

第 2 章　历史上的密码

题目

(1) 将明文中使用的字母表按照一定字数平移来进行加密的密码叫什么？

(2) 遍历所有可能的密钥以找出正确密钥的密码破译方法叫什么？

(3) 从 26 个字母中选出 10 个字母排在一起（允许重复），一共有多少种可能的排法？

(4) 将组成明文的字母表替换成另一张字母表的密码叫什么？

(5) 要将密文解密成明文，除了密码算法和密文之外，还需要哪一样东西？

答案

(1) 恺撒密码。（见 2.2.1 节）

(2) 暴力破解或者穷举搜索。（见 2.2.4 节）

(3) 26^{10} 种（141167095653376 种）。

(4) 简单替换密码。（见 2.3.2 节）

(5) 密钥。（见 1.3.2 节）

第 3 章　对称密码（共享密钥密码）

题目

(1) 在对称密码（共享密钥密码）中，加密密钥和解密密钥是相等的吗？

(2) 用随机数和 XOR 构成的，即便遍历全部密钥空间也绝对无法破译的密码叫什么？

(3) 1977 年被作为美国联邦信息处理标准（FIPS）采用的对称密码叫什么？

(4) 2000 年被选为 AES 的密码算法叫什么？

(5) 在使用对称密码时，会产生发送者必须将密钥安全地交给接收者的问题。这个问题叫什么？

答案

(1) 相等。

(2) 一次性密码本。

(3) DES。

(4) Rijndael。

(5) 密钥配送问题。（见 5.3.1 节）

第 4 章　分组密码的模式

题目

(1) 不具有内部状态，每次处理特定长度的"数据块"的密码算法的总称是什么？

(2) 具有内部状态，对数据流按顺序处理的密码算法的总称是什么？

(3) 将明文分组加密后的结果直接作为密文分组的模式叫什么？

(4) 将上一个密文分组先与明文分组求 XOR 后再进行加密的模式叫什么？

(5) 将不断累加的计数器值加密生成密钥流的模式叫什么？

答案

(1) 分组密码。

(2) 流密码。

(3) ECB 模式。

(4) CBC 模式。

(5) CTR 模式。

第 5 章 公钥密码

题目

(1) 在公钥密码通信中，接收者需要加密密钥还是解密密钥？

(2) 1978 年，由 Ron Rivest、Adi Shamir 和 Leonard Adleman 设计的公钥密码算法叫什么？

(3) 主动攻击者介入发送者和接收者之间，对发送者伪装成接收者，对接收者伪装成发送者的攻击方式叫什么？

(4) 在用公钥密码进行加密时，需要使用公钥还是私钥？

(5) 一般来说，公钥密码和对称密码哪个处理速度更快？

答案

(1) 解密密钥。

(2) RSA。（见 5.4.2 节）

(3) 中间人攻击。（见 5.7.4 节）

(4) 公钥。

(5) 对称密码的处理速度更快。

第 6 章 混合密码系统

题目

(1) 在混合密码系统中，用来加密消息的是对称密码还是公钥密码？

(2) 在混合密码系统中，用来加密会话密钥的是对称密码还是公钥密码？

(3) 在混合密码系统中，伪随机数生成器发挥了怎样的作用？

(4) 混合密码系统解决了公钥密码的哪个缺点？

(5) 在混合密码系统的解密过程中，是先进行对称密码的解密还是先进行公钥密码的解密？

答案

(1) 对称密码。

(2) 公钥密码。

(3) 生成会话密钥。

(4) 处理速度慢。

(5) 公钥密码的解密。

第 7 章 单向散列函数

题目

(1) 当两个散列值一致时，可以认为相应的两条消息有很大概率是一致的吗？

(2) 当两个散列值不一致时，可以认为相应的两条消息绝对不一致吗？

(3) 2012 年被选为 SHA-3 的单向散列函数算法是什么？

(4) 随机选取 23 个人，其中至少两个人生日一致的概率超过二分之一，正确吗？

(5) 单向散列函数可以识别伪装还是篡改？

答案

(1) 可以。

(2) 可以。

(3) Keccak。

(4) 正确。（见 7.8.2 节）

(5) 篡改。

第 8 章 消息认证码

题目

(1) 消息认证码是用来确保机密性的，正确吗？

(2) 使用消息认证码，Bob 可以向 Victor 证明这条消息的确是 Alice 发送的，正确吗？

(3) 消息认证码使用的是发送者和接收者之间共享的密钥，正确吗？

(4) RFC 2104 中定义的，由单向散列函数构成消息认证码的方法叫什么？

(5) 事先保存消息和正确的 MAC 值，然后向接收者重复发送的攻击方式叫什么？

答案

(1) 不正确。

(2) 不正确。消息认证码无法向第三方证明。

(3) 正确。

(4) HMAC。

(5) 重放攻击。

第 9 章 数字签名

题目

(1) 由于担心被窃听，因此我们可以加上数字签名，正确吗？

(2) 为了防止篡改和伪装，数字签名的签名文件在技术上是无法复制的，正确吗？

(3) 要验证数字签名，需要从发送者安全地获取私钥，正确吗？

(4) 中间人攻击对数字签名也具有威胁，正确吗？

(5) RSA 是公钥密码算法，无法用于数字签名，正确吗？

答案

(1) 不正确。数字签名不是用来确保机密性的。

(2) 不正确。数字签名并没有防止复制。（见 9.5.3 节）

(3) 不正确。验证数字签名使用的是公钥而不是私钥。

(4) 正确。

(5) 不正确。RSA 也可以用于数字签名。

第 10 章 证书

题目

(1) 带有数字签名的公钥叫什么？

(2) 如果公钥带有合法的认证机构的数字签名，是否可以认为该公钥就是"本人的公钥"？

(3) 为了有效运用公钥而制定的规范和规格的总称是什么？

(4) 用于声明公钥失效的证书作废清单的简称是什么？

(5) 要确认证书中的公钥是否合法，需要认证机构的私钥，正确吗？

答案

(1) 证书（公钥证书）。

(2) 可以。但是，这里所说的"本人"必须在该认证机构的认证业务规则（CPS）所规定的范围内。在某些情况下，只要能够收到邮件就会被认为是"本人"，这一点需要大家注意。（见 10.2.2 节）

(3) 公钥基础设施。

(4) CRL。

(5) 不正确。需要的是认证机构的公钥而不是私钥。

第 11 章　密钥

题目

(1) 要确保信息的机密性，最好的方法是将密码算法保密，正确吗？

(2) 在公钥密码中，用于加密的密钥和用于解密的密钥是不同的，正确吗？

(3) 在消息认证码中，发送者使用的密钥和接收者使用的密钥是不同的，正确吗？

(4) 每次通信中只能使用一次的密钥叫什么？

(5) 根据口令生成密钥时，可以在口令上附加一个称为"盐"的随机数。盐是用来防止哪种攻击的？

答案

(1) 不正确。要确保信息的机密性不能依赖对密码算法的保密，而是应该依赖对密钥的保密。

(2) 正确。

(3) 不正确。在消息认证码中，发送者和接收者使用相同的密钥。

(4) 会话密钥。

(5) 字典攻击。

第 12 章　随机数

题目

(1) 对于密码中所使用的伪随机数生成器来说，生成没有统计学偏差的数列是最重要的，正确吗？

(2) 伪随机数生成器的程序最好复杂到连程序员都无法理解，正确吗？

(3) 线性同余法的算法是公开的，因此它适合用作密码中的伪随机数生成器，正确吗？

(4) 可以用对称密码来实现伪随机数生成器，正确吗？

(5) 伪随机数生成器的种子可以使用像当前时间这样一直变化的值，正确吗？

答案

(1) 不正确。相对于没有统计学偏差的性质（随机性）来说，无法根据过去的数列预测出下一个随机数的性质（不可预测性）更加重要。

(2) 不正确。（见 12.6.1 节）

(3) 不正确。（见 12.6.2 节）

(4) 正确。（见 12.6.4 节）

(5) 不正确。不能用像当前时间这样能够被攻击者预测出来的值作为种子。（见 12.5.1 节）

第 13 章　PGP

题目

(1) 1990 年左右编写密码软件 PGP 的人是谁？

(2) 一般来说，PGP 在生成公钥密钥对之后，会请认证机构颁发证书，正确吗？

(3) 要确保消息的机密性，同时减少通信量，可以将消息加密之后再进行压缩，正确吗？

(4) 当进行生成数字签名和加密两种操作时，需要发送者（签名者）的私钥和接收者的公钥，正确吗？

(5) 对公钥附带的数字签名进行验证是确认公钥合法性的一般方法，正确吗？

答案

(1) 菲利普・季默曼。

(2) 不正确。PGP 中一般不使用认证机构，而是通过用户之间相互对公钥进行签名来确认公钥的合法性的。

(3) 不正确。加密后的消息几乎无法被压缩，因此需要先将消息压缩之后再加密。

(4) 正确。

(5) 正确。

第 14 章　SSL/TLS

题目

(1) 使用 SSL/TLS 的网站 URL 是以 ssl:// 开头的，正确吗？

(2) SSL/TLS 不使用一般通信线路，而是通过专用线路来确保机密性的，正确吗？

(3) SSL/TLS 可以确保通信的机密性，还可以防止数据被篡改，但无法对服务器进行认证，正确吗？

(4) SSL/TLS 中同时使用了公钥密码和对称密码两种技术，正确吗？

(5) 采用 SSL/TLS 来运营的网站是可信的，将信用卡号发送给这样的网站不会被恶意使用，正确吗？

答案

(1) 不正确。使用 SSL/TLS 的网站 URL 是以 https:// 开头的。

(2) 不正确。SSL/TLS 是一种在一般通信线路中也能够确保机密性的技术。

(3) 不正确。在 SSL/TLS 中，客户端可以通过服务器证书来进行服务器认证。

(4) 正确。

(5) 不正确。正确使用了密码技术并不代表网站是可信的，两者是完全不同的两个问题。

第 15 章　密码技术与现实社会

题目

(1) 作为联邦信息处理标准（FIPS）采用的对称密码算法 DES 今后依然会被频繁地使用，正确吗？

(2) RSA 是现在所知的唯一一个公钥密码算法，正确吗？

(3) SHA-1 是一种具有 160 比特散列值的单向散列函数算法，目前它依然被认为是安全的，正确吗？

(4) 仅依靠发达的密码技术是无法构建具有高安全性的系统的，正确吗？

(5) 自己开发一种密码算法并对其保密，是确保高机密性的最好方法，正确吗？

答案

(1) 不正确。DES 已经不是一种高强度的密码了。

(2) 不正确。

(3) 不正确。目前已经出现了针对 SHA-1 的理论上可行的攻击方法，因此 SHA-1 已经不再安全了。除了重视兼容性的场景以外，不应再使用 SHA-1。

(4) 正确。

(5) 不正确。

参考文献

［Anderson］Ross J. Anderson, Security Engineering: A Guide to Building Dependable Distributed Systems『情報セキュリティ技術大全 ―信頼できる分散システム構築のために』トップスタジオ訳、日経 BP 社、ISBN 4822281426（2002）

［Baba］馬場達也『マスタリング IPsec』オライリー・ジャパン、ISBN 4873110599（2001）
　第 4 章中各模式的图示参考了本书内容。

［Buchmann］Johannes A. Buchmann, Introduction to Cryptography『暗号理論入門』林芳樹訳、シュプリンガー・フェアラーク東京、ISBN 4431708669（2001）

［Burnett］Steve Burnett, Stephen Paine, RSA security's official guide to cryptography『RSA セキュリティオフィシャルガイド　暗号化』スリー・エー・システムズ訳、翔泳社、ISBN 4798101982（2002）
　第 5 章开头寄物柜的比喻受到了本书内容的启发。

［CRYPTREC］「電子政府における調達のために参照すべき暗号のリスト（CRYPTREC 暗号リスト）」（2013）

［FIPS 202］SHA-3 Standard: Permutation-Based Hash and Extendable-Output Functions

［Garfinkel］Simson Garfinkel, PGP: Pretty Good Privacy『PGP ―暗号メールと電子署名』山本和彦監訳、ユニテック訳、オライリー・ジャパン、ISBN 4900900028（1996）

［Hara］原啓介『暗号理論とセキュリティ』科学技術出版、ISBN 4876533806（2002）

［Hitotsumatsu］一松信『暗号の数理』講談社ブルーバックス（B-421）、ISBN 4061180215（1980）

［Hodges］Andrew Hodges, ALAN TURING : THE ENIGMA『エニグマ アラン・チューリング伝（上）』土屋俊・土屋希和子訳、勁草書房（2015）

［Imai］今井秀樹監修『トコトンやさしい暗号の本』日刊工業新聞社、ISBN 978-4526064524（2010）

［Ishii］石井茂『量子暗号』日経 BP 社、ISBN 978-4822282752（2007）

［Kippenhahn］Rudolf Kippenhahn, Ewald Osers, Code Breaking: A History and Exploration『暗号攻防史』赤根洋子訳、文芸春秋、ISBN 4167651025（2001）

［Kurosawa］黒澤馨『現代暗号への招待』サイエンス社、ISBN 978-4781912622（2010）

［Matsui］Mitsuru Matsui, Linear Cryptanalysis Method for DES Cipher, EUROCRYPT' 93 Lecture Notes in Computer Science Volume 765, 1994, pp 386-397.

［Mitsunari］光成滋生『クラウドを支えるこれからの暗号技術』（2015）
　新的密码技术、认证加密等参考了本书内容。

［Moeller］Moeller, B., "Security of CBC Ciphersuites in SSL/TLS: Problems and Countermeasures"

［RIJNDAEL］Joan Daemen, Vincent Rijmen, The Design of Rijndael: AES-The Advanced Encryption Standard, Springer Verlag, ISBN 3540425802（2002）

［Sakiyama］崎山一男「ハッシュ関数 SHA-224, SHA-512/224, SHA-512/256 及び SHA-3（Keccak）に関する実装評価」

［Schneier, 1996］Bruce Schneier, Applied Cryptography Second Edition『暗号技術大全』山形浩生訳、ソフトバンクパブリッシング、ISBN 4797319119（2003）

［Schneier, 2000］Bruce Schneier, Secrets and Lies: Digital Security in a Networked World『暗号の秘密とウソ』山形浩生訳、翔泳社、ISBN 4881359967（2001）

［Schneier, 2003］Bruce Schneier, Niels Ferguson, Practical Cryptography, John Wiley & Sons Inc, ISBN 0471223573（2003）

［Singh］Simon Singh, The Code Book: The Science of Secrecy from Ancient Egypt to Quantum Cryptography『暗号解読－ロゼッタストーンから量子暗号まで』青木薫訳、新潮社、ISBN 4105393022（2001）

［Stallings］William Stallings, Cryptography and Network Security: Principles and Practice『暗号とネットワークセキュリティ－理論と実際』石橋啓一郎・福田剛士・三川荘子訳、ピアソン・エデュケーション（2001）

［Takeuchi, K.］竹内薫『量子コンピュータが本当にすごい』、PHP 新書（2015）

［Takeuchi, S.］竹内繁樹『量子コンピュータ』講談社ブルーバックス（2014）

［Tsujii］辻井重雄・笠原正雄『暗号理論と楕円曲線』森北出版、ISBN 978-4627847514（2008）

［Tsukada］塚田孝則『企業システムのための PKI －公開鍵インフラストラクチャの構築・導入・運用』日経 BP 社、ISBN 4822281175（2001）

［Yoshida］吉田和彦・友清理士『暗号事典』研究社、ISBN 4767491002（2006）

［Yoshimoto］吉本佳生・西田宗千佳『暗号が通貨になるビットコインのからくり』講談社、ISBN 978-4062578660（2014）

［Yuki］結城浩『数学ガール／フェルマーの最終定理』ソフトバンククリエイティブ、ISBN 978-4797345261（2008）

［Zimmermann］Philip R. Zimmermann, The Official PGP User's Guide, The MIT Press, ISBN 978-0262740173（1995）